职业技能等级认定培训教程

建筑信息模型技术员

（五级）

中国就业培训技术指导中心
人力资源和社会保障部职业技能鉴定中心　组织编写

中国劳动社会保障出版社

图书在版编目（CIP）数据

建筑信息模型技术员：五级 / 中国就业培训技术指导中心，人力资源和社会保障部职业技能鉴定中心组织编写. -- 北京：中国劳动社会保障出版社，2024.（职业技能等级认定培训教程）. -- ISBN 978-7-5167-6629-3

Ⅰ. TU201.4

中国国家版本馆 CIP 数据核字第 2024BP4685 号

中国劳动社会保障出版社出版发行

（北京市惠新东街 1 号　邮政编码：100029）

*

保定市中画美凯印刷有限公司印刷装订　　新华书店经销

787 毫米 ×1092 毫米　16 开本　15.5 印张　253 千字

2024 年 12 月第 1 版　　2024 年 12 月第 1 次印刷

定价：59.00 元

营销中心电话：400-606-6496

出版社网址：https://www.class.com.cn

职业技能等级认定培训教程·建筑信息模型技术员
编审委员会

主　任　刘　杰

副主任　叶浩文　李久林　王　静　李云贵　王广斌

委　员（排名不分先后）

赵　彬　高承勇　盛黎明　胡晓光　赵雪峰　张建奇
张学生　霍光辉　王君峰　杨小玉　罗　兰　黄　欣
刘四明

本书编审人员

主　编　刘四明　廖　艳

副主编　杨晓林　李晓倩

编　者　王　甜　杨万科　贾国波　薛　凯　刘清菊　张茂琴
宋　姗　郭成林　张少强　魏小勇　罗　宇

主　审　边凌涛　张　欣

前　言

为加快建立劳动者终身职业技能培训制度，全面推行职业技能等级制度，推进技能人才评价制度改革，进一步规范培训管理，提高培训质量，中国就业培训技术指导中心、人力资源和社会保障部职业技能鉴定中心组织有关专家根据《建筑信息模型技术员国家职业技能标准（2021年版）》（以下简称《标准》）和职业培训包课程规范编写了建筑信息模型技术员职业技能等级认定培训系列教程（以下简称等级教程）。

建筑信息模型技术员等级教程紧贴《标准》和职业培训包课程规范要求编写，内容上突出职业能力优先的编写原则，结构上按照职业功能模块分级别编写。该等级教程共包括《建筑信息模型技术员（基础知识）》《建筑信息模型技术员（五级）》《建筑信息模型技术员（四级）》《建筑信息模型技术员（建筑工程）（三级）》《建筑信息模型技术员（机电工程）（三级）》《建筑信息模型技术员（装饰装修工程）（三级）》《建筑信息模型技术员（市政工程）（三级）》《建筑信息模型技术员（公路工程）（三级）》《建筑信息模型技术员（铁路工程）（三级）》《建筑信息模型技术员（建筑工程）（二级）》《建筑信息模型技术员（机电工程）（二级）》《建筑信息模型技术员（装饰装修工程）（二级）》《建筑信息模型技术员（市政工程）（二级）》《建筑信息模型技术员（公路工程）（二级）》《建筑信息模型技术员（铁路工程）（二级）》《建筑信息模型技术员（一级）》16本。《建筑信息模型技术员（基础知识）》是各级别建筑信息模型技术员均需掌握的基础知识，其他各级别教材内容分别包括各级别建筑信息模型技术员应掌握的理论知识和操作技能。

本书是建筑信息模型技术员等级教程中的一本，是职业技能等级认定推荐教程，也是职业技能等级认定题库开发的重要依据，已纳入职业培训包教材资源，适用于职业技能等级认定培训和中短期职业技能培训。

本书在编写过程中得到中国建设教育协会、中国建筑科学研究院有限公司、华东建筑集团股份有限公司、中国建筑股份有限公司技术中心、重庆大学建筑规划设计研究总院有限公司、中铁十八局集团有限公司、陕西铁路工程职业技术学院、中关村铁工铁路建筑信息模型联盟等单位的大力支持与协助，在此一并表示衷心感谢。

中国就业培训技术指导中心

人力资源和社会保障部职业技能鉴定中心

目 录 CONTENTS

职业模块 一 项目准备

培训课程 1 建模环境设置

学习单元 1 建筑信息模型软件

培训重点

1. 了解常用于民用建筑的建筑信息模型软件。
2. 了解常用于工业设计和基础设施领域的建筑信息模型软件。
3. 熟悉建筑信息模型核心建模软件。
4. 了解建筑信息模型方案设计软件及可视化软件。

一、常用于民用建筑的建筑信息模型软件

1. Autodesk Revit

Revit 是美国一家名为 Charles River Software 的公司于 1997 年开发的三维参数化建筑设计软件。2000 年，该公司更名为 Revit Technology。Revit 的原意为 revise instantly，即立即修改。2002 年，美国 Autodesk 公司收购了 Revit Technology，Revit 正式成为 Autodesk 建筑信息模型（building information modeling，BIM）产品线的一部分。经过多年的开发和发展，Autodesk Revit 成为包括建筑、结构、机电等多专业的 BIM 工具，并横跨设计、施工、运维多个阶段，成为全球知名的三维参数化 BIM 平台，也是国内应用最广泛的 BIM 数据创建平台。

在 Autodesk Revit 系列软件中，针对广大用户开发了三维参数化建筑设计软件。Autodesk Revit 可以让用户在三维设计模式下，方便制定设计方案，快速表达

设计意图，创建三维建筑信息模型，并以此为基础，得到所需的建筑施工图，完成整个建筑设计过程。Autodesk Revit 功能强大且易学易用，目前已经成为国内使用量最大的三维参数化建筑设计软件。

2. ArchiCAD

在为建筑设计提供 BIM 应用程序的市场中，ArchiCAD 是历史最悠久的，其母公司 Graphisoft 在 20 世纪 80 年代初就开始销售建筑 CAD（computer aided design，计算机辅助设计）。2007 年，Graphisoft 被 Nemetschek Group 收购。Nemetschek Group 是欧洲一家知名的土木工程软件公司。

3. Digital Project

达索系统（Dassault Systemes）的 CATIA 是航空航天、汽车行业首屈一指的建模平台。由 Gehry Technologies 开发的 Digital Project 是以达索系统的建模平台为基础的、具有强大的三维建筑信息建模和项目管理的工具，从设计、施工到项目管理，为工程项目提供完整生命周期的信息化环境。Digital Project 包含了先进的复杂几何曲面建模能力，还可以进行施工流程模拟和费用管理，并完成三维协调、提交、审批的流程。

4. Tekla

Tekla 是芬兰 Tekla 公司开发的钢结构详图设计软件。它通过创建三维模型，自动生成钢结构详图和各种报表。由于图纸与报表均以模型为准，在三维模型中用户很容易发现构件之间连接有无错误，所以保证了钢结构详图深化设计中构件之间连接的正确性。同时，Tekla 自动生成的各种报表和接口文件（数控切割文件）可以服务于整个工程。Tekla 创建了信息管理和实时协作的新方式。Tekla 在提供革新性的和创造性的软件解决方案方面处于世界领先的地位。Tekla 行销 60 多个国家和地区，在全世界拥有成千上万的用户。

5. 鲁班工场（Luban iWorks）

鲁班工场可以把建筑、结构、安装等各专业建筑信息模型进行集成应用，可以对各专业建筑信息模型进行空间碰撞检查，并对图纸造成的问题进行提前预警，第一时间发现和解决设计问题。鲁班工场能够实现可视化技术交底，降低相关方的沟通成本，减少沟通错误。

6. MagiCAD

MagiCAD 是欧洲领先的机电 BIM 软件，广泛应用于通风、采暖、给排水、电气、喷洒系统和支吊架的设计与施工，是大众化的 BIM 解决方案。该软件包括通风系统设计、水系统设计、喷洒系统设计、电气系统设计、电气回路系统设计、系统原理图设计、智能建模、舒适与能耗分析，共 8 个模块。

7. Glodon BIM5D

Glodon BIM5D 是基于 BIM 的项目管理工具。它以 BIM 平台为核心，集成土建、机电、钢结构、幕墙等各专业模型，并以集成模型为载体，关联施工过程中的进度、合同、成本、质量、安全、图纸、物料等信息；利用建筑信息模型形象直观、可计算分析的特性，为项目的进度、成本管控、物料管理等提供数据支撑，协助管理人员有效决策和精细管理，从而达到减少施工变更、缩短工期、控制成本、提升质量的目的。Glodon BIM5D 包括典型工况、施工模拟、流水视图、合约规划、工程计量、物资提量、质量安全七大应用。

二、常用于工业设计和基础设施领域的建筑信息模型软件

Bentley 软件公司致力于为建筑师、工程师、施工人员和运营商提供促进基础设施持续发展的综合软件解决方案。其核心业务是满足负责建造和管理全球基础设施，包括公路、桥梁、机场、摩天大楼、工业厂房和电厂以及公用事业网络等领域专业人士的需求。Bentley 软件包括建筑、结构和设备系列，常用于工业设计（石油、化工、电力、医药等）和基础设施（道路、桥梁、市政、水利等）领域。

Bentley 软件运行于 MicroStation 之上，MicroStation 是一个集二维制图、三维建模于一体的图形平台，具有照片级的渲染功能和专业级的动画制作功能，是所有三维专业设计软件的基础平台，可以应用于所有的专业建模。Bentley 是土木工程和基础设施市场的主要参与者。

作为一种建筑建模和图纸生成的工具，Bentley 软件提供了大部分的建筑模型工具，用于处理 AEC 行业内的、几乎所有范围的建筑建模和图纸生成业务。它支持复杂曲面的建模，包括贝塞尔曲线和样条曲线。它支持多层次的开发自定义参数对象，包括参数单元模块和生成构件。其参数建模插件和生成构件能明确复杂几何参数集成的定义。Bentley 软件为大量对象的大型项目提供扩展支持，同时也提供多平台和服务器功能。在数据一致性和用户界面层次上，大型 Bentley 软件都只是部分集成的。因此，用户需要花更多的时间学习和操作。其迥异的功能模块包括不同的对象特性，增加了学习的难度。

相关链接

有市场影响力的 BIM 核心建模软件

在初步设计阶段制定的设计方案，通过 BIM 初步概念建模软件的三维建模以及分析论证，得到的最终成果在进入下一阶段时，用户还需将其转换到 BIM 核心建模软件中进行设计深化。BIM 核心建模软件（BIM authoring software）是 BIM 技术应用的基础。它不仅是建筑层面上的建模，而且涉及结构、设备、施工等专业多学科的综合协同建模。随着 BIM 技术的不断发展，BIM 核心建模软件也变得多种多样。

1. Revit 系列软件

Revit 系列软件提供了一个易于操作的界面，对于绘图有良好的支持，其绘制的图纸具有极强的关联性，因此更便于管理。它提供图纸到模型之间的双向编辑，以及诸如门、门构件的时间计划表的双向编辑功能。Revit 系列软件支持开发新的自定义参数对象和自定义预设对象。目前发布的 API 版本为外部的应用程序提供了良好的支持。Revit 系列软件拥有非常大的产品库，提供各类规范和设计对象。Revit 系列软件作为 BIM 市场的领导者，拥有相关应用程序的最大集合。由于对各种应用程序的广泛支持，Revit 系列软件变成了一个强大的平台，可以与其他操作系统连接，实现场地分析与规划、构件制造、工料估算、四维模拟等分析。Revit Architecture 支持以下文件格式：DWG、DXF、DGN、SAT、DWF/DWFx、ADSK（建筑构件）、HTML（空间报告）、FBX（三维视图）、gbXML、IFC 和 ODBC（开放的数据库链接）。

Revit 系列软件最初包括建筑、结构、机电 3 个独立的软件，可以帮助各专业用户进行模型设计、性能优化，并更加高效地协作。用户可以利用内置的工具进行复杂形状的概念澄清，为建造和施工准备模型。自 2014 版开始，将 Revit Architecture、Revit Structure 和 Revit MEP 的功能整合为 Revit 系列软件。Revit 系列软件是以 BIM 为核心的三维建筑设计工具。除了可以建立真实的三维建筑信息模型，还可以生成图纸、表格和工程量清单等信息。由于这些信息都来自建筑信息模型，故发生设计变更时，Revit 系列软件会自动更新所有的相关信息（包括图纸、表格、工程量清单等）。图 1–1 为用 Revit 系列软件创建的建筑信息模型，用户可以在 Revit 系列软件中同时查看该项目的三维视图、平面图纸、统计表格和剖面图纸。Revit 系列软件会把所有内容自动关联在一起，并存储在一个文件格式为 RVT 的项目文件中。随着设计的持续推进，Revit 系列软件能够围绕复杂的形状，自动构建参数化框架，并提供更强的创建控制能力、更高的准确度。从概念模型到施工文档的整个设计流程都在一个直观环境中完成。

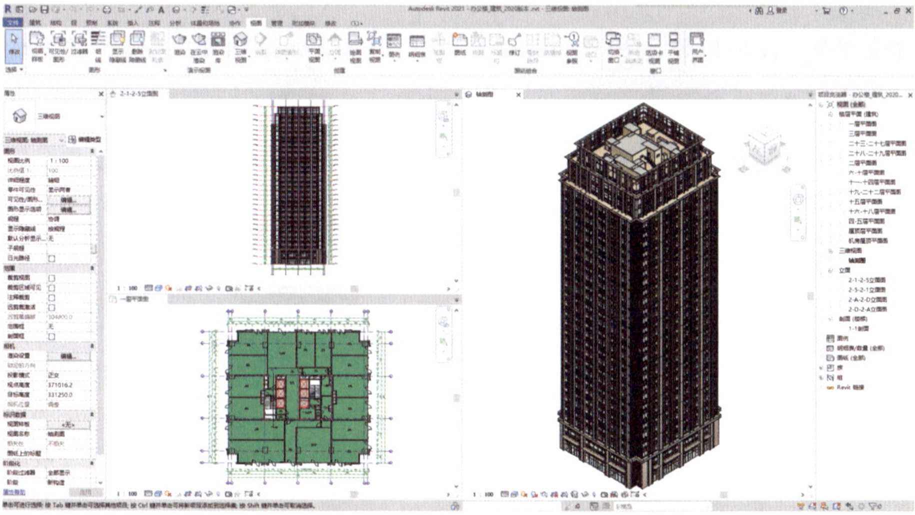

图 1–1　用 Revit 系列软件创建的建筑信息模型

（1）Revit Architecture（建筑）。专为 BIM 设计的 Revit Architecture 能够帮助用户捕捉和分析早期设计构思，并能够在从设计到施工的整个流程中，更完整地保持设计理念。利用包含丰富信息的模型，支持可持续性设计、施工规划与构造设计，帮助用户做出更加明智的决策。自动更新功能可以确保设计与文档的一致性与可靠性。Revit Architecture 可以帮助用户促进可持续设计分析，自动交付协调一致的文档，加快创意设计进程，进而获得强大的竞争优势。用户根据自身进度，借助 Revit Architecture 迁移至 BIM，同时可以继续使用 AutoCAD 或 AutoCAD Architecture。

（2）Revit Structure（结构）。它是专为结构工程公司定制的 BIM 解决方案，拥有结构设计与分析的强大工具。Revit Structure 将多材质的物理模型与独立的、可编辑的分析模型进行集成，可以实现高效的结构分析，并为常用的结构分析软件提供双向链接。它可以帮助用户在施工前，对建筑结构进行更精确的可视优化，从而在设计阶段的早期做出更加明智的决策。Revit Structure 为用户提供了 BIM 的优势，可以帮助用户提高编制结构设计文档的多专业协调能力，最大限度地减少错误，并能够加强工程团队与建筑团队的合作。

（3）Revit MEP（机电）。它是面向机电管道的建筑信息模型设计和制图软件，其中 MEP 是 mechanical、electrical、plumbing 的缩写，即机械、电气、管道 3 个英文单词的首字母。Revit MEP 是一款能够按照用户的思维方式进行工作的智能设计工具。它通过数据驱动的系统建模和设计，优化机械、电气与管道工程，可以最大限度地减少设备专业设计团队之间，以及与建筑师和结构工程师之间的协调错误。此外，它还能为用户提供更好的决策参考和建筑性能分析，促进可持续性设计。

Revit 系列软件作为 BIM 的设计工具，具有友好易学的操作界面，且开发了非常广泛的对象库，便于多用户在同一项目中并行工作。Revit 系列软件对内存的要求较高，在管理较大工程项目的信息，如文件超过 300 MB 的项目时，其运行速度明显减慢，且对参数化定义有一些限制，只能支持有限的复杂曲面，缺少对象层次的时间戳，尚未完全提供 BIM 环境中所需要的完整对象管理。

2. Bentley BIM 系列软件

Bentley BIM 系列软件（MicroStation、Bentley Architecture、Bentley Structural、Bentley Building Mechanical Systems、Bentley Building Electrical Systems 等）由 Bentley 软件公司开发。Bentley 软件公司致力于为建筑师、工程师、施工人员和运营商提供促进基础设施持续发展的综合软件解决方案，在建筑全寿命周期内利用信息模型进行设计、分析、施工建造和运营。Bentley 软件公司的 BIM 系列软件也是由建筑、结构、设备等多专业共同合作完成三维模型设计。每一个专业软件都提供了一个共享的工作环境，支持建筑全寿命周期各个阶段内所有的设计文件。

MicroStation 是一款用于三维建模、文件编制、可视化的软件。它可以直观地设计建模，不仅可以进行精准的二维绘图，还可以利用设计工具建立可编辑曲线、网格和实体模型，并实现三维与二维文件的交互使用。同时 MicroStation 采用 Luxology 渲染引擎技术，对模型进行实时渲染和动画制作，以加强可视化的真实性。MicroStation 除了是可以用于工程设计的建模软件，还是一个平台软件。它可以以 DGN 文件格式统一管理 Bentley 软件公司所有软件的文档，实现数据互通，具有强大的处理大型工程的能力。在 MicroStation 平台上，Bentley 软件公司基于 Bentley BIM 技术开发了一系列专业软件。

（1）Bentley Architecture（建筑）。Bentley Architecture 具有面向对象的参数化创建工具，能实现智能的对象关联、参数化门窗洁具等，实现二维图样与三维模型的智能联动。主要用于建立各类三维构筑物的全信息模型，应用于建筑专业。

（2）Bentley Structural（结构）。Bentley Structural 适用于混凝土结构、钢结构等各类信息结构模型的创建。结构模型可以连接结构应力分析软件（如 STAAD.Pro 等）进行结构安全性分析计算。从结构模型中，可以提取可编辑的平、立面模板图，并能自动标注杆件截面信息。主要用于建立各类三维构筑物的模型，应用于建筑专业、结构专业。

（3）Bentley Building Mechanical Systems（机电、通风）。Bentley Building Mechanical Systems 是建筑物内通风空调系统（HVAC）、给排水系统设计模块。它能够快速实现三维通风及给排水管道的布置设计、材料统计，以及平面图、立面图、剖面图自动生成等功能，实现二维、三维联动。主要用于创建通风空调管道及设备布置设计，应用于通风、空调和给排水专业。

（4）Bentley Building Electrical Systems（电气）。Bentley Building Electrical Systems 是基于三维设计技术和智能化的建模系统，可以快速完成平面图布置、系统图自动生成，能够生成各种工程报表，完成电气设计的相关工作，结合 BIM 完成协同设计和工程施工模拟进度，满足建筑行业对三维设计日益提高的需求，可以应用于建筑电气专业。

3. ArchiCAD

ArchiCAD 由匈牙利的 Graphisoft 公司开发，是世界上第一款 BIM 软件，基于三维实体模型，具有强大的二维图形生成、施工图设计和参数计算功能。ArchiCAD 可以进行复杂的大型模型创建，其预测式后台处理机制能更快、更好地实现即时模型更新，生成复杂的模型细节。同时，ArchiCAD 具有 GDL 技术。GDL 是一种参数化编程语言，类似于 BASIC 语言，描述了门、窗、家具、楼梯等结构要素，以及这些结构要素在平面图中的二维符号表达。这些对象被称为库零件，与 Revit 的族类似。此外，自带的壳体工具和改进的变形体工具使 ArchiCAD 能够在本地 BIM 环境中直接建模，直接使用任意自定义的几何形状创建元素。ArchiCAD 还有 MEP Modeler 和 ECO Designer Star 等拓展模块，能够基于创建的模型进行能耗分析、碰撞检测和可实施性检查等。

在设计方面，用户使用 ArchiCAD 可以自由地建模和造型，在最恰当的视图中，轻松创建想要的形体，修改复杂的元素。ArchiCAD 可以使用户将创造性的自由设计与其强大的建筑信息模型高效地结合起来，并且提供一系列综合的工具在项目相关阶段支持这些功能。ArchiCAD 在本地 BIM 环境中通过新的工具引入直接建模的功能，整合的云服务帮助用户创建和查找自定义对象、组件和建筑构件，完成建筑信息模型。

在文档创建方面，用户能够使用 ArchiCAD 创建三维建筑信息模型、一些必要的文档和图像。为了更好地交流设计意图，创新的三维文档功能使设计师可以将任意三维视图作为创建文档的基础，并可以添加标注尺寸甚至额外的二维绘图元素。因为在大部分发达国家，扩建、改造和翻新项目的数量等同于新建项目的数量，ArchiCAD 为扩建、改造和翻新项目提供内置的 BIM 文档和工作流，以便用户更好地完成扩建、改造和翻新项目。ArchiCAD 强大的视图设置能力、图形处理能力以及整合的发布功能，确保打印或保存项目的各项图纸集不需要花费额外的时间，而这些成果都来自同一建筑信息模型。

在协同工作方面，BIM 为设计团队带来了巨大的挑战。在大型项目中应用 BIM 时，用户经常会遇到模型访问能力和工作流程管理的瓶颈。Graphisoft 公司的 BIM 服务器通过领先的 Delta 服务器技术大大降低了网络流量，使团队成员可以在建筑信息模型上实现协同工作。ArchiCAD 的 BIM 服务器达到较先进的技术水平，在共享设计文件时形成了全新的应用范例。随着创新型Delta服务器技术的出现，客户和服务器之间只传送变更后的元素，从百万字节到千字节，平均数据包随之减小。因此，团队成员可以在全球任意地点，通过互联网实时协同建筑信息模型。

ArchiCAD具有直观的操作界面，包含广泛的对象库，用于设计、建筑系统、设施管理、协同工作等，可以有效地管理大型工程项目。但ArchiCAD在自定义参数建模上有一定的局限性，对内存的要求较高，会遇到项目规模变大时运行速度缓慢的问题。

4. Digital Project

Gehry Technologies是由美国建筑师弗兰克·格里的研发团队于2002年创办的公司，2005年与法国达索系统（Dassault Systemes）合作。达索系统的CATIA软件是一款广泛应用于航空工业以及其他工程行业的产品建模和产品全寿命周期管理的三维设计软件。它以创建复杂曲面的建模能力、表现能力和信息管理能力被建筑界关注，被广泛地用于异形建筑的建筑信息模型创建。达索系统的BIM产品称为Digital Project，是在CATIA V5的基础上开发的，面向建筑工程行业的软件。它以CATIA为核心管理工具，能处理大量建筑工程相关数据。它包括三部分：Designer用于建筑物三维建模，还可以与项目管理软件Microsoft Project整合；Manager提供轻量化的、简单易用的管理界面，适用于项目管理、估价及施工管理；Extensions提供一系列扩展功能，通过与其他软件平台或技术结合，实现更多的高级功能。

Digital Project具备施工管理架构，可以处理大量的复杂几何形体；具有大规模的数据库管理能力，可以使建筑设计过程拥有良好的沟通性；具有智能化的参数群组，可以撷取各细部的局部设计，并自动生成图说优化报告；具有无限的扩展性，适用于都市设计、导航与冲突检查。此外，Digital Project具有强大的API功能，可以供用户开发附加功能，便利与准确地和其他软件交流。Digital Project的特色在于具有强大的且完整的参数化对象的能力，并且能够直接将大型且复杂的模型对象进行整合，以控制与运作。Digital Project支持全局的参数化定制，可以创建复杂的参数化组件，还具备极佳的曲面造型功能。

相关链接

主要 BIM 核心建模软件优缺点

主要 BIM 核心建模软件优缺点见表 1–1。

表 1–1　主要 BIM 核心建模软件优缺点

软件名称	优点	缺点
Revit 系列软件	1. 界面友好，直观易学 2. 各专业模块相对齐全 3. 可以自行建立或从第三方获得海量对象库 4. 支持信息实时全局更新，避免重复修改 5. 市场份额大，是 BIM 工具二次开发的首选平台	1. 参数规则有局限性 2. 不支持复杂的曲面建模 3. 模型稍大时，运行速度减慢
Bentley BIM 系列软件	1. 模型工具功能强大，涉及范围广泛 2. 支持多种复杂建模方式 3. 多层次支持开发自定义参数对象和组件	1. 界面烦琐，不易上手，不易掌握 2. 对象库较少
ArchiCAD	1. 界面直观、易学 2. 有海量对象库 3. 具有丰富的支持施工与设备管理的应用	1. 全局更新参数规则有局限性 2. 处理大型项目会遇到缩放问题，需对其进行分割 3. 建筑专业功能较强，其他专业功能较弱
Digital Project	1. 提供强大的和完整的参数化建模能力 2. 支持创建大型的、复杂的三维模型 3. 直接以三维模式实现很多细节部分的建模过程	1. 用户界面复杂，不易掌握 2. 初期投资大 3. 对象库数量有限 4. 建筑设计的绘图功能有缺陷

三、BIM 方案设计软件

在方案设计初期，方案可行性研究因未雨绸缪、能够提高综合项目投资的效率，越来越受到业主和设计方的重视。在方案可行性研究阶段，业主、投资方可以使用 BIM 方案设计软件，评估方案的场地分析、环境状况、交通流线、规范标准、投资估算等。BIM 方案设计软件甚至可以实现对建筑局部的细节推敲，迅速分析在设计和施工过程中可能需要处理的问题；还可以借助 BIM 技术得出不同的方案，并通过数据对比和模拟分析得到不同方案的优缺点，以便于投资方制定经济合理的投资方案。通过 BIM 技术，在方案设计阶段进行方案可行性研究，设计方可以快速得到方案的反馈，及时修正设计错误，有效地避免后期更为烦琐的修改，节省时间，提高方案质量。目前应用比较广泛的 BIM 方案设计软件主要有 DESTINI Profiler、Onuma Planning System、SketchUp。设计方可以通过这些 BIM 方案设计软件进行方案设计，然后把设计的效果信息与 BIM 核心建模软件结合，进行深层次的设计，并与业主验证。它们用在设计初期，其主要功能是把业主设计任务书中基于数字的项目要求转化为基于几何形体的方案。该方案用于业主和设计方之间的沟通和方案研究论证，可以帮助设计方验证方案和业主设计任务书中的项目要求的匹配度。BIM 方案设计软件的成果可以导入 BIM 核心建模软件进行深化设计，进一步满足业主的需求。

1. DESTINI Profiler

DESTÍNI Profiler 由美国的 Beck Technology 开发。Profiler 是 DESTINI 系列的一部分，在方案可行性研究中的主要作用是投资估算和场地分析。DESTINI Profiler 的主要功能是三维建模，同时通过视觉验证和数据捕获，不断地提供成本开销、能源消耗、生命周期、土方充填开挖以及进度的实时反馈。用户可以在早期分析方案，定制报告内容，在多个专业内评估和权衡得失，以得到最优的方案。

此外，DESTINI Profiler 还有能源分析模块，能够根据项目所在地的气象信息、建筑造型、楼层数、围护结构的热工性能、遮阳系数、窗墙比、电气和照明负荷等参数，综合估算建筑耗能峰值，从而使投资方选择合适功率的设备，避免浪费。

2. Onuma Planning System

Onuma Planning System 由美国的 Onuma 开发，是一款基于网页的 BIM 分析工具。Onuma Planning System 的主要功能是在项目初步规划阶段进行预测性论证，编制项目需求，迅速进行早期项目规划管理。Onuma Planning System 不是传统的软件，而是云软件，虽然有简单的建模、BIM 功能，并兼容了很多规划、设计以及 BIM 信息传递和管理的功能，但不能替代专业软件。

3. SketchUp

SketchUp（又名草图大师），是一款用于创建、共享和展示三维模型的软件。通过一个使用简单且内容详尽的颜色、线条和文本提示指导系统，使用户不必输入坐标，就能跟踪位置和完成相关建模操作。在 SketchUp 为数不多的工具中，每一种工具都可以做多种工作，使用户更容易学习、使用，并且（最重要的是）更容易记住如何使用该软件。它使用户更加方便地以三维方式思考和沟通，是一套直接面向方案创作过程的设计工具。SketchUp 的创作过程不仅能够充分表达设计方的思想，而且完全满足与客户即时交流的需要。它使设计方可以直接在计算机上进行直观的构思，是三维建筑设计方案创作的优秀工具。在 SketchUp 中建立三维模型就像使用铅笔在图纸上作图一般，SketchUp 本身能自动识别这些线条，自动加以捕捉。它的建模流程简单明了，就是画线成面，而后挤压成型，这也是建筑建模最常用的方法。SketchUp 用户界面如图 1–2 所示。

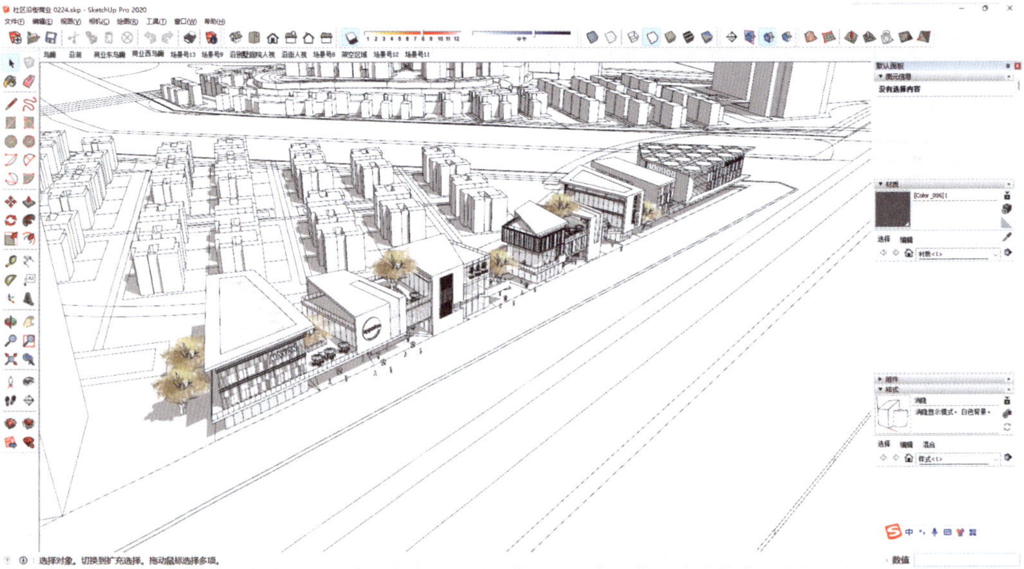

图 1–2　SketchUp 用户界面

四、BIM 可视化软件

BIM 可视化即所见即所得。模型三维的立体实物图形可视，项目设计、建造、运营等整个过程可视。3D Studio Max、Lumion 等三维可视化软件的出现弥补了业主及最终用户由于缺乏对传统建筑图纸的理解能力造成的和设计师之间的交流鸿沟。但这些可视化软件在设计理念和功能上的局限性使三维可视化展现不论用于前期方案推敲还是用于阶段性效果图展现，与真正的方案存在相当大的差距。对于设计师而言，除了用于前期方案推敲和阶段性效果图展现，大量的设计工作还要基于传统 CAD 平台，使用平面、立面、剖面三视图的方式表达和展现设计成果。这种工具原因造成的信息割裂，在项目复杂、工期紧张的情况下，非常容易出错。BIM 的出现使设计师不仅拥有了三维可视化的设计工具，更重要的是使设计师能够使用三维的思考方式完成建筑设计。同时，也使业主及最终用户真正突破技术壁垒，随时知道自己的投资能获得什么，方便进行更好的沟通、讨论与决策。

1. 3D Studio Max

3D Studio Max 常简称为 3ds Max，是 Discreet 公司开发的（后被 Autodesk 公司合并）、基于 PC 系统的三维建模渲染和制作软件。其前身是基于 DOS 操作系统的 3D Studio 系列软件。在 Windows NT 出现以前，工业级的 CG 制作被 SGI 图形工作站所垄断。3D Studio Max+Windows NT 组合的出现降低了 CG 制作的门槛，首先运用在计算机游戏的动画制作中，然后进一步参与影视的特效制作，如《X 战警 2》《最后的武士》等。在 Discreet 3ds Max 7 后，正式更名为 Autodesk 3ds Max。

2. Lumion

Lumion 是一款专业且实用的三维景观实时渲染软件，用户可以通过它直接浏览结果，无须等待就可以获得最终的效果，极大地提高工作效率。它主要被应用于建筑景观行业，集多种专业功能于一体，具有较高的渲染速度。新增的 LiveSync 插件能够同时进行建模和渲染，方便用户实时查看效果，同时提供上百种逼真的材料，兼容性极强，支持市面上多款主流建模软件的模型导入，可以达到更加逼真、出色的渲染效果。

Lumion 简单、易上手，无须培训，只需几分钟，就可以创建令人惊叹的图像、视频和全景图。其新功能 Sky Light 2 包含 39 个预先配置的 HDR 天空环境，内置可以定制的三维草、雨雪、地毯和织物的毛茸材料，包括 112 种新材料和 600 多种新物体，是较快的三维渲染软件。用户可以向 Lumion 导入来自 Revit、3ds Max、SketchUp、AutoCAD、Rhino、ArchiCAD 等众多建模程序的模型。Lumion 提供逼真的景观、城市背景和时尚效果，在内容库中有数千个对象和材料，可以提供丰富的建筑场景表达。Lumion 用户界面如图 1–3 所示。

图 1-3　Lumion 用户界面

3. Fuzor

Fuzor 是可以与 Revit 联动的实时渲染及虚拟现实（virtual reality，VR）应用程序。它最初由 Kalloc Studios 利用计算机游戏的技术进行设计，并提供与 Revit 的双向实时链接，允许用户在模型环境中移动、可视化、加注和检查 BIM 信息，并且可以同步 2 种工具之间的变更。实时链接是指允许 Fuzor 立即更新，并反映到 Revit 档案中完成修改。

Fuzor 支持各种测量，并提供冲突分析、照明分析、颜色和可见度过滤器、截面和截面渲染，以及嵌入 BIM 信息的视频渲染。Fuzor 可以通过 Google Drive 或 Dropbox 支持移动设备 BIM 实时可视化沟通。Fuzor 支持流行的 VR 眼镜，如 HTC 的 VIVE，可以实现 BIM 至 VR 的一键转换。Fuzor 用户界面如图 1-4 所示。

4. Lightscape

Lightscape 是一个先进的光照模拟和可视化设计系统，用于对三维模型进行精确的光照模拟和灵活方便的可视化设计。Lightscape 是世界上唯一同时拥有光影跟踪技术、光能传递技术和全息技术的渲染软件。它能精确模拟漫反射光线在环境中的传递，获得直接的和间接的漫反射光线，用户不需要积累丰富的实践经验就能得到真实自然的设计效果。Lightscape 可以轻松地使用一系列交互工具进行光能传递处理、光影跟踪和结果处理。Lightscape 3.2 是 Lightscape 公司被 Autodesk 公司收购之后推出的第一个更新版本。

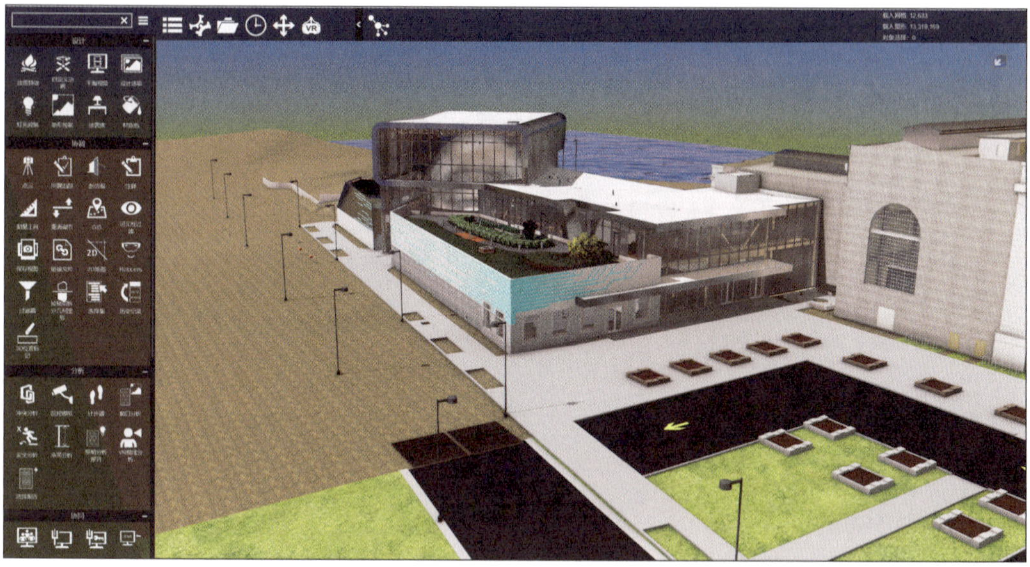

图 1-4　Fuzor 用户界面

学习单元 2　建筑信息模型软件授权及注册情况查看方法

培训重点

1. 了解建筑信息模型软件授权查看方法。
2. 了解建筑信息模型软件注册情况查看方法。

以 Autodesk Revit 2021 为例，查看建筑信息模型软件授权及注册情况，管理 Revit 许可。

方法一：在 Revit 窗口的“信息中心”中找到“登录”工具栏

，单击下拉菜单，选择“管理许可”，如图 1-5 所示。在弹出的“许可管理器”对话框中，列出了应用程序当前正在使用的所有许可，包括序列号、产品密钥、许可到期日期等，如图 1-6 所示。

方法二：在 Revit 窗口的“信息中心”中找到“帮助”工具栏，单击下拉菜单，选择“关于 Autodesk Revit 2021”，如图 1-7 所示。在弹出的“关于 Autodesk

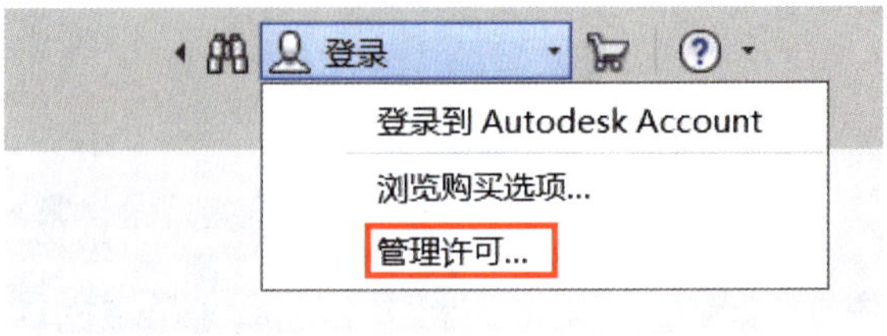

图 1–5　在“登录”工具栏选择“管理许可”

图 1–6　许可管理器

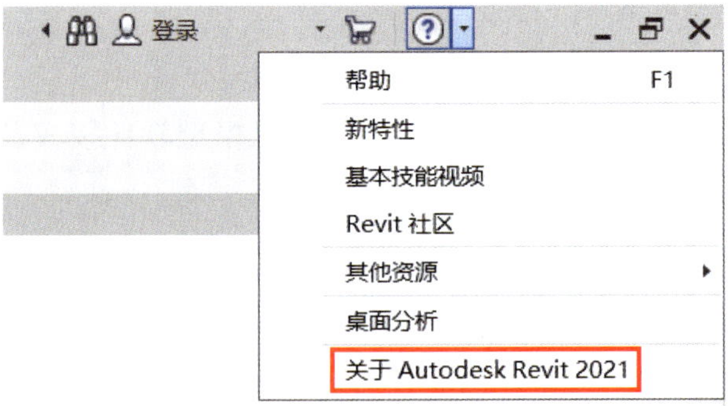

图 1–7　在“帮助”工具栏选择“关于 Autodesk Revit 2021”

Revit 2021”对话框中，单击右下角的“管理许可证”按钮，即可进入“许可管理器”对话框，查看建筑信息模型软件授权及注册情况，如图 1-8 所示。

图 1-8　软件版本界面

培训课程 2

建模准备

学习单元 1　项目样板要求

培训重点

1. 了解项目样板要求。
2. 了解模型视图应用方法。
3. 了解视图样板应用方法。

一、项目样板要求

1. 项目样板介绍

以 Revit 为例，当建立新的“项目”时，可以选择新建“项目”或新建“项目样板”。选择新建“项目样板”，会建立一个 RTE 文件格式的文件，如图 1–9 所示。在项目样板文件中，定义了新建项目默认的初始参数，如项目单位、线型图案、填充样式、尺寸标注、视图样板、图框、标高和轴网、项目基点、常用族及过滤器等。Revit 允许用户根据项目特点，自定义企业使用的项目样板文件，并保存为新的 RTE 项目样板文件。

在 Revit 中，系统自带的项目样板包括以下 7 种。

（1）构造样板（Construction–DefaultCHSCHS）。建筑、结构专业均可使用。

（2）建筑样板（DefaultCHSCHS）。建筑专业使用，入门学习阶段使用。

（3）结构样板（Structural Analysis–DefaultCHSCHS）。结构专业使用。

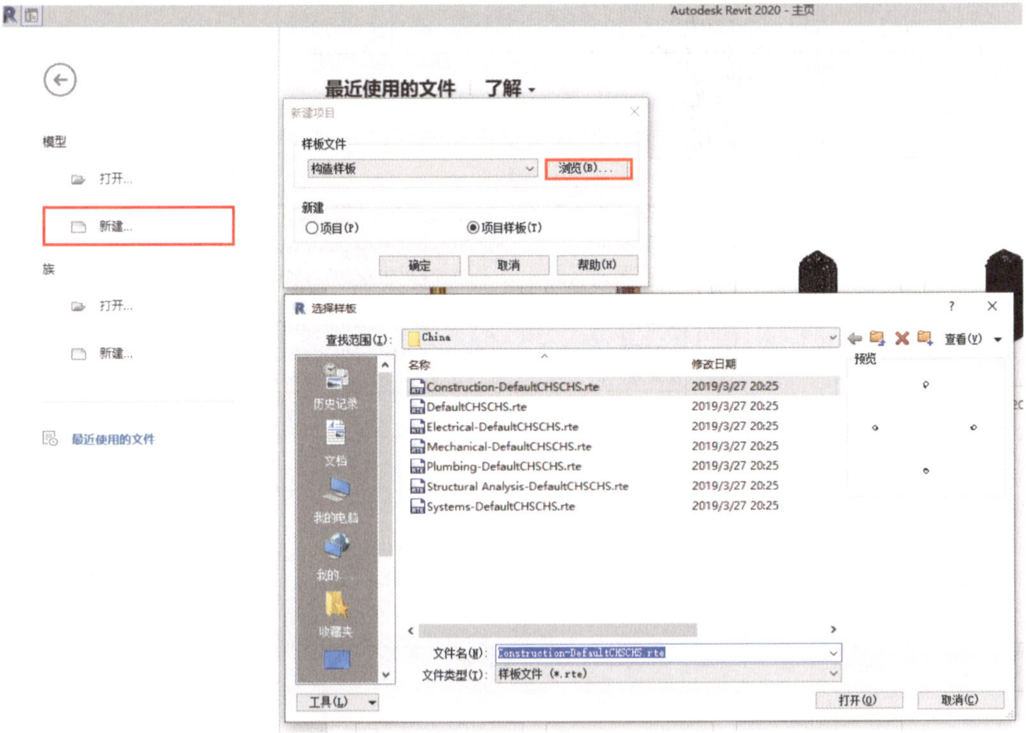

图 1-9 新建“项目样板”

（4）机械样板（Mechanical-DefaultCHSCHS）。暖通空调专业使用。

（5）电气样板（Electrical-DefaultCHSCHS）。电气、智能化专业使用。

（6）管道样板（Plumbing-DefaultCHSCHS）。给排水、消防专业使用。

（7）系统样板（Systems-DefaultCHSCHS）。水、暖、电 3 个专业均可使用，机电综合样板。

小贴士

在“选项”对话框中，选择“文件位置”选项，可以查看各类项目所采用的项目样板。在该对话框中，还允许用户添加新的项目样板快捷方式，浏览指定项目所采用的项目样板，如图 1-10 所示。

图 1–10　选择“文件位置”选项

2. 项目样板设置

可以针对项目的特点，创建或修改已有的项目样板，这里选择项目样板中常见的设置项目进行介绍。

（1）项目单位。在 BIM 项目建模前期，需要设置项目单位，以方便创建建筑信息模型和确保建筑信息模型的准确性。在 Revit 中，项目单位在“管理”选项卡“设置”面板的“项目单位”选项中设置，如图 1–11 所示。

（2）标高和轴网。建筑信息模型拆分及建筑信息模型协同，均应该保证各专业模型使用统一的定位。因此，对于目前主流的直角坐标系建模，在项目建模初期，需要绘制标高和轴网，各专业模型建模也应该提前绘制标高和轴网，才能方便后期模型协同及模型整合应用。在项目样板中，绘制标高和轴网需要注意以下几点。

1）各专业模型的标高可能有偏差。例如，建筑与结构专业标高存在高程差，相应的项目样板文件可以以该专业设计图纸中的标高为准。

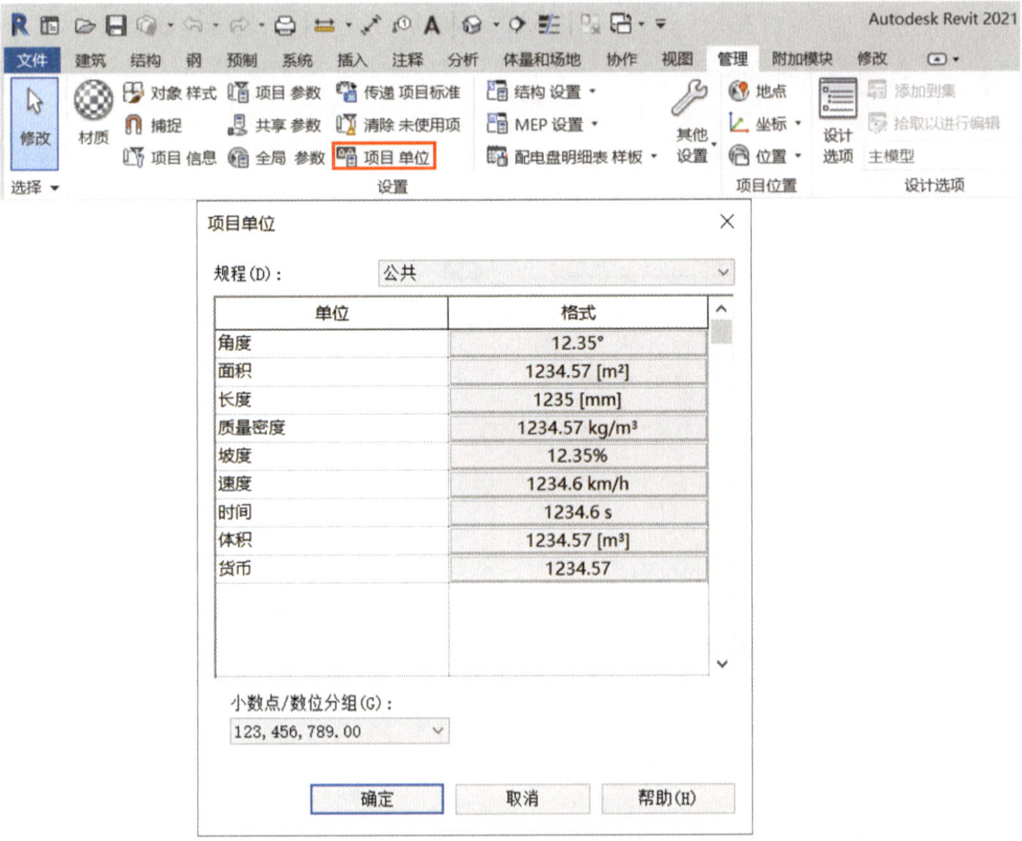

图 1–11 “管理”选项卡及“项目单位”设置面板

2）项目定位轴网文件一般由建筑专业创建，其他专业共享。

3）需要确定项目北与正北的关系，尽量保证图纸与建筑信息模型一致。

（3）项目基点。项目基点是项目在用户坐标系中测量定位的相对参考坐标原点，需要根据项目特点，确定项目基点的合理位置。为了使建筑信息模型实现无缝对接协同，在保证标高和轴网统一之后，还需要在建模过程中，保证各个专业建模的项目基点完全一致。

1）项目基点默认各项数值均为 0，默认项目基点设置如图 1–12 所示。应在绘制标高和轴网后，设置项目基点，且保证标高和轴网尺寸与定位关系准确。

2）取消锁定后，单击“项目基点”，可以在“属性”选项板中对标高、高程进行修改，或直接在项目基点右侧进行修改。

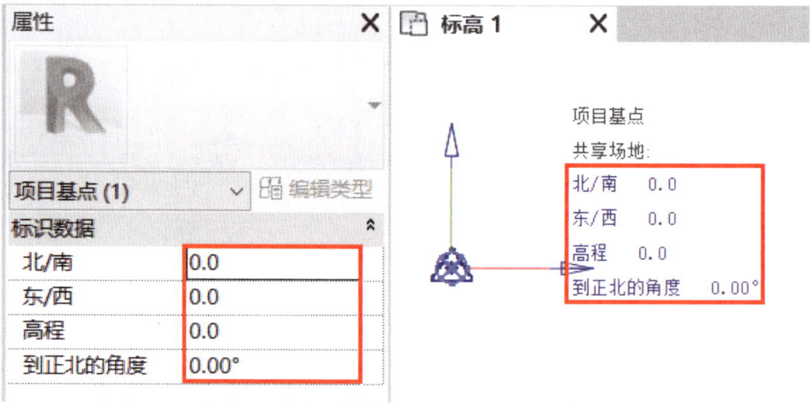

图 1–12　默认项目基点设置

小贴士

当在视图中不显示项目基点时，使用快捷键“VV”打开当前视图的“可见性 / 图形替换”对话框，在“场地”栏，勾选“测量点”及“项目基点”（见图 1–13），则项目基点和测量点在视图中可见。

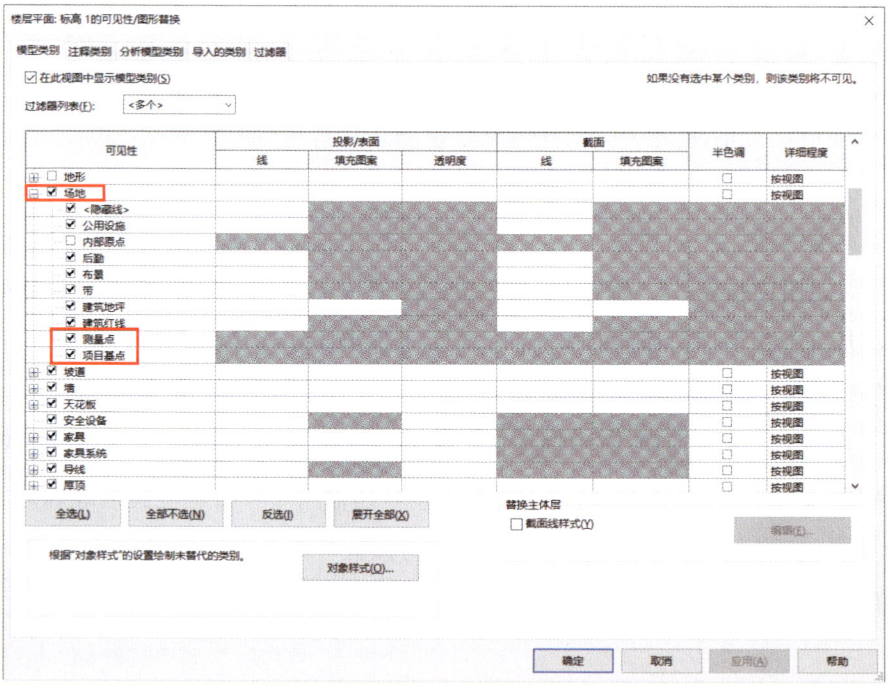

图 1–13　“可见性 / 图形替换”对话框

（4）常用族。族在 Revit 中是建筑设计的基础与核心，是在 Revit 中使用的一个功能强大的概念，同时也是一个必不可少的功能。Revit 中的每个族文件都含有很多的参数和信息，如尺寸、形状、类型和其他的参数变量，可以帮助用户更方便地管理数据和修改搭建的建筑信息模型，大幅提升了设计效率。

参数化构件族的范围在 Revit 中的定义很广，三维建筑形体（模型图元）是族文件，项目中的标高、轴网、图纸及明细表等图元也是族文件。这些含有构件信息参数的数据图元，不仅对整个建筑物的信息采集是非常必要的，更有助于用户对独立的建筑构件（族）本身及项目进行修改。Revit 的族分为系统族、标准构件族、内建族 3 种。系统族为软件自带，标准构件族可以载入项目，内建族只能在当前项目中创建。为了便于用户统一建模标准，避免族文件不统一，减少无意义的工作，一般在项目样板中需要将该项目有可能用到的族文件统一载入，方便用户直接使用。

二、模型视图应用方法

1. 模型视图类型

Revit 模型视图有很多类型，每个模型视图类型都有特殊用途，模型视图不同于用 CAD 绘制的图纸，它是 Revit 项目中建筑信息模型根据不同的规则显示的投影。

常用的模型视图类型有平面视图、立面视图、剖面视图、详图索引视图、三维视图、图例视图、明细表视图等。同一项目可以有任意多个模型视图。例如，对于 F1 楼层平面，可以根据需要创建任意数量的楼层平面视图，用于表现不同的功能要求，如 F1 梁布置视图、F1 柱布置视图、F1 房间功能视图等。所有模型视图均根据模型剖切投影生成。

如图 1-14 所示，Revit 在“视图”选项卡“创建”面板中，提供了创建各种模型视图的工具，也可以在项目浏览器中根据需要创建不同的模型视图类型。

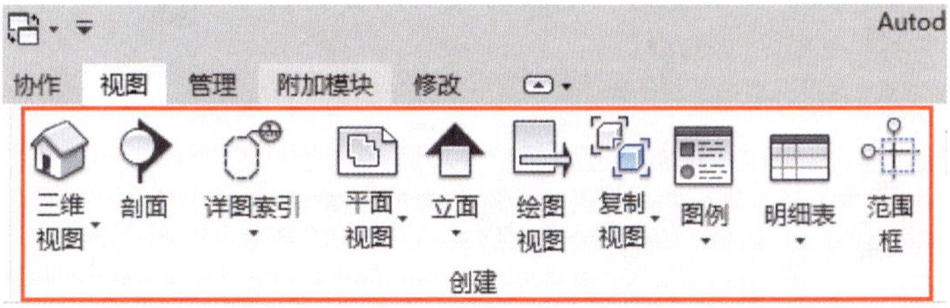

图 1-14 “视图”选项卡“创建”面板

（1）平面视图。楼层平面视图及天花板平面视图是沿项目水平方向，按指定的标高偏移位置，剖切项目形成的视图，大多数项目至少包含 1 个楼层平面视图。在创建项目标高时，默认可以自动创建对应的楼层平面视图；在立面中，已创建的楼层平面视图的标高标头显示为蓝色，无平面关联的标高标头显示为黑色。除了使用项目浏览器，在立面中可以通过双击蓝色标高标头，进入对应的楼层平面视图；使用“视图”选项卡“创建”面板中的“平面视图”工具，可以手动创建楼层平面视图。

小贴士

在楼层平面视图中，当不选择任何图元时，“属性”选项板将显示当前模型视图的属性。

相关链接

在左侧楼层平面“属性”选项板中，单击“视图范围”的“编辑”按钮，打开“视图范围”对话框，如图 1-15 所示。

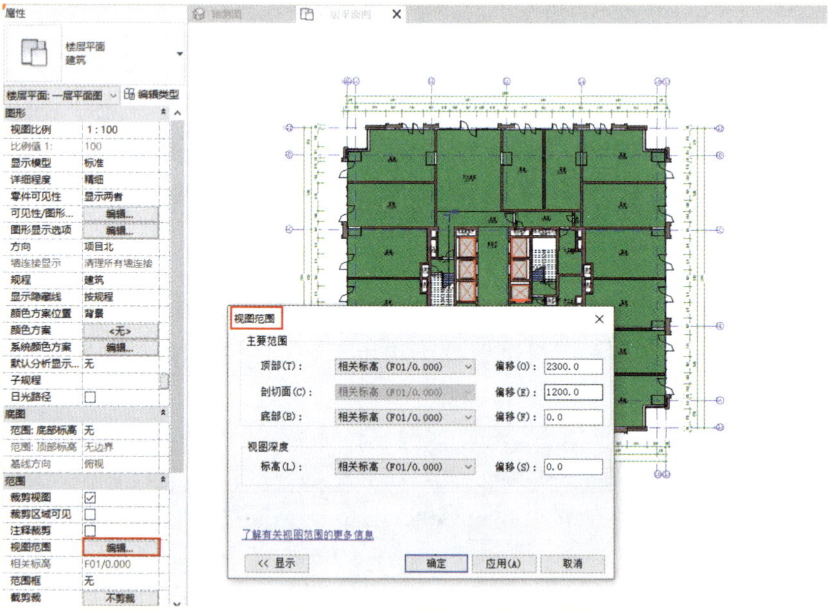

图 1-15　打开“视图范围”对话框

每个平面视图都具有视图范围属性，也称为可见范围。在“视图范围”对话框中（见图 1–16），可以定义平面视图的剖切位置等。

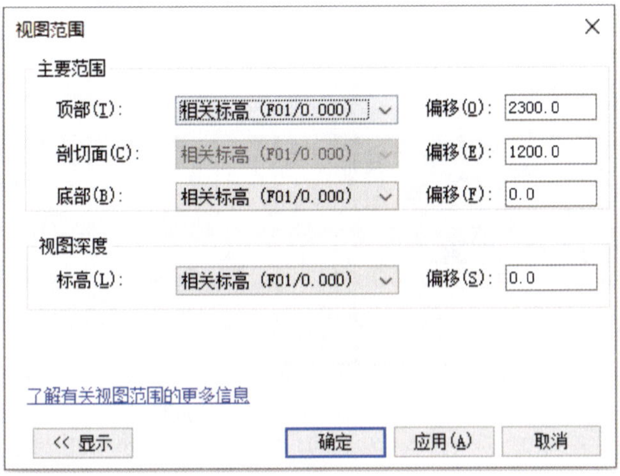

图 1–16 “视图范围”对话框

1）主要范围。在 Revit 中，用于控制平面视图中模型对象的可见性和外观的一组水平平面，分别称为顶平面（顶部）、剖切面和底平面（底部）。顶平面和底平面用于约束视图范围顶部和底部的位置，剖切面是确定剖切高度的平面，这 3 个平面用于定义视图范围的主要范围。

2）视图深度。视图深度用于设置主要范围之外的附加平面。可以更改视图深度，以显示底平面下的图元。在默认情况下，视图深度与底平面重合。主要范围的底平面不能超过视图深度设置范围。平面视图的视图范围如图 1–17 所示。

（2）立面视图。立面视图是项目模型在立面方向上的投影视图。在 Revit 中，默认每个项目包含东、西、南、北 4 个立面视图，并在楼层平面视图中显示立面视图符号。双击平面视图中立面视图符号的黑色小三角，会直接进入立面视图。Revit 允许用户在楼层平面视图或天花板视图中创建任意立面视图。

（3）剖面视图。剖面视图允许用户在平面视图、立面视图或详图索引视图中，通过在指定位置绘制剖面符号线，在该位置对建筑信息模型进行剖切，并根据剖面视图的剖切和投影方向生成模型投影。剖面视图具有明确的剖切范围，单击剖面标头即显示剖切深度范围，可以通过鼠标自由拖拽。

（4）详图索引视图。当需要放大显示模型的局部细节时，可以使用详图索引视图。可以在平面视图、剖面视图或立面视图中创建详图索引。创建详图索引的视图通常称为父视图。在详图索引范围内的模型部分，将以在详图索引视图中设

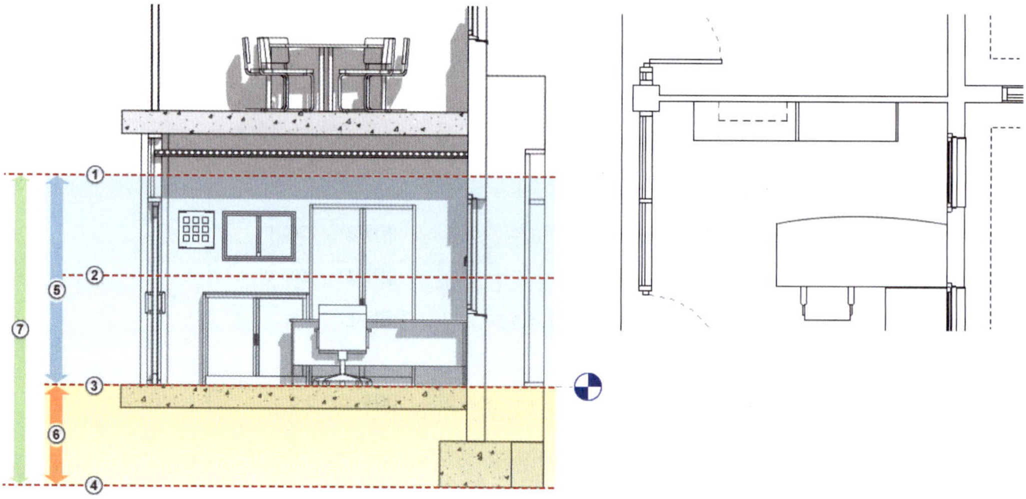

图 1–17　平面视图的视图范围

①—顶部　②—剖切面　③—底部　④—偏移（从底部）　⑤—主要范围　⑥—视图深度　⑦—平面视图的视图范围

置的比例显示在独立的视图中。详图索引视图显示父视图中某一部分的放大版本，且所显示的内容与原建筑信息模型关联。如果删除父视图，也将删除该详图索引视图。

（5）三维视图。使用三维视图，可以直观查看建筑信息模型的状态。在 Revit 中，三维视图分 2 种：正交三维视图和透视图。在正交三维视图中，不管观察距离的远近，所有构件的大小均相同。可以单击快速访问栏中的“默认三维视图”图标，直接进入默认三维视图，可以配合使用 Shift 键和鼠标滚轮，根据需要灵活调整视图角度。一般使用“视图”→“创建”→“三维视图”→“相机”创建透视图，如图 1–18 所示。在透视图中，越远的构件显示得越小，越近的构件显示得越大，透视图更符合人眼的观察视角。

2. 基本视图操作方法

可以通过鼠标、ViewCube 和导航栏，对 Revit 视图进行平移、缩放、旋转等操作。

（1）视图平移、缩放。在平面视图、立面视图或三维视图中，可以通过滚动鼠标对视图进行缩放；按住鼠标滚轮并拖动，可以平移视图。在默认三维视图中，按住 Shift 键和鼠标滚轮，拖动鼠标，可以旋转三维视图。视图旋转仅对三维视图有效。

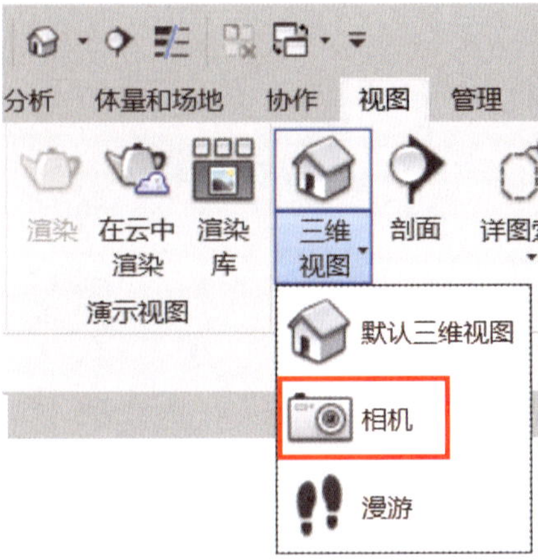

图 1–18 “相机”工具

小贴士

在视图中，双击鼠标滚轮，可以缩放显示视图中的所有图元。

（2）ViewCube 控制。在三维视图中，Revit 还提供了 ViewCube，用于控制三维视图。默认 ViewCube 位于绘图区域右上方，如图 1–19 所示。ViewCube 为用户提供了查看模型的上、下、左、右、前、后 6 个正面视图，可以显示东、南、西、北 4 个方向。用鼠标左键按住 ViewCube 并拖拽下方的圆环指南针，还可以修改三维视图的方向为任意方向，其作用与按住 Shift 键和鼠标滚轮并拖拽的效果类似。

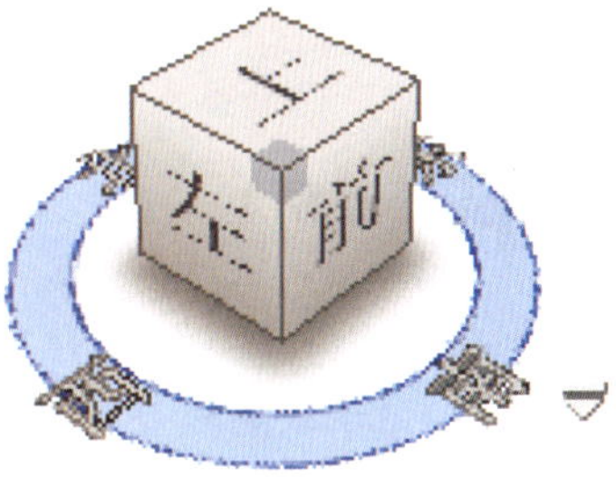

图 1–19 ViewCube

（3）导航栏控制。为了更加灵活地控制视图缩放，Revit 提供了“导航栏”工具条，可以在“视图”选项卡“用户界面”工具中，勾选或取消勾选导航栏，如图 1–20 所示。在默认情况下，导航栏位于视图右侧 ViewCube 下方，如图 1–21 所示。在任意视图中，都可以通过导航栏控制视图。

导航栏主要提供两类工具：视图平移查看工具和视图缩放工具。单击导航栏（见图 1–21）上方第一个圆盘图标，进入全导航控制盘（导航盘）控制模式，如图 1–22 所示。导航盘将跟随光标移动。导航盘提供缩放、平移、动态观察（视图旋转）等选项，移动光标至导航盘中选项的位置，按住鼠标左键不动即可执行相

图 1–20 “用户界面”工具

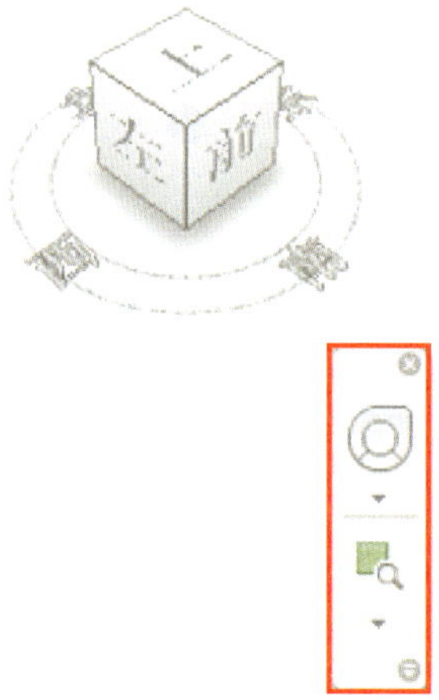

图 1–21 导航栏

应的操作。

小贴士

显示或隐藏导航盘的快捷键是 Shift+W。

导航栏提供的另一类工具为缩放工具，用于修改窗口中的可视区域。单击缩放工具下拉箭头，可以查看缩放选项，如图 1–23 所示。勾选下拉列表中的缩放选项，就能实现缩放。在实际操作中，最常使用的缩放工具为“区域放大”。选择“区域放大”，Revit 允许用户绘制任意范围的窗口区域，将该区域范围内的图元放大至充满窗口。

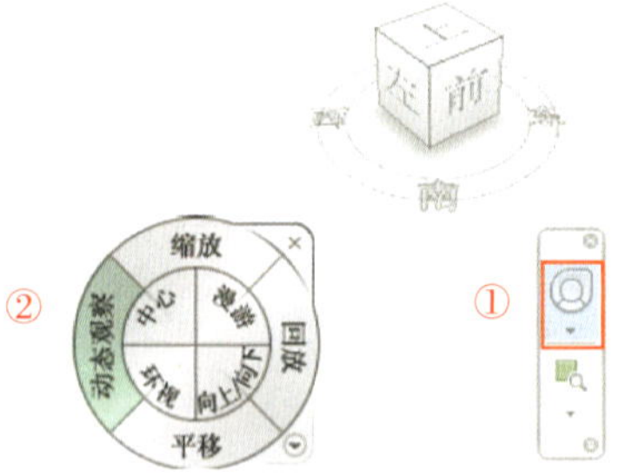

图 1–22 导航盘

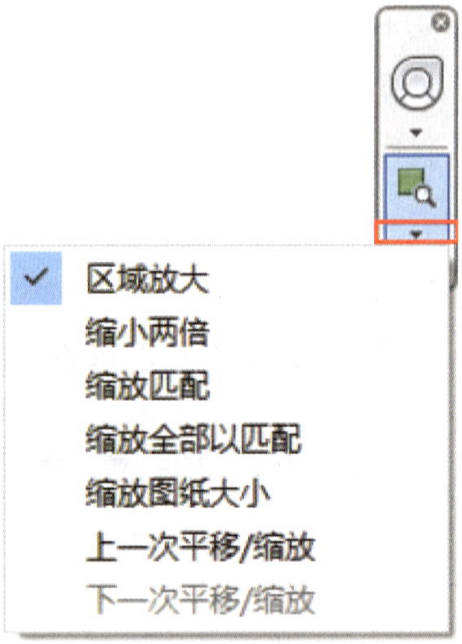

图 1–23 导航栏缩放工具菜单

小贴士

区域放大的快捷键是 ZR。任何时候使用缩放工具菜单中“缩放全部以匹配”选项，都可以缩放显示当前视图中的全部图元。

（4）视图窗口控制。除了缩放、平移、旋转视图，还可以控制视图窗口。在项目浏览器中切换视图时，Revit 将创建新的视图窗口。可以利用“窗口”面板，控制已打开的视图窗口。在“视图”选项卡的“窗口”面板中，提供了“切换窗口”“关闭非活动”“选项卡视图”“平铺视图”等窗口操作选项，如图 1–24 所示。

图 1–24 “视图”选项卡“窗口”面板

选择“平铺视图”选项，可以同时查看所有已打开的视图窗口，各视图窗口将以合适的大小并列显示。Revit 打开很多视图时，需要占用大量的计算机内存，造成系统运行速度下降。可以选择“关闭非活动”选项，一次性关闭所有隐藏的视图，节省项目消耗的系统资源。“关闭非活动”选项不能在平铺视图、层叠视图模式下使用。“切换窗口”选项用于在多个已打开的视图窗口间进行切换。

3. 视图显示控制方法

通过视图控制栏，可以对视图中的图元进行显示控制，如图 1–25 所示。在视图控制栏中，选项按钮的主要作用是控制视图比例、显示视图详细程度、调整视觉显示效果、打开或关闭日光路径、打开或关闭阴影、显示或隐藏裁剪区域、显示或隐藏图元等。由于在 Revit 中，各视图均采用独立的窗口显示，因此，在任何视图中进行视图控制栏的设置，均不会影响其他视图。

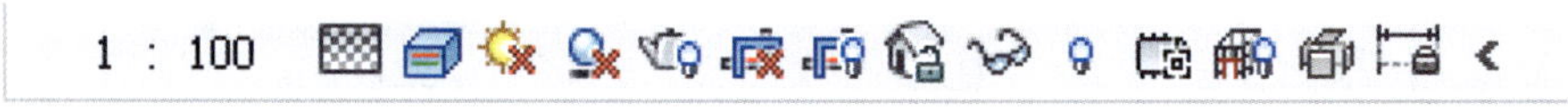

图 1–25　视图控制栏

三、视图样板应用方法

视图样板是视图比例、规程、详细程度和可见性设置等视图属性的集合，对于视图类型（如平面视图和立面视图）是公共的属性。可以将定义的视图样板应用于特定的视图。例如，要求本项目的楼层平面图的视图比例为 1∶500。在 F1 楼层平面图中设置视图比例为 1∶500，同时每当新建一个楼层平面图时，都需要修改相应的视图比例。此时，可以通过设置视图样板，快速同步各个楼层平面图的视图比例。

1. 创建视图样板

（1）新建视图样板。单击“视图”→“图形”→“视图样板”→“从当前视图创建样板”，如图 1–26 所示。弹出“新视图样板”对话框，输入新建视图样板的名称，然后单击“确定”按钮，如图 1–27 所示。此后，可以在“视图样板”对话框中设置视图属性，如图 1–28 所示。例如，可以将视图比例统一设置为 1∶500。

（2）基于现有视图样板创建视图样板。单击“视图”→“图形”→“视图样板”→“管理视图样板”，如图 1–29 所示。

在“视图样板”对话框中的“视图样板”区域，根据“规程过滤器”和“视图类型过滤器”中的选项，显示右侧视图样板的列表内容。每个视图类型的样板都包含一组不同的视图属性。在“名称”列表中，选择视图样板用作新视图样板。单击“复制”按钮，在“新视图样板”对话框中，输入新视图样板的名称，然后单击“确定”按钮，如图 1–30 所示。

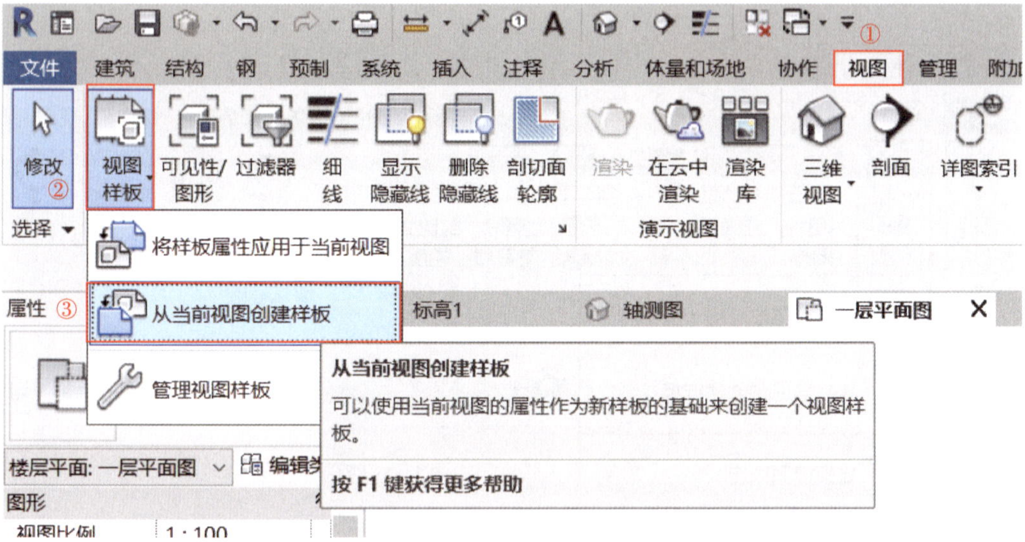

图 1–26 新建视图样板

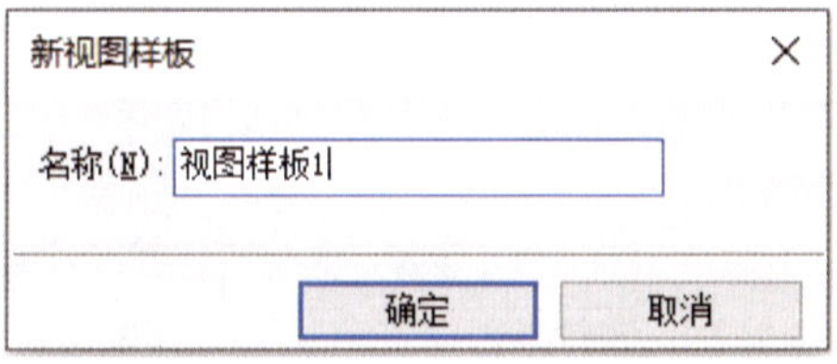

图 1–27 “新视图样板”对话框

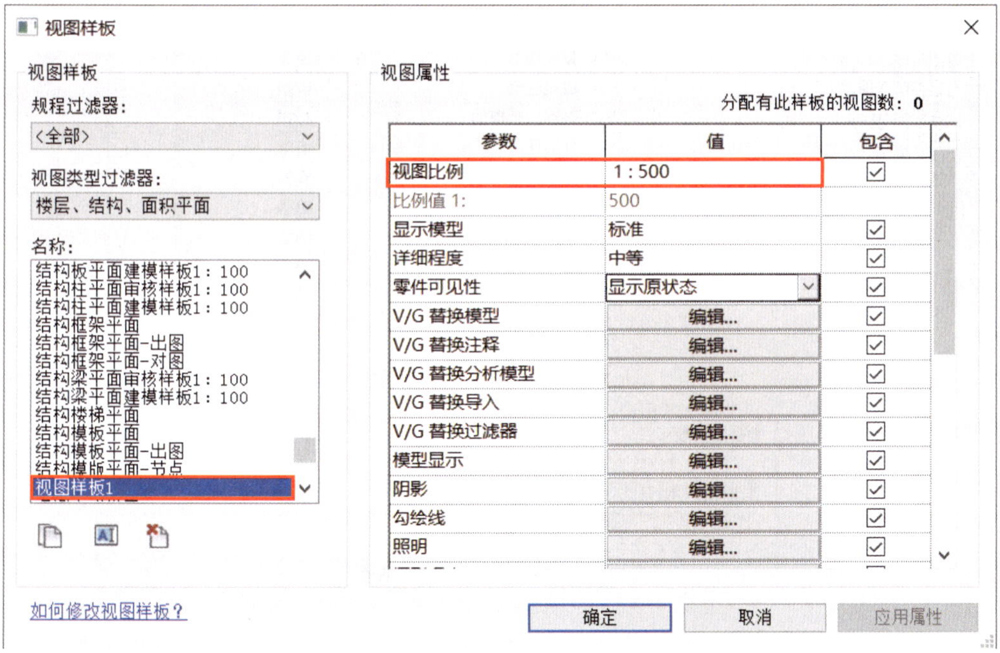

图 1–28 “视图样板”对话框

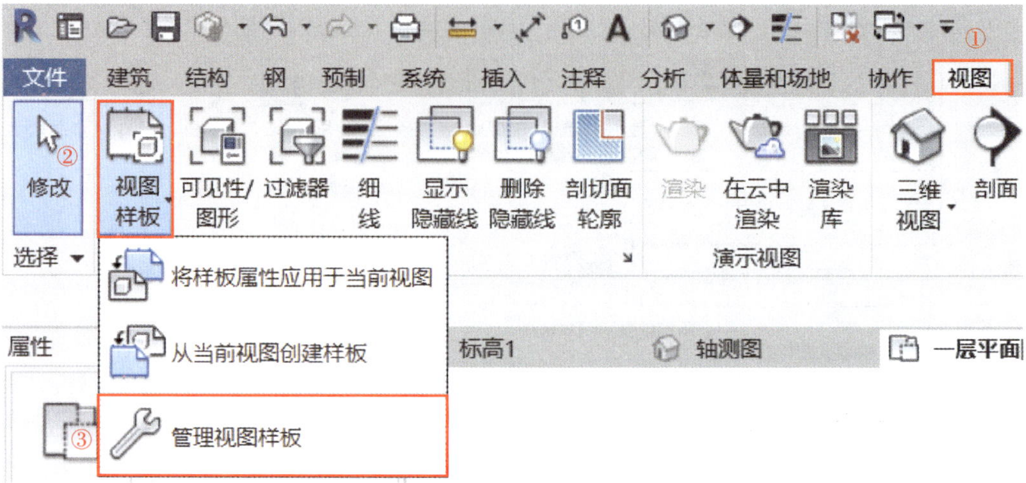

图 1-29　基于现有视图样板创建视图样板

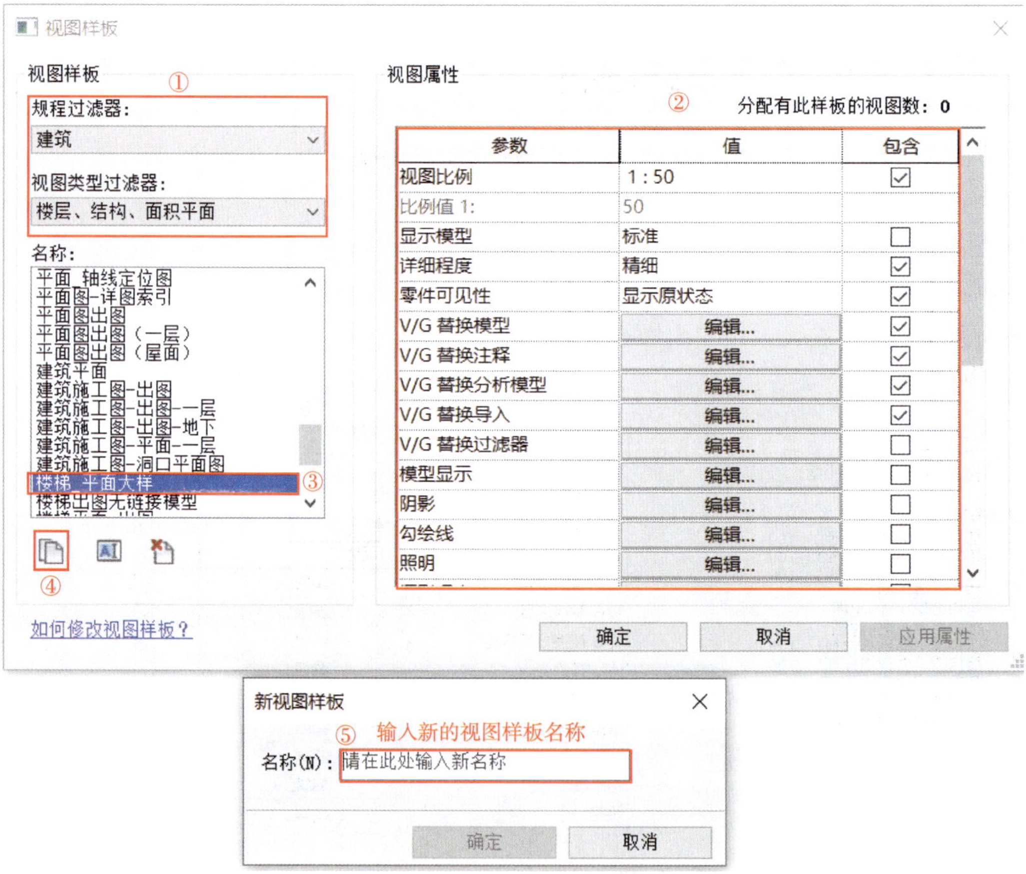

图 1-30　复制视图样板

2. 应用视图样板

创建视图样板后，单击要修改视图的“属性”选项板的“标识数据”面板，再单击“视图样板”选项，然后在“指定视图样板”对话框中，找到创建的视图样板，单击“确定”按钮，如图 1–31 所示。此时，用户所修改的视图样板中的视图比例、显示效果、可见性等设置，都应用在了该视图样板中。另外，如果需要修改视图样板，在“指定视图样板”对话框，进行相应的修改即可。应用视图样板可以快速根据视图样板的设置，修改视图属性。在处理大量施工图纸时，无疑将大幅提高工作效率。Revit 提供了 3 种不同类型的视图样板。在应用视图样板时，应根据视图类型，选择合适的视图样板。

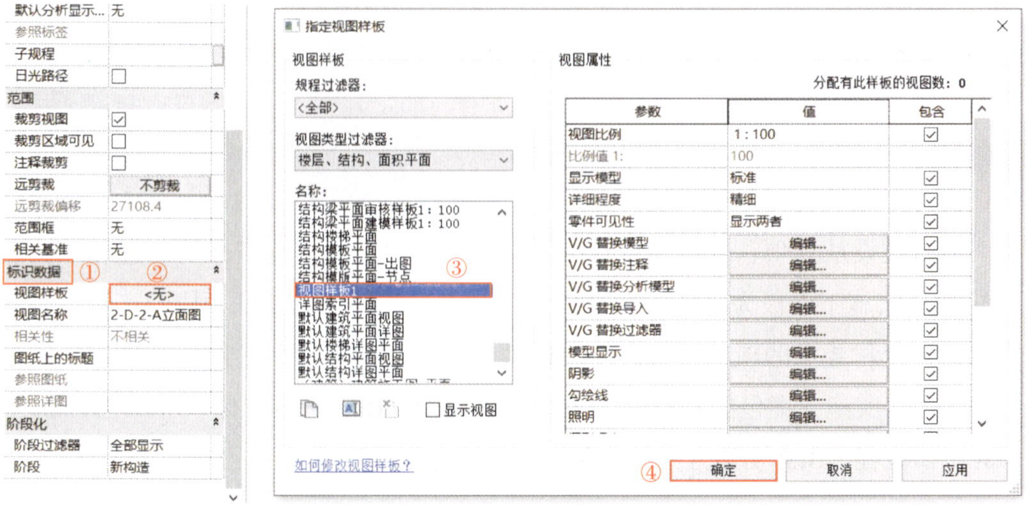

图 1–31 应用视图样板

学习单元 2 实施方案要求

培训重点

1. 了解实施方案要求。
2. 解读实施方案。

一、实施方案要求

项目建设涉及政府、业主、设计方、施工方、运营商等，其中设计方包括建筑设计、结构设计、机电设计等单位，施工方包括基础工程、主体结构、装饰装修、机电安装等单位。材料供应、管理、运营、环保、能源等参与方多达数百家甚至上千家。BIM 技术贯穿建筑全寿命周期，在可行性研究、初期规划、设计、施工、运营、维护以及最后的拆除阶段，均以信息作为纽带，连接各参与方。BIM 实施方案主要从项目的需求出发，根据项目所具备的条件，研究分析满足项目建设的总体方案，应用 BIM 技术对项目进行数字化仿真模拟并对其可行性进行验证，从而提高项目的设计质量和效率，增强项目过程的管控能力，提高项目各阶段的精细化管理水平，实现工程实体与数字工程的同步交付，为后期物业运营、维护服务提供帮助。

二、实施方案解读

项目建设从立项、规划一直到竣工、交付使用的建筑全寿命周期过程中，涉及的 BIM 实施工作极为复杂，通常需要多专业、多名 BIM 工程师协同工作，才能完成满足交付要求的项目。为了使项目顺利展开，需要一个完整合理的 BIM 实施方案。BIM 实施方案包括 BIM 应用组织管理构架、BIM 实施目标、BIM 应用标准、BIM 工作流程、BIM 实施方案保障制度等（见表 1–2）。

表 1–2　BIM 实施方案内容解读

BIM 实施方案	内容解读
BIM 应用组织管理构架	1. BIM 应用组织管理的目标 2. BIM 应用组织管理构架 3. BIM 实施方案人员配备情况
BIM 实施目标	1. 项目目标：缩短项目施工周期，提高施工生产率和质量，减少各种变更造成的成本损失，获得重要的设施运行数据等 2. 企业发展目标：应用 BIM 技术，探索并积累数字化设计经验；更好地把控工程变更，实现进度、成本、质量等目标；向业主提供完整的建筑信息模型，包括管理和运营建筑物所需的全部信息
BIM 应用标准	1. 建模标准：建模规则、命名规则、建模方法、模型组织、模型文件格式、模型构件扣减规则等

续表

BIM 实施方案	内容解读
BIM 应用标准	2. 交付标准：建模深度、各阶段模型信息内容等 3. 验收标准：模型出图标准 4. 应用标准：成本管理、质量管理、进度管理、后期运维、平台管理等方面，主要内容为利用建筑信息模型开展实际应用的主要需求、实现方法及主要应用内容等
BIM 工作流程	1. 方案设计阶段 BIM 应用：运用建筑信息模型表达设计意图和创意、提出结构选型和建筑安装初步解决方案、确定投资估算 2. 初步设计阶段 BIM 应用：应用 BIM 技术进行各专业协同建模，提升设计效率与设计质量。各专业基于建筑信息模型协同审核，进行碰撞检查，通过模型链接或工作集等方式发现设计过程中专业间的冲突以及错漏 3. 施工图设计阶段 BIM 应用：应用 BIM 技术，完成施工图模型，对建筑、结构、机电各专业，进行设计优化、碰撞检查，查找错、漏、碰、缺的问题 4. 施工图深化设计阶段 BIM 应用：在施工图模型的基础上，进一步深化设计，提升深化后建筑信息模型的准确性、可校核性；将施工规范与施工工艺融入施工作业建筑信息模型，以使施工图满足施工作业的要求。基于施工图模型、设计单位施工图和施工现场条件、设备选型等信息，完善或者重新建立可以表示工程实体的施工作业建筑信息模型。建筑信息模型的深化设计过程，就是建筑信息模型精细度的提高过程 5. 施工模拟阶段 BIM 应用：应用 BIM 技术进行施工模拟，是将建筑信息模型与传统的管理手段结合的一种方式，进而形成用于指导施工的建筑信息模型，完成以下各项施工指导任务：指导结构预留预埋，指导复杂部位管线设备安装，出具设备、材料清单，4D 工期模拟，5D 成本控制 6. 竣工验收、运维阶段 BIM 应用：将现场实际数据反馈到施工模型中，形成竣工模型。竣工模型包含各类信息数据，通过竣工信息数据模型与运维管理系统对接，进行虚拟可视化三维展示，实现信息传递和沟通交流、与后期运维管理软件对接
BIM 实施方案保障制度	1. 软硬件管理制度 2. 应用组织制度 3. 项目实施管理制度 4. 绩效管理制度 5. 数据维护制度 6. 定期检查、汇报制度

学习单元 3　建模规则要求

培训重点

1. 了解建模规则要求。
2. 解读建模规则。

一、建模规则要求

BIM 建模工作需要多专业、多人员参与，如果没有统一的建模规则，则对后期模型进行 BIM 应用的难度会进一步加大。为了保证各专业人员以及相关分包方在建模过程中能够进行及时有效的协同，确保工作有效对接，同时保证建筑信息模型的及时更新，BIM 团队在建模时，必须遵守统一的建模规则，从而保证每一部分模型在合并之后的融合度，避免出现模型质量、模型深度等参差不齐的现象。企业一般会为自己的项目制定相应的建模规则，从而提升企业 BIM 应用水平。

一般情况下，建模规则是指为建筑信息模型制定的通用原则和基础标准，由于企业类型及其所涉及的建筑类型不同，如公共建筑、居住建筑、基础设施和工业建筑等，因此建模所涉及的构件及原则也不尽相同。大多数企业制定建模规则时，在符合国家现行有关标准规定的同时，会做进一步的规定，有些建模规则仅适用于一个项目，有些建模规则会成为企业级的建模规则。因此，建模规则可以被认为是企业为适应自身项目的 BIM 应用而制定的规则。

二、建模规则解读

1. 模型命名

（1）建筑信息模型文件命名。建筑信息模型文件命名与建模规则和最终交付成果等密切相关，为辅助实现建筑信息模型从设计、施工到运维全过程的数据检索及分类，保证传递信息的准确性，一般要求建筑信息模型文件命名应简明且易于辨识。

建筑信息模型文件名由项目简称、模型单元简述、阶段划分、专业代码、拆分单元、版本、描述依次组成，不同字段之间用连字符“–”隔开。当然，也需要根据项目体量、模型拆分方式、阶段等因素共同决定建筑信息模型文件命名的原则和字段。如果项目体量较大，涉及模型拆分时，可以以字母和数字组合命名；如果项目体量较小，可以以中文和相关专业命名。

例如，某建筑信息模型文件名为“SSL–3#–A–F1–V1.0–20221226”，则“–”连接的字段分别代表的含义见表 1–3。

表 1–3　建筑信息模型文件命名示例

字段	字段含义
SSL	宿舍楼拼音缩写
3#	3# 楼
A	建筑专业
F1	楼层 F1
V1.0	模型版本 V1.0
20221226	时间

（2）建筑信息模型构件命名。不同项目的建筑信息模型构件命名的规则略有不同。有的项目体量小，整体的建筑信息模型构件量较少，建筑信息模型构件命名则不是必需的；有的项目体量较大，且分建筑信息模型单元进行拆分建模，为了方便后期模型协同及 BIM 应用，可以按建筑信息模型构件命名的规则进行命名。建筑信息模型构件命名需要根据项目的具体要求实施。

建筑信息模型构件名由模型单元简述、拆分单元、构件编号、尺寸等组成，具体需要根据建筑信息模型的拆分方式、阶段及建筑信息模型构件的特殊性等因素共同决定建筑信息模型构件命名的规则和字段。

例如，某建筑信息模型的某框架柱构件名为“5#–F5–KZ7–250×450”，则“–”连接的字段分别代表的含义见表 1–4。

表 1–4　建筑信息模型构件命名示例

字段	字段含义
5#	5# 楼
F5	楼层 F5

续表

字段	字段含义
KZ7	构件编号 KZ7
250×450	构件尺寸 250 mm×450 mm

2. 模型精细度

模型精细度是表示建筑信息模型包含信息的全面性、细致程度及准确性的指标。模型精细度采用 2 种方式衡量：一是反映对象的真实几何外形、内部构造及空间定位的精确程度；二是采用简化或符号化方式表达其设计含义的准确性。在满足项目需求的前提下，采用较低的模型精细度，同时应满足建筑工程量计算的要求及符合现行有关工程文件编制深度的规定。

根据《建筑信息模型设计交付标准》（GB/T 51301），建筑信息模型应由模型单元组成，模型单元包括 4 个级别（见表 1–5）。

表 1–5　模型单元的分级

模型单元分级	模型单元用途
项目级模型单元	承载项目、子项目或局部建筑信息
功能级模型单元	承载完整功能的模块或空间信息
构件级模型单元	承载单一的构配件或产品信息
零件级模型单元	承载从属于构配件或产品的组成零件或安装零件信息

建筑信息模型包含的最小模型单元应由模型精细度等级衡量。在实际项目中，根据项目进行的阶段不同，所需要的模型精细度也不尽相同。通常，模型精细度（LOD）等级包括 4 个等级（见表 1–6）。

表 1–6　建筑信息模型精细度

等级	英文名	代号	包含的最小模型单元
1.0 级模型精细度	Level of Model, Definition 1.0	LOD1.0	项目级模型单元
2.0 级模型精细度	Level of Model, Definition 2.0	LOD2.0	功能级模型单元
3.0 级模型精细度	Level of Model, Definition 3.0	LOD3.0	构件级模型单元
4.0 级模型精细度	Level of Model, Definition 4.0	LOD4.0	零件级模型单元

在日常使用中，可以根据需求拟订模型精细度。一些常规的建筑工程阶段和

使用需求，其对应的模型精细度见表 1-7。

表 1-7 各建筑工程阶段对模型精细度的需求

阶段	模型精细度等级
方案设计阶段	不宜低于 LOD1.0
初步设计阶段	不宜低于 LOD2.0
施工图设计阶段	不宜低于 LOD3.0
深化设计阶段	不宜低于 3.0（具有加工要求的模型单元模型精细度不宜低于 LOD4.0）
竣工移交	不宜低于 LOD3.0

在施工图设计阶段进行 BIM 建模，一般模型精细度不低于 LOD3.0，需要模型构件具备精确的数量、尺寸、形状、位置、方向等信息，非几何属性信息亦可以设置于模型构件中。

3. 模型拆分

目前，BIM 项目的体量一般较大，因此整个项目的 BIM 数据量庞大，在建立建筑信息模型时，很难通过一个模型文件包含所有的专业模型。一般情况下，BIM 项目可以分为建筑专业建模、结构专业建模、建筑设备专业建模，还有钢结构专业建模、幕墙专业建模、精装修专业建模等。在实际应用过程中，根据 BIM 项目的难度或专业，进行选择性建模。对于体量比较小的 BIM 项目，有时也把建筑专业建模、结构专业建模合并为土建专业建模。鉴于目前计算机软硬件的性能限制，整个建筑信息模型不能使用单一模型文件，需要根据 BIM 项目的体量进行模型拆分，以更好地满足 BIM 项目的整体进度。模型拆分主要遵循以下原则。

（1）按单项工程拆分。将项目拆分为多个单项工程。

（2）按单位工程拆分。将单项工程拆分为多个单位工程。

（3）按结构沉降缝拆分。按结构沉降缝拆分为不同区域模型。

（4）按专业分类拆分。项目模型应按专业分类拆分。

（5）按水平或垂直方向拆分。在专业内，应以结构完成面为界，根据自然层、标准层按垂直方向拆分（景观、幕墙、小市政等专业，不宜按楼层拆分的专业除外）；建筑专业的楼梯系统可以按垂直方向拆分；机电专业的管井可以按垂直方向拆分，体量大时，考虑单独创建模型。

（6）按功能要求拆分。可以根据特定工作需要进行模型拆分，如考虑机电管线的综合情况，对 DN50 以下的喷淋及末端点位，单独创建模型，与主要管道分开；单独创建制冷机房模型。

（7）按模型文件大小拆分。单一模型文件最大不宜超过 200 MB，以避免后续操作多个模型文件时，硬件设备运行缓慢（在特殊情况下，以满足建模要求为准）。

（8）模型拆分时，应尽量满足所有相关 BIM 应用的需求。对于常见的 3 个专业，模型拆分原则见表 1–8。

表 1–8　模型拆分原则

序号	专业	模型拆分原则
1	建筑	按项目拆分；按工程拆分；按楼层拆分；按施工缝拆分；按建筑构件拆分
2	结构	按项目拆分；按工程拆分；按楼层拆分；按施工缝拆分；按建筑构件拆分
3	建筑设备	按项目拆分；按工程拆分；按楼层拆分；按系统 / 子系统拆分；按工作要求拆分

4. 模型协同

建筑所涉及的专业内部及专业间的协同贯穿于整个设计过程，以保障建筑信息模型所携带信息的一致性及有效性。根据项目规模及复杂情况，采用合适的模型协同方式。以目前应用最广泛的 BIM 建模软件 Revit 为例，同一模型内部的协同方式宜采用工作集，不同模型间的协同方式宜采用模型链接。

（1）工作集。采用工作集协同方式，多个用户可以通过 1 个中心文件模型和多个同步的本地文件模型副本同时搭建 1 个模型文件。由于采用中心文件模型，不同用户均在本地文件模型中操作属于自己权限的构件，然后与中心文件模型同步更新。

采用工作集协同方式时，BIM 项目负责人应根据项目模型的用户建立适当的工作集，且将工作集充分细分，以避免在工作过程中发生“塞车”，还需要安排好权限，避免对建筑信息模型的过度控制和错误控制。

（2）模型链接。采用模型链接协同方式，用户可以在建筑信息模型中引用更多的几何图形和数据作为外部参照。链接的模型数据可以是项目的其他部分，也可以是另一专业团队或外部公司的数据。采用模型链接协同方式进行模型协同时，不存在图元借用和中心文件模型的概念，通常不存在跨专业修改，更多的是相互参照，可以在模型协同的基础上将专业间的干扰降至最低。模型链接可以采用附着型和覆盖型 2 种方式，宜采用覆盖型模型链接方式，防止产生循环嵌套，且不影响模型文件大小。建筑信息模型应采用相对路径，保证模型文件能够在不同的设备上使用。

工作集与模型链接的区别见表 1–9。

表 1–9　工作集与模型链接的区别

项目	工作集	模型链接
项目文件	同一中心文件，不同本地文件	主文件和链接文件
更新方式	双向、同步更新	单向更新，不同步
编辑其他成员构件方式	借用权限后编辑	解绑后编辑
项目样板文件	同一项目样板	不同专业、不同项目样板
性能	目前版本不太稳定	稳定
权限管理	不方便，分权限，可能需要借用	单个文件一个权限
适用性	同专业协同，模型内部协同	专业间协同，各模型间协同

职业模块 二
模型创建与编辑

培训课程 1 模型浏览

学习单元 1 各视图下模型查看方法

培训重点

1. 熟悉平面视图下模型查看方法。
2. 熟悉立面视图下模型查看方法。
3. 熟悉剖面视图下模型查看方法。
4. 熟悉三维视图下模型查看方法。

一、平面视图下模型查看方法

1. 启动 Revit，打开“办公楼 _ 建筑 .rvt”项目文件，打开办公楼项目的默认视图。

2. 在项目浏览器中，单击“视图”中“楼层平面（建筑）”前的**+**，展开“楼层平面（建筑）”视图类型，该楼层平面视图类型包括 13 个平面视图，如图 2–1 所示。

3. 双击“楼层平面（建筑）”视图类型中的“一层平面图”视图，打开“一层平面图”视图。在项目浏览器中，高亮显示该视图名称，如图 2–2 所示。

二、立面视图下模型查看方法

在项目浏览器中，展开“视图”中的“立面”视图类型，双击“2–1–2–5 立

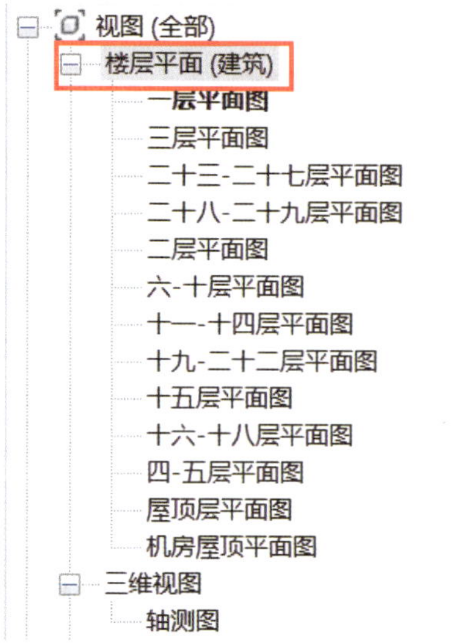

图 2–1 “楼层平面（建筑）”视图类型

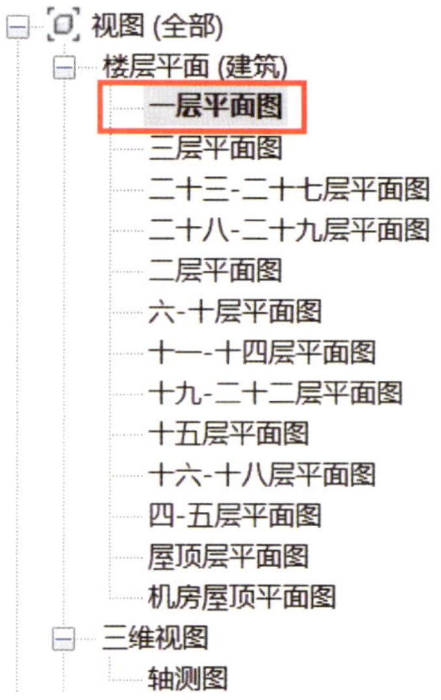

图 2–2 “一层平面图”视图

面图”视图，打开“2–1–2–5 立面图”视图。在项目浏览器中，高亮显示该视图名称，如图 2–3 所示。

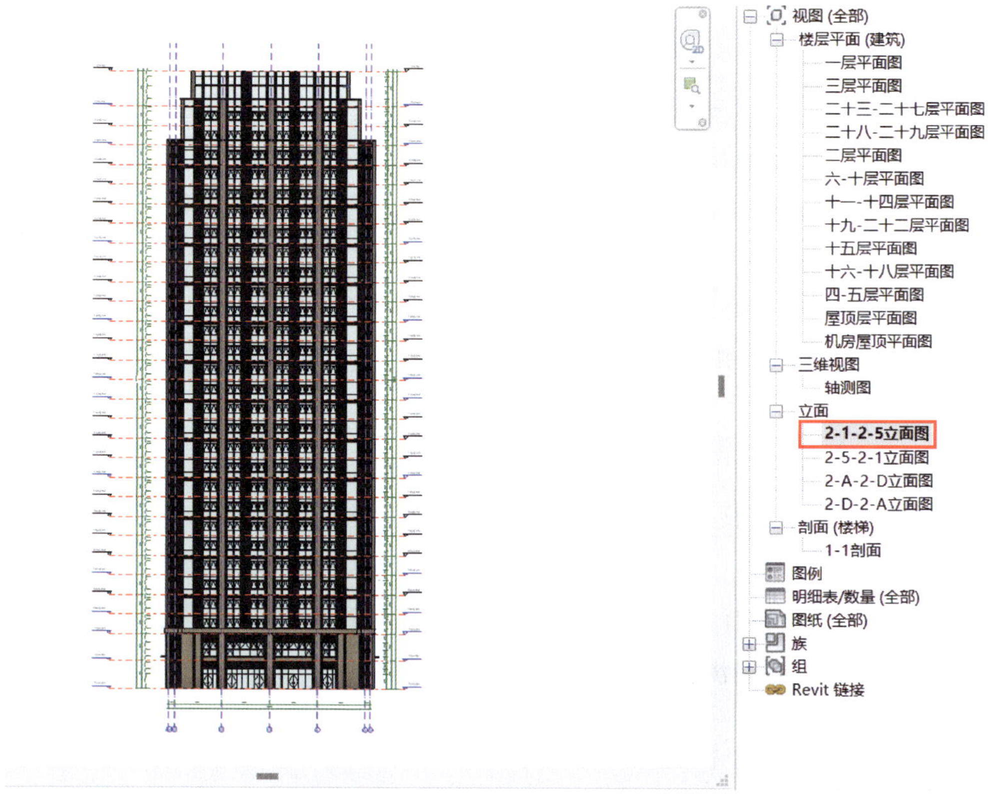

图 2–3 “2–1–2–5 立面图”视图

三、剖面视图下模型查看方法

对于剖切的位置，绘制完成剖面符号，剖面视图即已生成。在项目浏览器中，展开“视图”中的“剖面（楼梯）”视图类型，双击“1–1 剖面”视图，打开“1–1 剖面”视图。在项目浏览器中，高亮显示该视图名称，如图 2–4 所示。

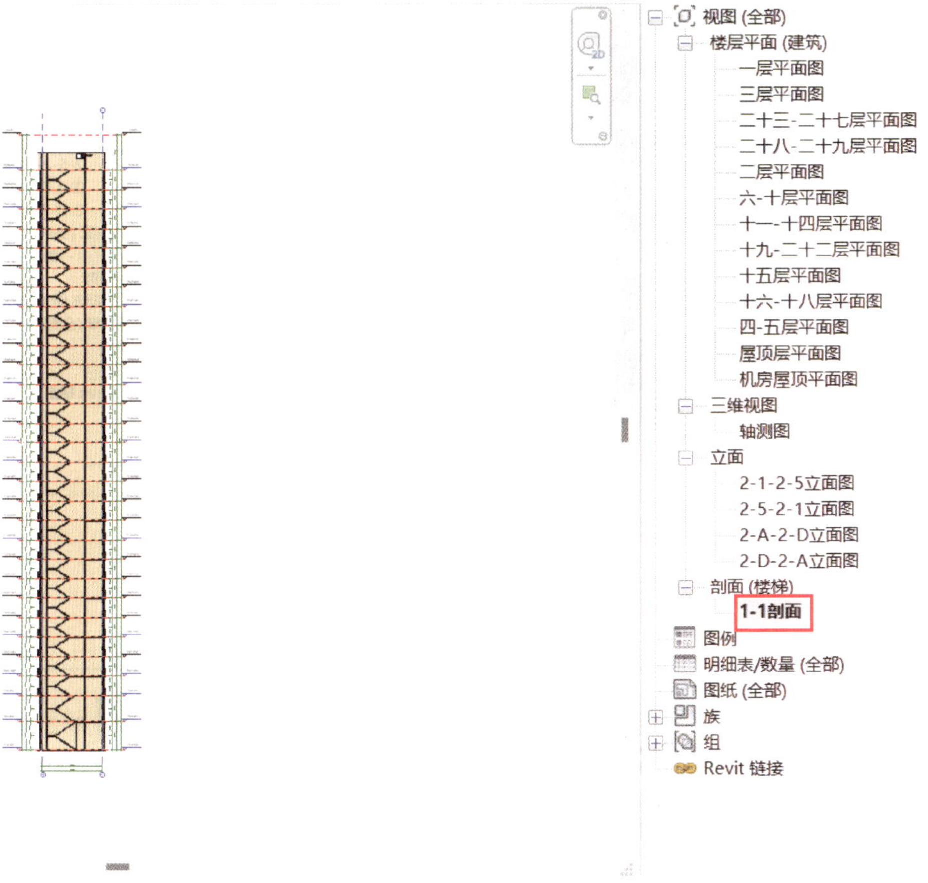

图 2–4 “1–1 剖面”视图

四、三维视图下模型查看方法

Revit 在“三维视图”视图类型中存储默认的三维视图和所有用户自定义的相机位置视图。在项目浏览器中，展开“三维视图”视图类型，双击“轴测图”视图，打开“轴测图”视图，如图 2–5 所示。

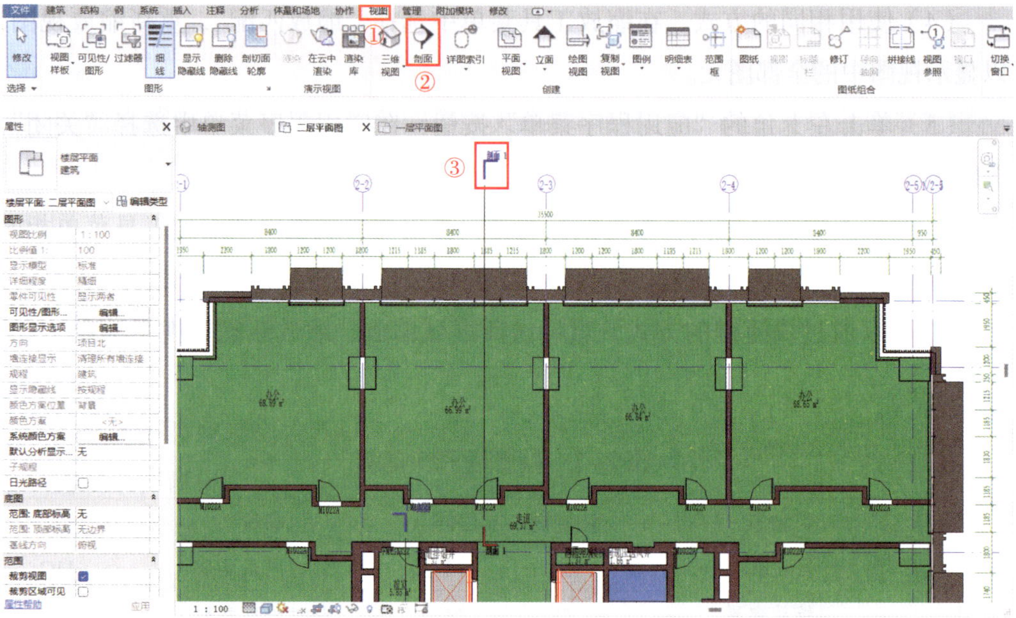

图 2–13　创建剖面视图

3. 在项目浏览器中，展开“剖面”视图类型，该剖面自动命名为剖面 1。双击切换至该视图，显示建筑信息模型在该剖面位置的剖切投影，并以涂黑的方式显示楼板的剖切截面。

学习单元 3　不同视点模型浏览方法

培训重点

了解不同视点模型浏览方法。

除了可以使用“动态观察”等工具查看模型的三维视图，Revit 还提供了 ViewCube，方便将视图定位至东南轴测、顶部视图等常用三维视点。默认情况下，该工具位于三维视图窗口的右上角，如图 2–14 所示。

ViewCube 立方体的各顶点、边、面和指南针的指示方向，代表在三维视图中不同的视点方向，单击 ViewCube 立方体或指南针的各部位，可以在各方向视图中切换。按住 ViewCube 立方体或指南针的各部位，并拖动鼠标，可以旋转三维视图。

打开“办公楼_建筑.rvt”文件，切换至默认三维视图。单击右上角 ViewCube 立方体的“上”，旋转三维视图，变为顶部视点视图，如图 2-15 所示。

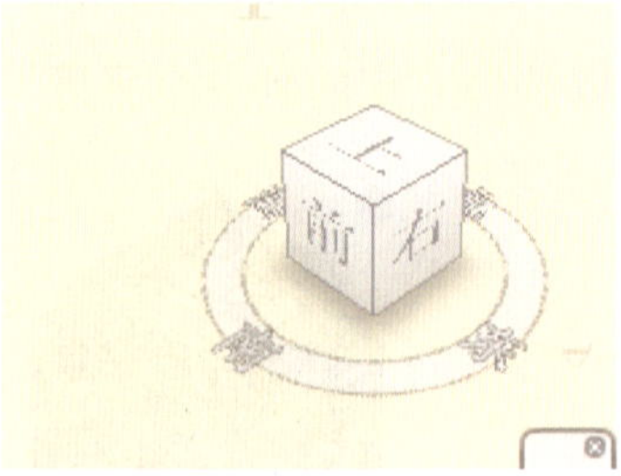

图 2-14 ViewCube

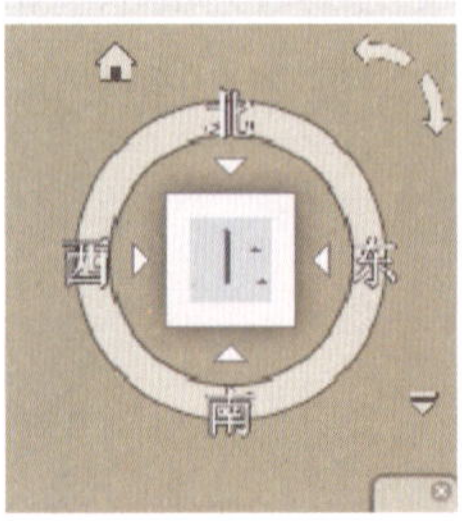

图 2-15 切换顶部视点视图

在 ViewCube 中，单击指南针“南”侧方向箭头 ◁，旋转三维视图方向为南侧面（正面）视点，如图 2-16 所示。

单击 ViewCube 立方体左上角端点位置，如图 2-17 所示。切换三维视图为西南轴测视图，如图 2-18 所示。

图 2-16 正面视图

图 2-17 切换西南轴测视图

图 2-18 西南轴测视图

单击 ViewCube 左上角的“主视图”图标，自动切换到默认主视图，如图 2–19 所示。本项目中默认主视图为东南等轴测视图。

在 ViewCube 上单击鼠标右键，或单击右下角的选项按钮，弹出 ViewCube 菜单。在 ViewCube 菜单中，选择“将当前视图设定为主视图”选项，将任意视角的三维视图设定为主视图，如图 2–20 所示。设定为主视图后，可以单击“主视图”图标，返回主视图。在 ViewCube 菜单中，也可以选择“定向到一个平面”选项。

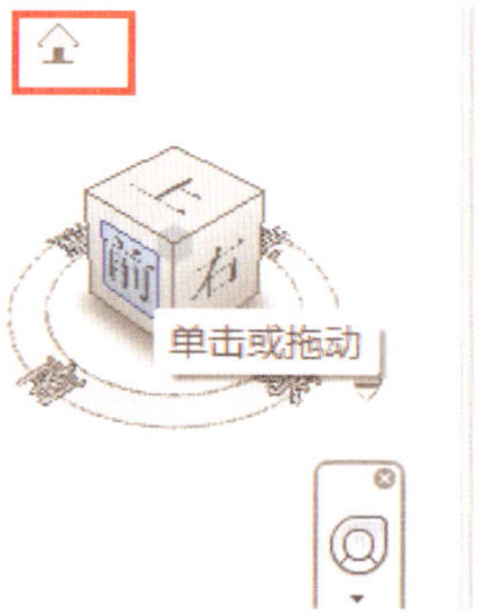

图 2–19 “主视图”图标

图 2–20 主视图

学习单元 4 模型构件隐藏、隔离方法

培训重点

1. 了解模型构件隐藏方法。
2. 了解模型构件隔离方法。

一、模型构件隐藏方法

1. 单击视图控制栏中的“隐藏 / 隔离图元”按钮，在弹出的“隐藏 / 隔离”菜单中，选择“重设临时隐藏 / 隔离”，重新显示被隐藏的图元，如图 2–21 所示。

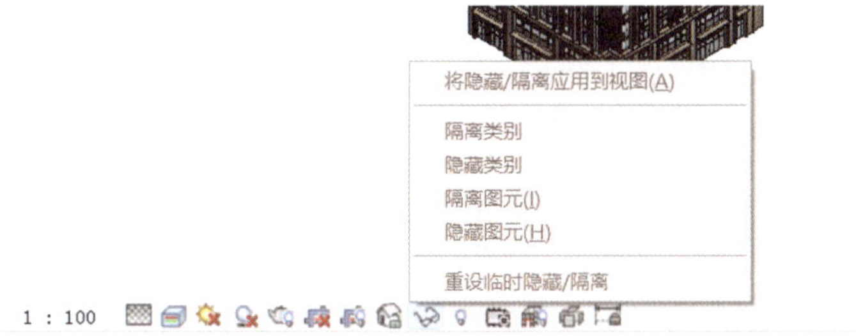

图 2–21 “隐藏 / 隔离”菜单

2. 移动光标至西侧屋顶，高亮显示屋顶。选择屋顶图元，单击视图控制栏中的“隐藏 / 隔离图元”按钮，在弹出的“隐藏 / 隔离”菜单中，选择“隐藏图元”，在视图中隐藏所选择的屋顶，同时会在包含临时隐藏图元的视图周围显示淡蓝色边框，如图 2–22 所示。

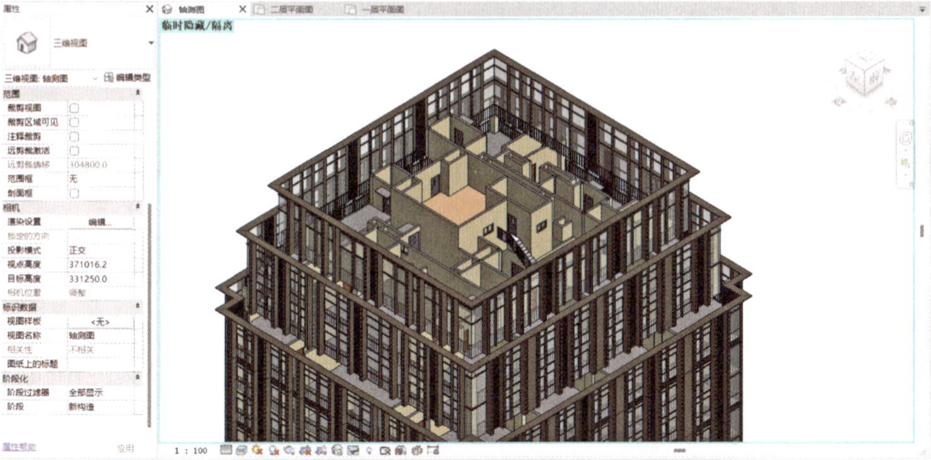

图 2–22 临时隐藏图元的视图

3. 再次单击视图控制栏中的“隐藏 / 隔离图元”按钮，在弹出的“隐藏 / 隔离”菜单中选择“将隐藏 / 隔离应用到视图”，在视图中，用于指示临时隐藏的蓝色边框消失。

4. 单击视图控制栏中的“显示隐藏图元”按钮，进入显示隐藏图元模式。在视图中，所有被隐藏的图元均以暗红色显示，如图 2–23 所示。移动光标至上一步中隐藏的屋顶位置，选择该屋顶图元。单击鼠标右键，在弹出的菜单中选择“取消在视图中隐藏”→“图元”选项，取消对该图元的隐藏。完成后，再次单击“显示隐藏图元”按钮，切换至正常视图显示状态，该屋顶已重新显示在视图中。

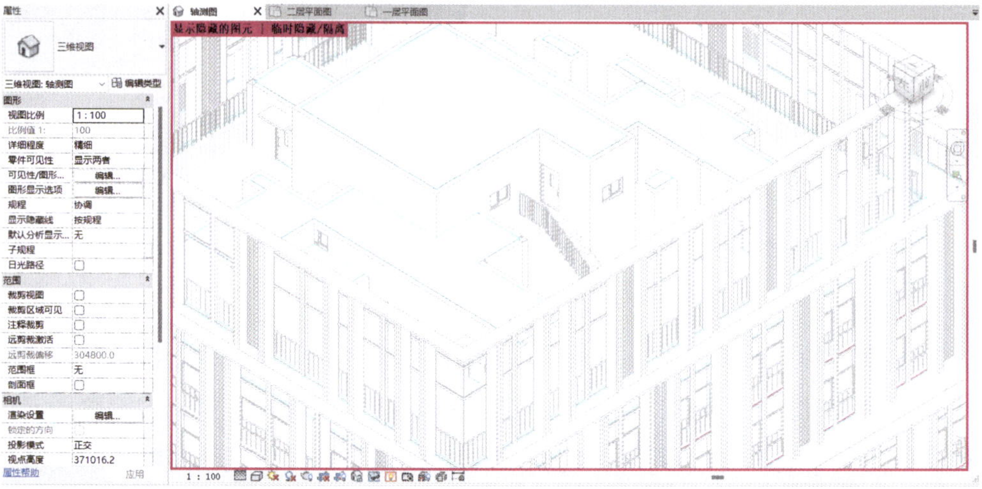

图 2–23　显示隐藏图元模式

二、模型构件隔离方法

1. 切换视觉样式为“着色”，以加快视图显示速度。移动光标至办公楼顶层楼梯位置，蓝色高亮显示台阶图元。单击视图控制栏中的“隐藏 / 隔离图元”按钮，弹出“隐藏 / 隔离”菜单。

2. 在该菜单中选择“隔离类别”选项，在当前视图中隐藏除了楼梯类别图元的所有模型图元，如图 2–24 所示。在包含临时隐藏图元的视图周围显示淡蓝色边框，同时视图控制栏中的“隐藏 / 隔离图元”图标变为 ，提示该视图中包含已隐藏的图元。

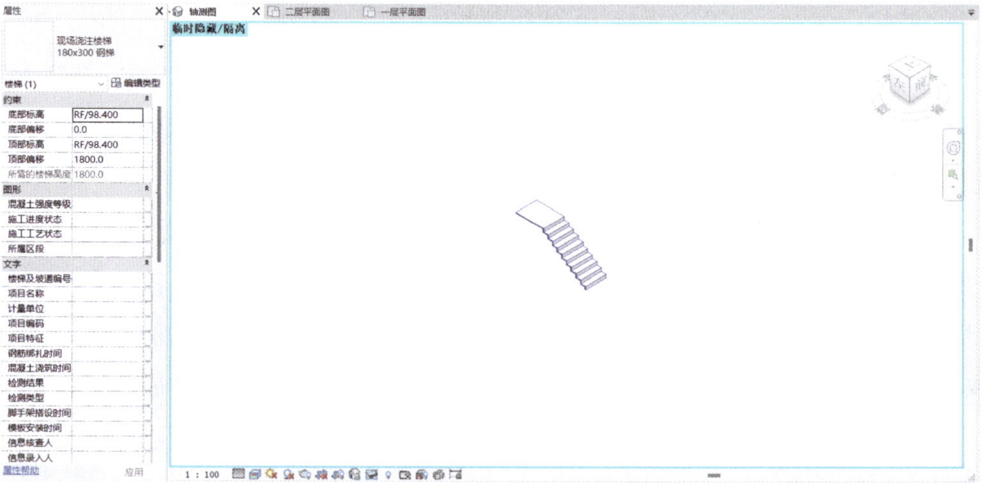

图 2–24　隔离楼梯类别图元视图

学习单元 5　整合、链接相关模型方法

培训重点

1. 了解整合相关模型方法。
2. 熟悉链接相关模型方法。

一、整合相关模型方法

模型协同通常有工作集和模型链接两种协同方式，或者两种协同方式混合。这两种协同方式各有优缺点，最根本的区别是工作集可以多人在同一中心文件模型上工作，都可以看到对方的设计模型；模型链接是独享协同方式，在设计的过程中不能在同一模型上进行交流。

对于建筑和结构专业，可以依据实际情况按建筑分区、子项、施工缝、楼层整合模型。

二、链接相关模型方法

下面简单说明如何在 Revit 中通过模型链接协作方式，实现建筑和结构专业间协作。

1. 在“插入”选项卡的“链接”面板中，单击“链接 Revit”工具（见图 2-25），打开“导入 / 链接 RVT”对话框。

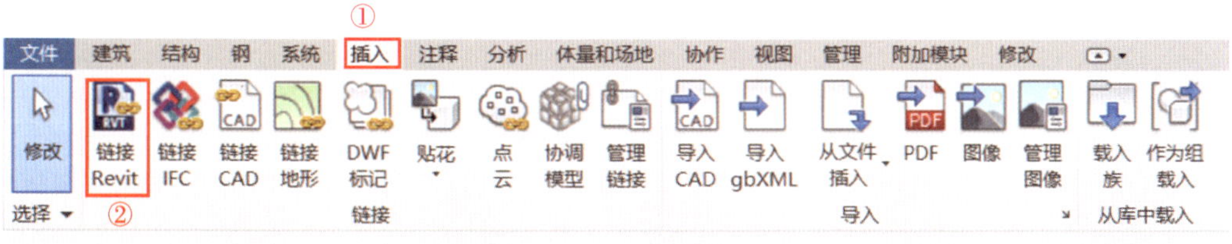

图 2-25　打开“链接 Revit”

2. 浏览“办公楼＿结构.rvt”项目文件，该项目为使用 Revit 创建的墙体及楼板模型，确认轴网信息与建筑模型一致。打开“办公楼＿建筑.rvt”项目文件，在“导入/链接 RVT”对话框中，修改“定位”方式为“自动－原点到原点”，单击“打开”按钮，载入“办公楼＿结构.rvt”项目，自动按原点对齐链接模型与当前模型，如图 2–26 所示。

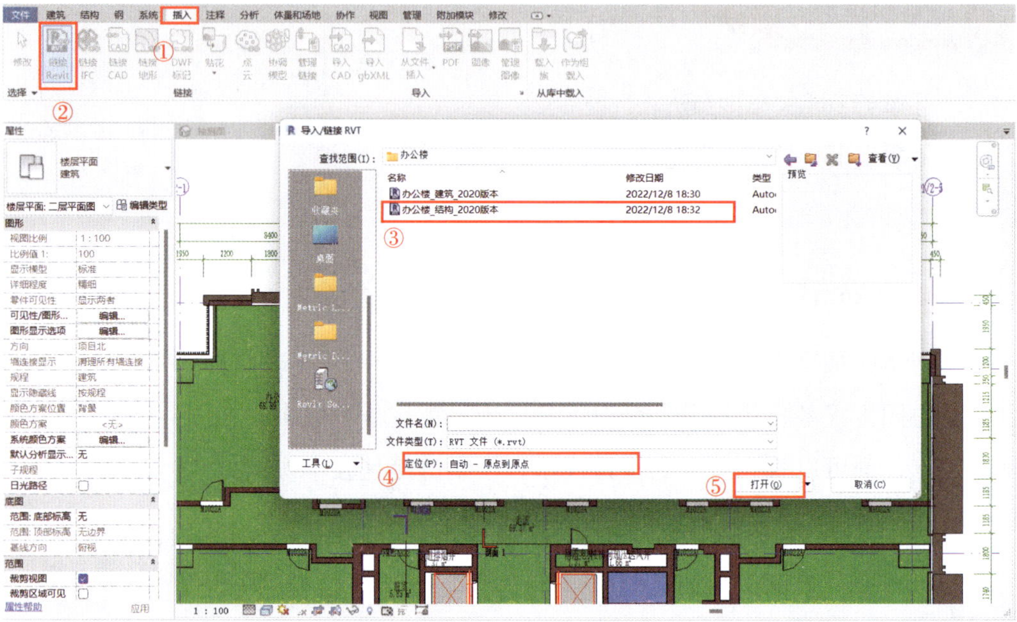

图 2–26　链接模型

培训课程 2 模型编辑

学习单元 1 各类图元属性查看方法

培训重点

熟悉图元属性查看方法。

单击“二层平面图”视图中的门图元，“属性”选项板自动切换为与所选择门相关的图元实例属性。单击“编辑类型”按钮，在弹出的“类型属性”对话框中，显示当前所选择的门图元的族为“单扇平开木门”，类型为“单开门_1050×2200”，如图 2–27 所示。

单击“属性”选项板的“类型选择器”下拉列表，在该列表中显示项目中所有可用的门族及族类型。Revit 以灰色背景显示可用的门族名称，以无色背景显示该族包含的类型名称。在下拉列表中，选择“单开门_1050×2200_（甲）”类型的门，该类型属于“单扇平开防火门”族，如图 2–28 所示。

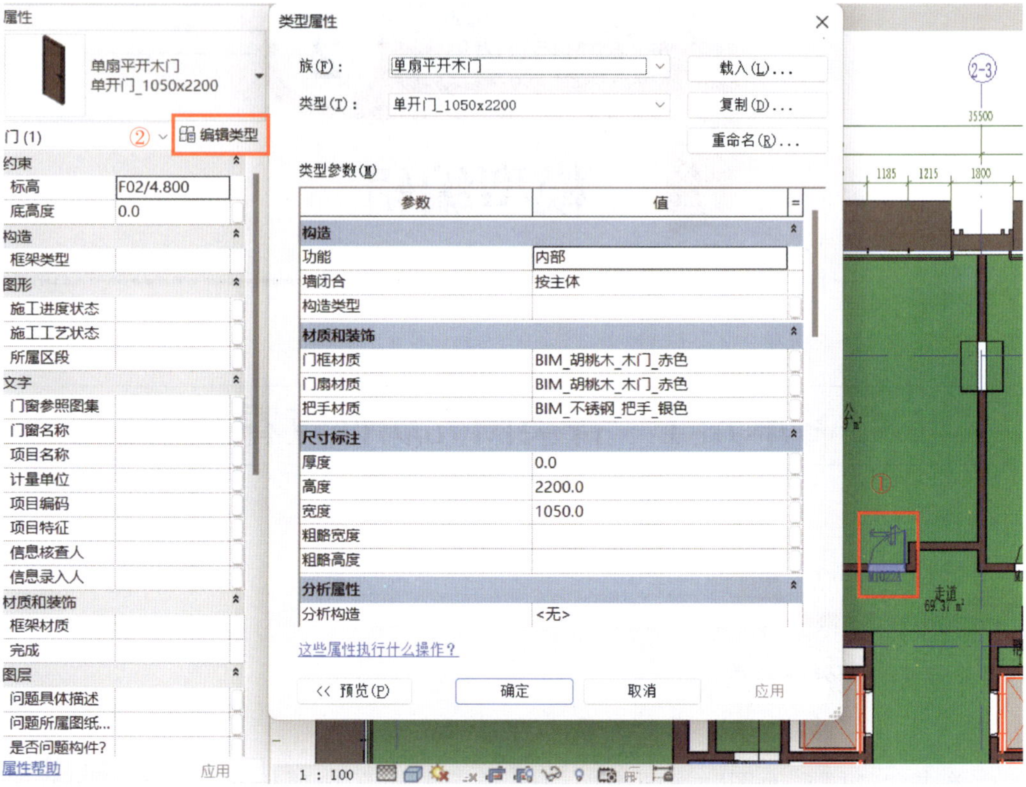

图 2-27　编辑门类型属性

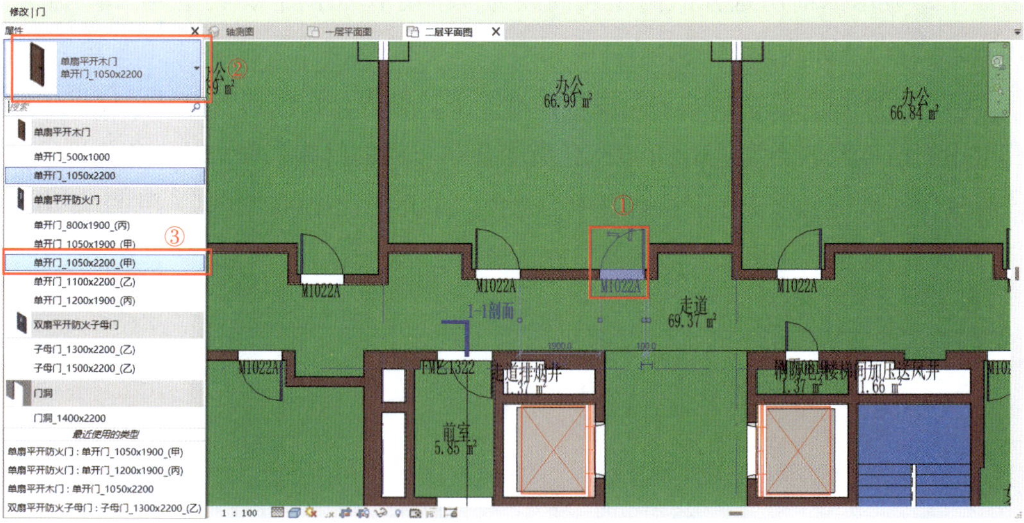

图 2-28　切换门类型

学习单元 2 各类图元移动、复制、旋转、镜像、删除等操作方法

培训重点

1. 熟悉并掌握图元移动操作方法。
2. 熟悉并掌握图元复制操作方法。
3. 熟悉并掌握图元旋转操作方法。
4. 熟悉并掌握图元镜像操作方法。
5. 熟悉并掌握图元删除操作方法。

一、图元移动操作方法

1. 双击“二层平面图”，激活“二层平面图”视图，显示 2–2 至 2–3 轴线间办公室的位置，选择 2–2 至 2–3 轴线间办公室 2–C 轴上方墙体的 M1022A 门图元。在“修改 | 门”上下文选项卡“修改”面板中，选择“移动”工具，进入移动编辑状态，光标变为 。在选项栏中，仅勾选“约束”选项，如图 2–29 所示。

2. 在“二层平面图”视图中，移动光标到门右上角端点位置，自动捕捉门图元的端点，如图 2–30 所示。当捕捉至门左上角端点时，单击鼠标左键，该位置将作为移动的参照基点。

3. 向左移动光标，显示临时尺寸标注，提示光标当前位置与参照基点间的距离。输入“500”作为移动的距离，按 Enter 键确认，如图 2–31 所示。

二、图元复制操作方法

在“二层平面图”视图中，平移并适当缩放视图，显示 2–2 至 2–3 轴线间办公室的位置。按住 Ctrl 键，选择 2–2 至 2–3 轴线间办公室 2–C 轴上方墙体的 M1022A 门图元及门编号，自动切换至“修改 | 选择多个”上下文选项卡。在“修改”面板中，选择“复制”工具。勾选选项栏中的“约束”和“多个”选项，如图 2–32 所示。

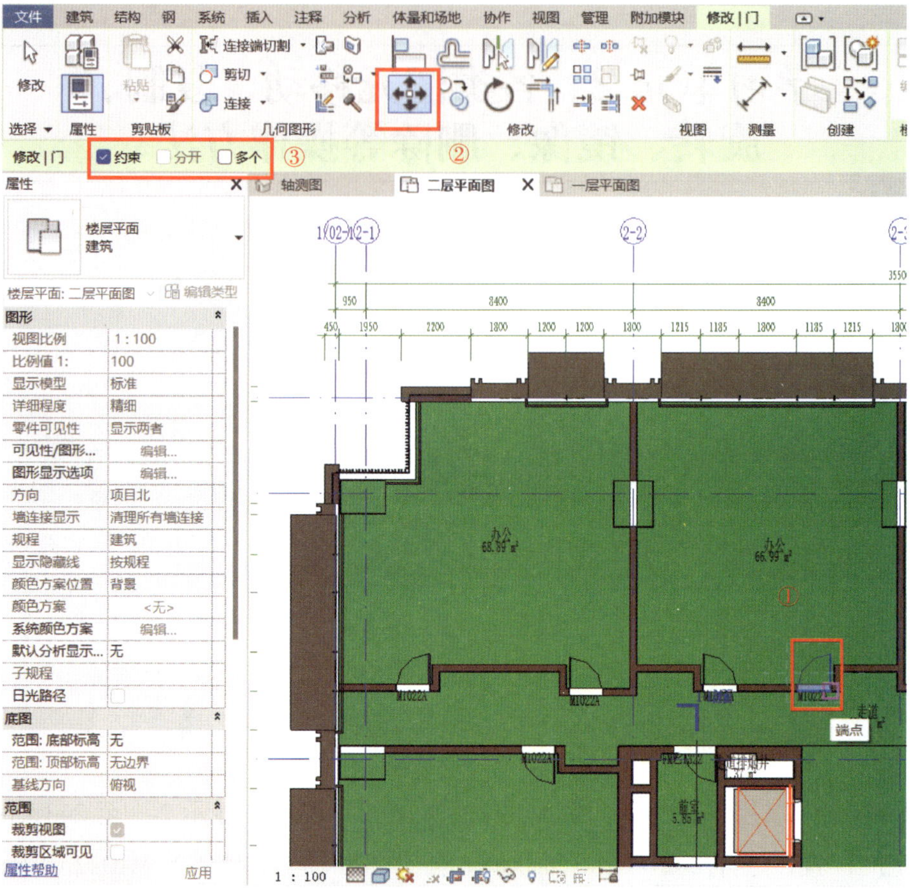

图 2–29　移动图元

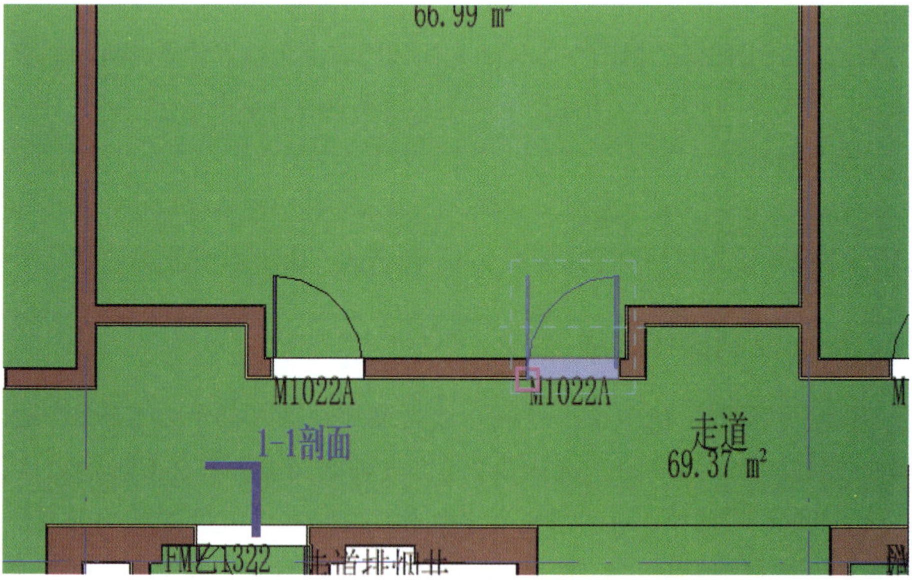

图 2–30　显示门图元端点

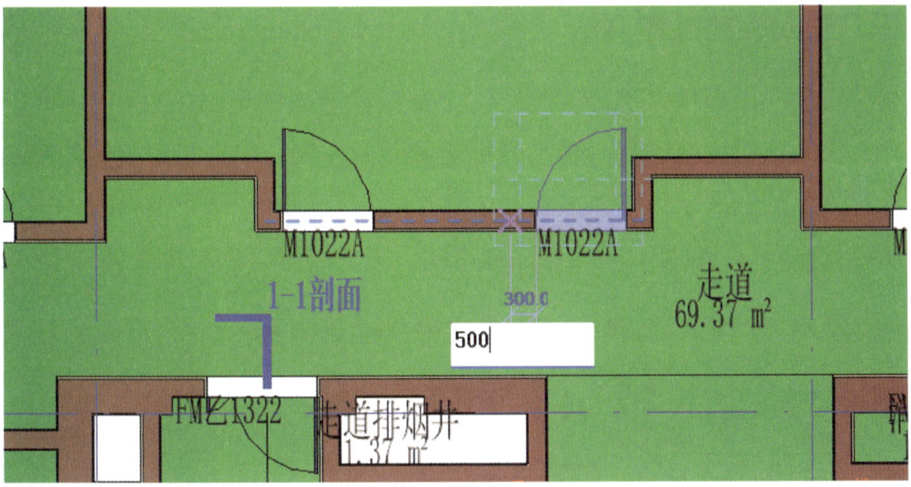

图 2-31 显示门移动距离

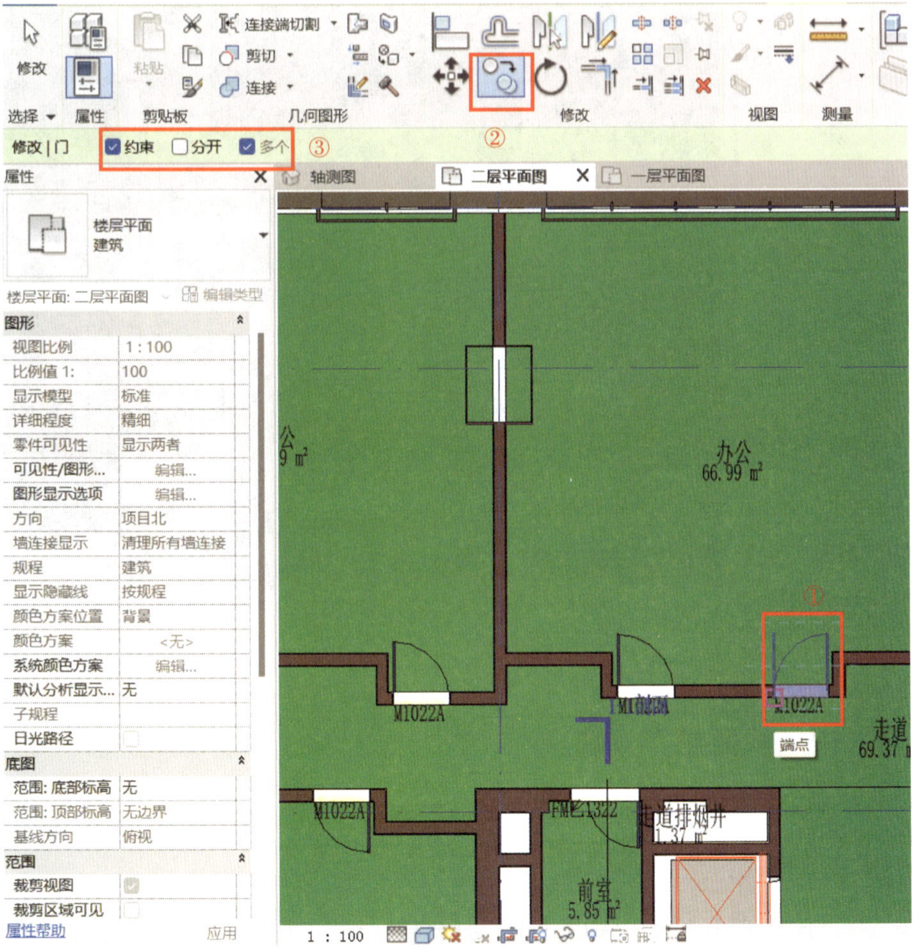

图 2-32 复制图元

三、图元旋转操作方法

在“修改”面板中，选择“旋转”工具，移动光标至 M1022A 门图元，选择门图元，按空格键完成选择。移动光标至图元的左侧，单击指定旋转的开始放射线，此时显示的线表示第一条放射线，移动光标至旋转的结束放射线，也可以直接使用键盘输入角的度数，确定结束放射线，完成图元旋转，如图 2–33 所示。

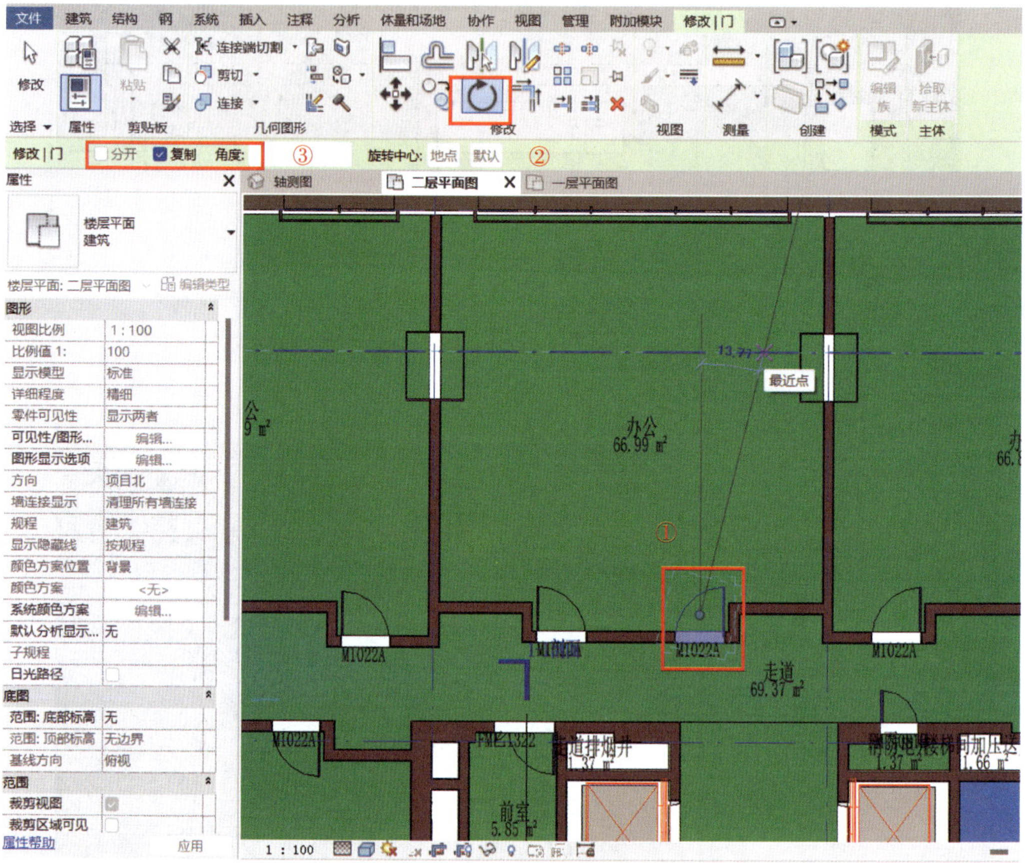

图 2–33　旋转图元

四、图元镜像操作方法

1. 切换至“修改”选项卡，在“修改”面板中，选择“镜像—拾取轴”工具，进入镜像修改模式，光标变为。

2. 选择 2–3 轴右侧编号为 FM 乙 1122 的门，选择门图元。按空格键或 Enter 键完成选择，自动切换至“修改 | 门”上下文选项卡。

3. 确保在选项栏中已勾选“复制”选项，该选项表示在图元镜像时，将复制原图元，如图 2-34 所示。

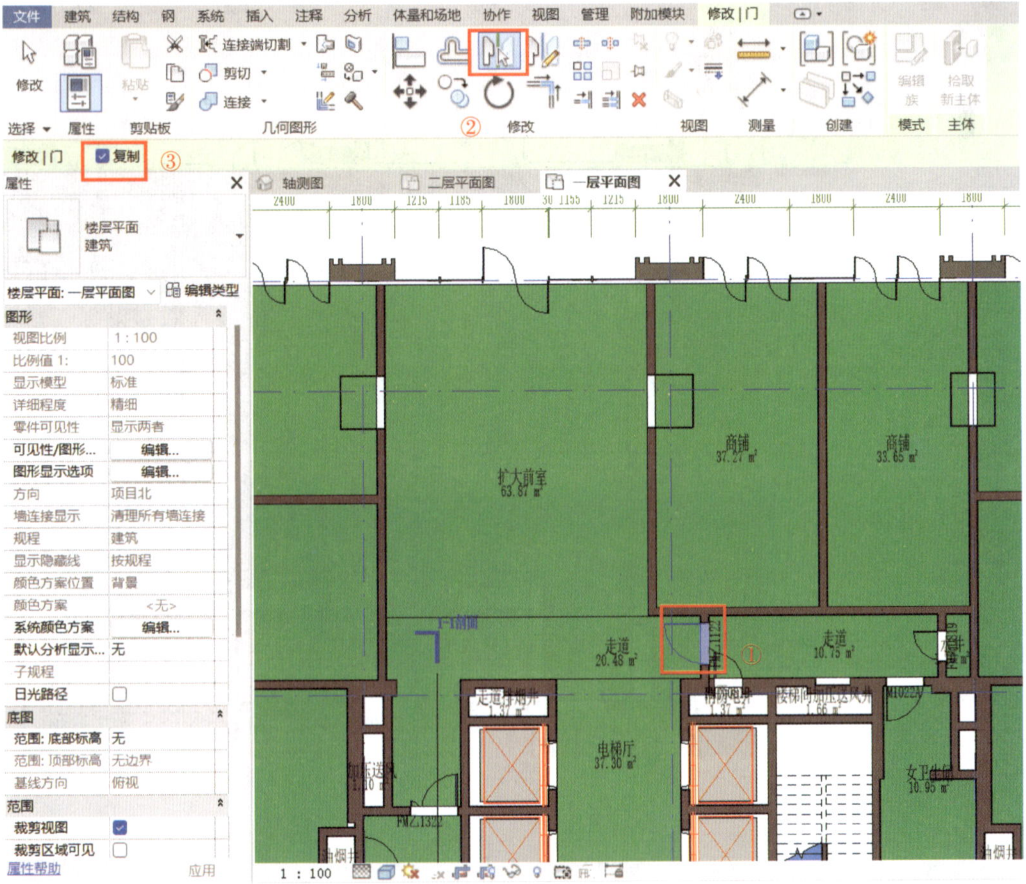

图 2-34 镜像图元

五、图元删除操作方法

激活“一层平面图”视图，在视图中放大显示 2-3 至 2-4 轴间、靠 2-3 轴右侧墙体位置，选择编号为 FM 乙 1122 的门图元（注意不要选择门编号），按 Delete 键或单击“修改 | 门”上下文选项卡“修改”面板中的“删除”工具，删除该图元，如图 2-35 所示。

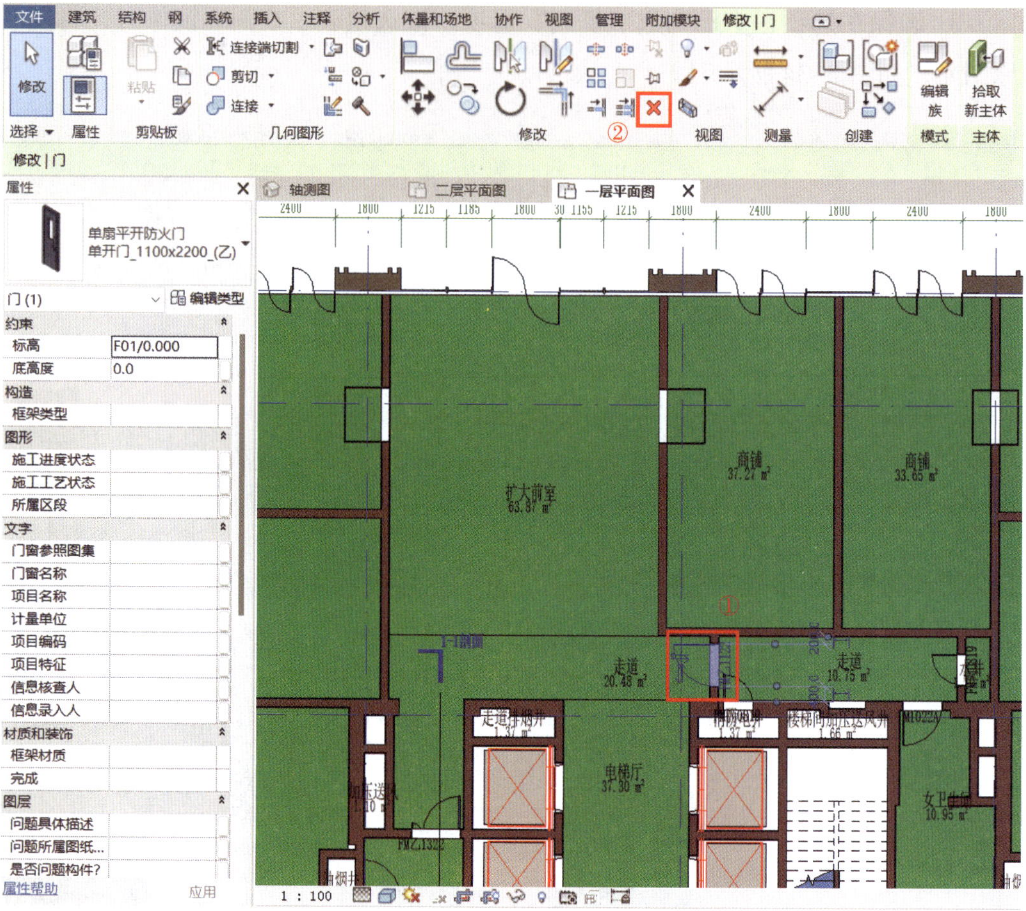

图 2–35　删除图元

学习单元 3　项目信息、项目单位等参数修改方法

培训重点

1. 了解项目信息修改方法。
2. 了解项目单位修改方法。
3. 熟悉并掌握图元属性编辑方法。
4. 熟悉并掌握图元属性修改方法。

一、项目信息修改方法

在标题栏中，除了显示当前图纸名称、图纸编号，还显示相关的项目信息，如项目名称、客户姓名等。可以使用“项目信息”工具，修改项目信息。

在“管理”选项卡的“设置”面板中，单击“项目信息”工具，弹出“项目信息”对话框。根据项目实际情况，输入项目信息，如图 2–36 所示。单击“确定”按钮，完成项目信息修改。

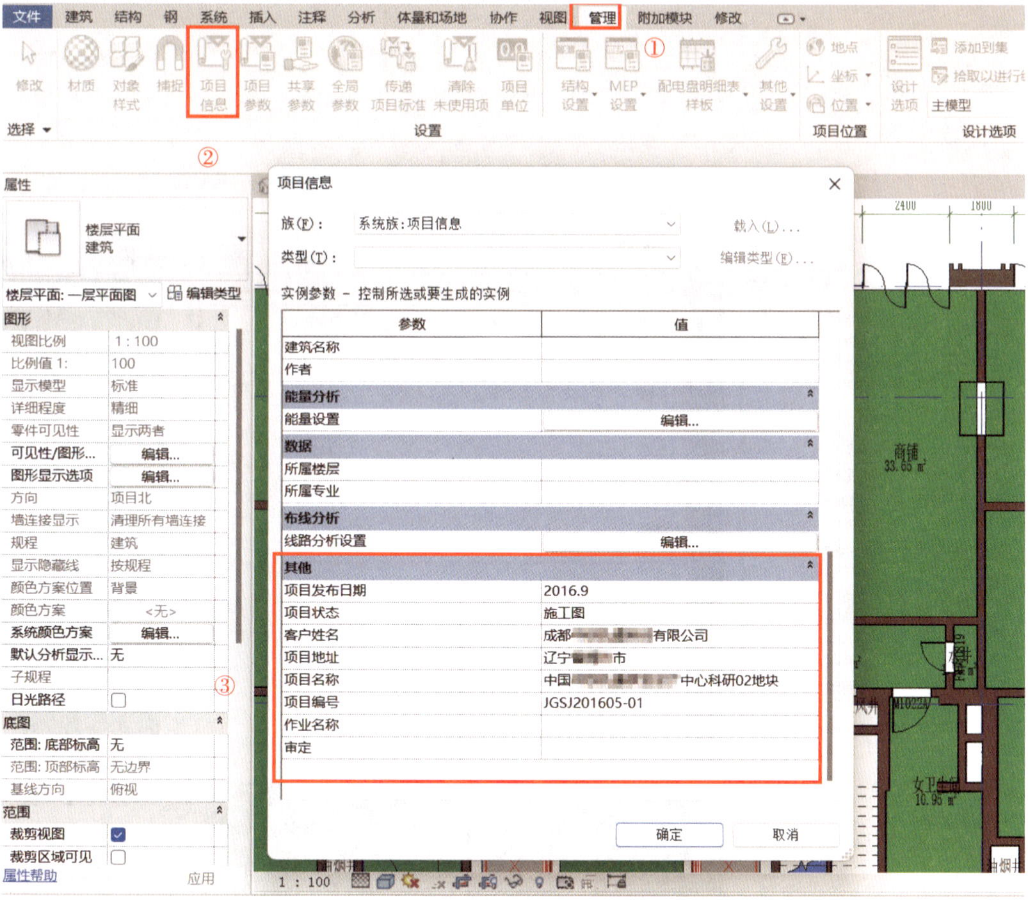

图 2–36　修改项目信息

Revit 会根据项目信息，自动修改图纸标题栏中所有引用项目信息的字段，并保存项目。

Revit 提供了“A0 ~ A4 公制 .rte”和“新尺寸公制 .rte”族样板文件，用于自定义各种标准尺寸和非标准尺寸的标题栏族文件。可以使用“共享参数”为标题栏族或项目信息添加更多参数。

二、项目单位修改方法

在“管理”选项卡的“设置”面板中单击“项目单位”工具，弹出“项目单位”对话框。根据项目实际情况，输入项目单位信息，如图 2–37 所示。单击“确定”按钮，完成项目单位修改。

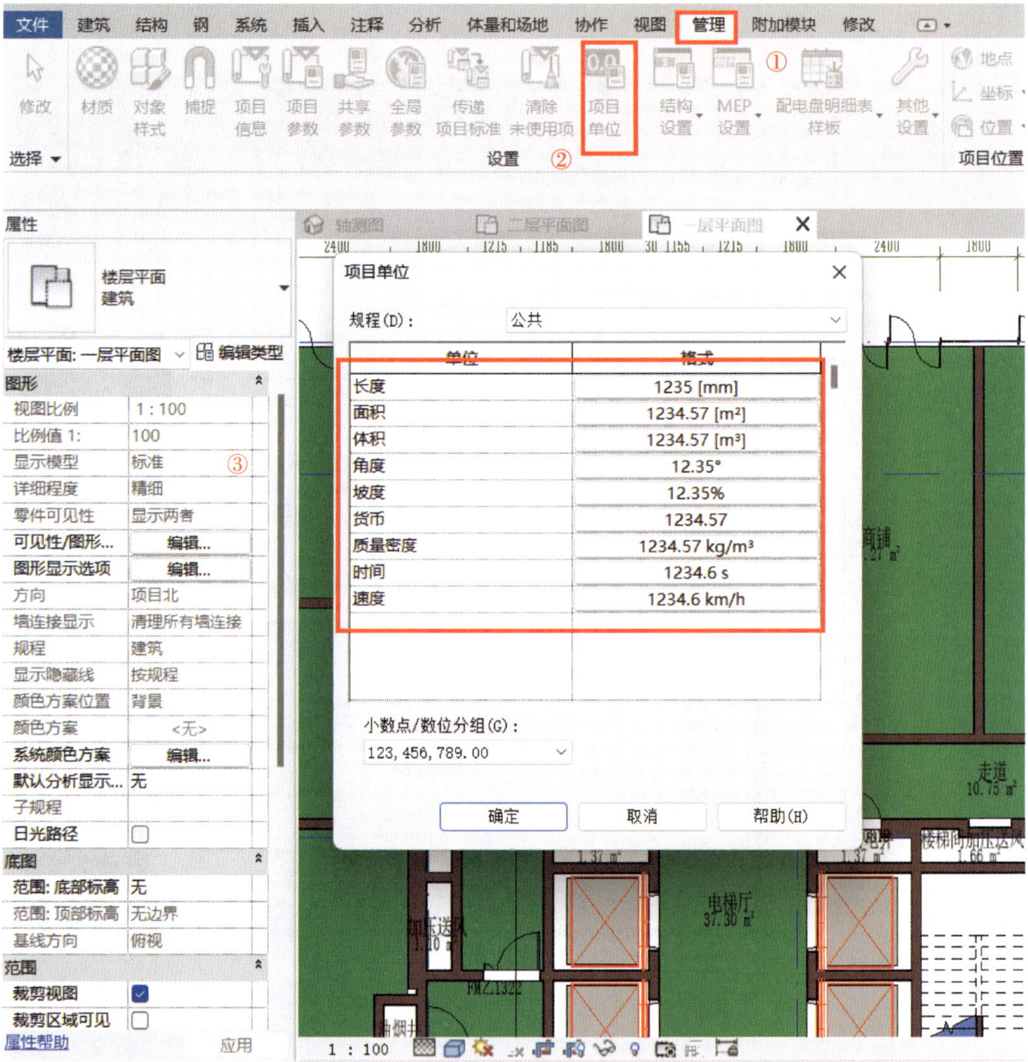

图 2–37　修改项目单位

三、图元属性编辑方法

项目浏览器下方的浮动面板即“属性”选项板。当选择某图元时，“属性”选项板会显示该图元类型和属性参数等，如图 2–38 所示。“属性”选项板主要由以下三部分组成。

1. 类型选择器

“属性”选项板上面一行的预览框和类型名称即类型选择器。用户可以单击右侧的下拉箭头，从下拉列表中选择已有的、合适的类型，直接替换，而不需要反复修改图元参数。

2. 实例属性

“属性”选项板下面的各种参数列表框显示当前所选图元的各种约束条件类、图形类、尺寸标注类、标识数据类、阶段类等实例参数及其值。用户可以方便地修改参数值，改变当前所选图元的外观尺寸等。

3. “编辑类型”按钮

单击“编辑类型”按钮，打开“类型属性”对话框，如图 2–39 所示。用户可以复制、重命名对象类型，并可以通过编辑类型参数，改变与当前所选图元同类型的所有图元的外观尺寸等。

四、图元属性修改方法

在“修改”选项卡中，常用的工具如图 2–40 所示。当选择某一图元时，会弹出相关的修改选项卡，用于修改特定图元属性。例如，选择墙体时，会自动弹出“修改 | 墙”选项卡，如图 2–41 所示。

1. 修改轴线标高

（1）打开“办公楼 _ 建筑 .rvt”文件，另存为“办公楼 _ 标高 .rvt”文件。

（2）在项目浏览器中，展开“立面（建筑立面）”视图，双击视图名称“南”，进入“立面：南”视图，如图 2–42 所示。

（3）设置 1 楼与 2 楼间的层高为 3.5 m。将“2 楼”标头上的标高值修改为 3.500，或选择“2 楼”标高线，将“1 楼”与“2 楼”标高线间的临时尺寸标注修改为 3 500。

（4）绘制“室外地坪”标高。单击“建筑”选项卡→“基准”面板→“标高”选项，选择“直线”绘制方式；在选项栏中，勾选“创建平面视图”选项，在

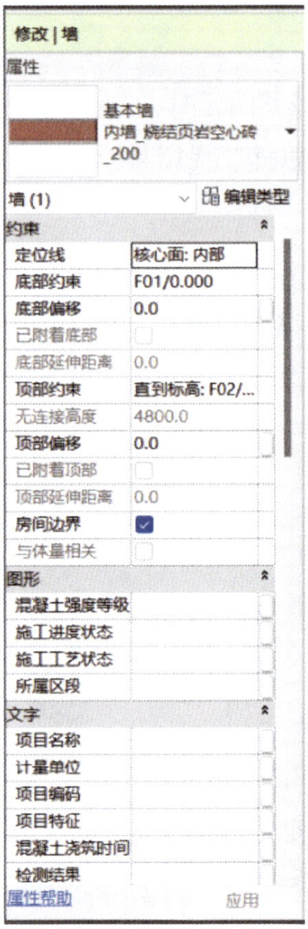

图 2–38 “属性”选项板

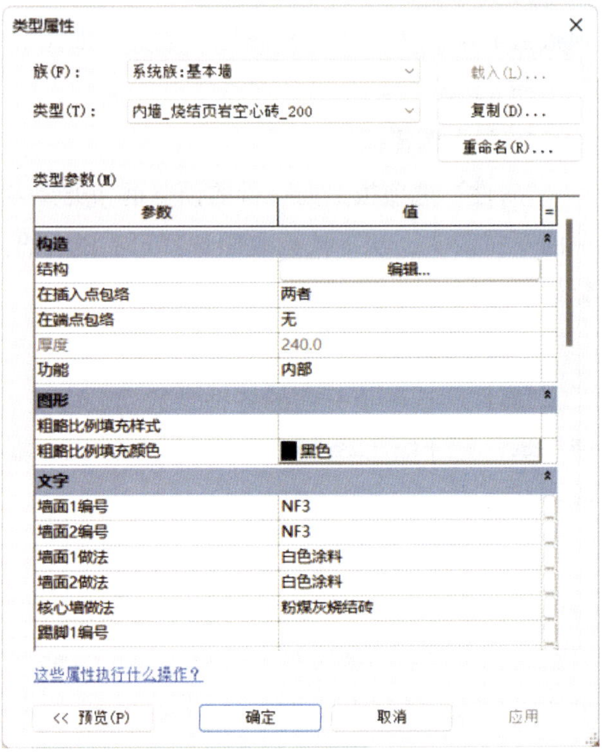

图 2–39 “类型属性”对话框

图 2–40 修改工具

图 2–41 “修改 | 墙”选项卡

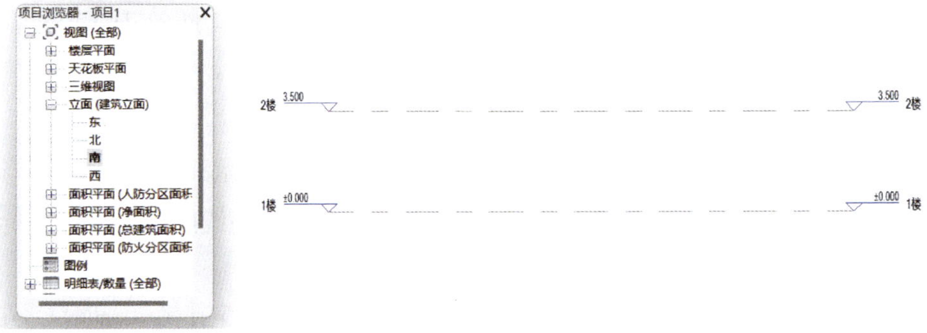

图 2–42 立面视图

“平面视图类型”中选择“平面视图”；在“1 楼”标高下方适当位置，绘制新的标高，修改临时尺寸标注为“450”，修改标高名称为“室外地坪”；在“属性”选项板的“类型选择器”中选择“下标头”，如图 2–43 所示；单击“属性”选项板中的“编辑类型”按钮，在弹出的“类型属性”对话框中，勾选“端点 1 处的默认符号”，单击“确定”按钮，绘制效果如图 2–44 所示。同时在项目浏览器“视图（全部）”→“楼层平面”视图下，新增了“室外地坪”视图，如图 2–45 所示。

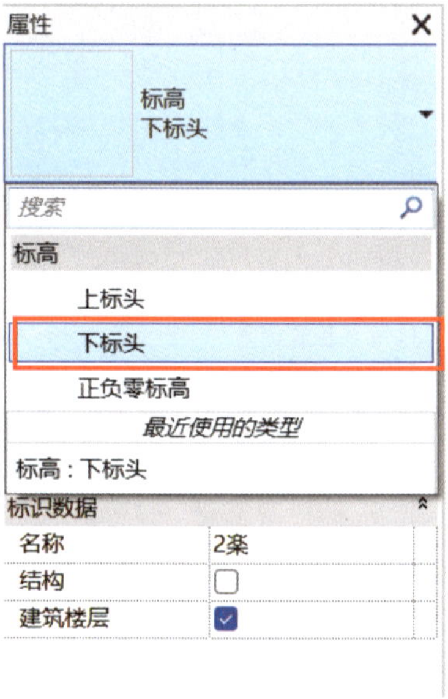

图 2–43 标头“类型选择器”

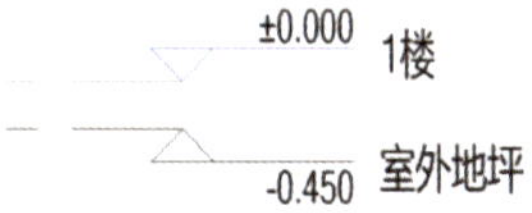

图 2–44 “室外地坪”标高

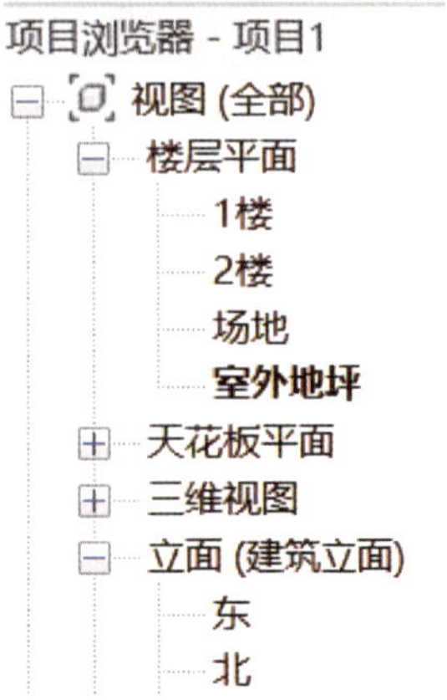

图 2–45 项目浏览器

绘制轴线后，需要在平面视图中手动调整轴线标头位置。

在“楼层平面：1 楼”视图中，选择任意一根轴线，如单击选中③号轴线，会显示临时尺寸标注、一些控制符号和复选框，用户可以根据需要调整轴线，如图 2–46 所示。

2. 修改墙体属性

（1）修改墙体类型。选中一段墙体，在“属性”选项板中，单击“类型选择器”下拉列表，选择需要的墙体类型，如选择“普通砖 –180 mm”，修改墙体类型，如图 2–47 所示。

（2）设置墙体的实例参数。在“属性”选项板中，可以设置墙体的实例参数，主要包括定位线、底部约束 / 顶部约束、底部偏移 / 顶部偏移、无连接高度、房间边界结构等属性，如图 2–48 所示。

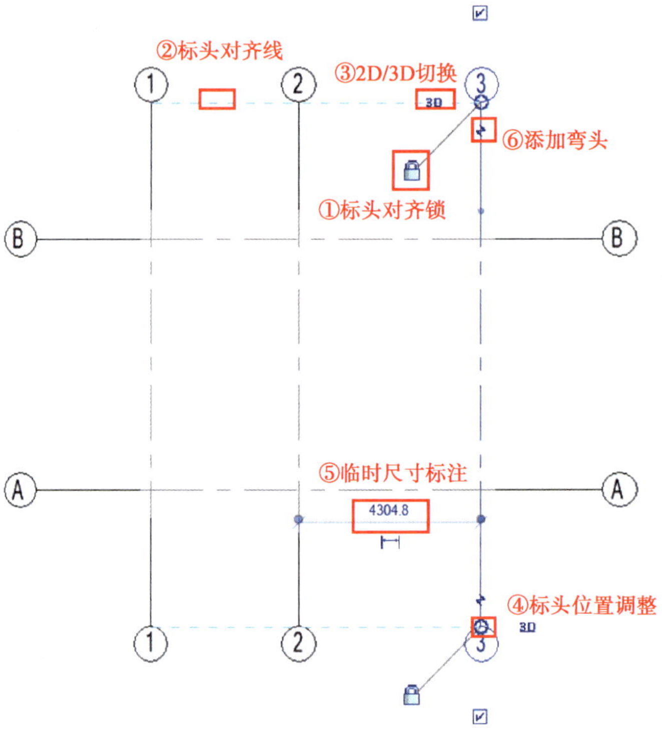

图 2–46　轴线标识

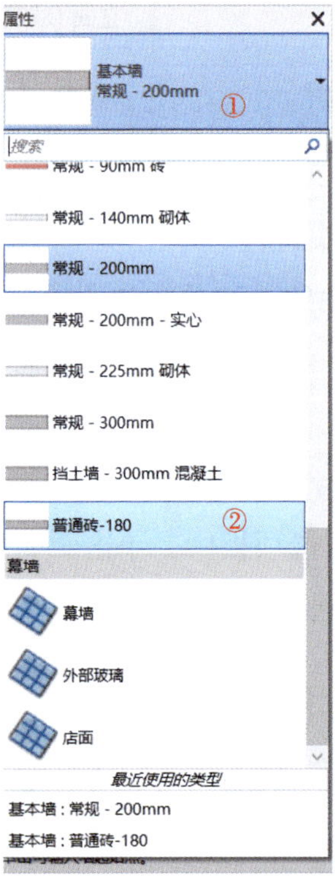

图 2–47　修改墙体类型

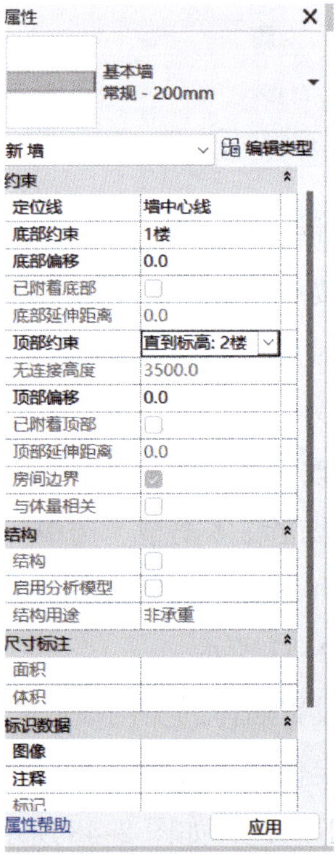

图 2–48　墙体的“属性”选项板

1）定位线。同选项栏中“定位线”设置。放置墙体后，其定位线便永久存在，修改现有墙体的“定位线”属性，不会改变墙体的位置。

2）底部约束 / 顶部约束。表示墙体底部 / 顶部约束的位置。

3）底部偏移 / 顶部偏移。以墙体底部约束 / 顶部约束的位置为基准，通过设置偏移值，调整墙体底部 / 顶部的位置。例如，将“底部偏移”设为“500”，墙体底部由“底部约束”的位置向上偏移 500 mm；将“底部偏移”设为“–500”，墙体底部由“底部约束”的位置向下偏移 500 mm。

4）无连接高度。将“顶部约束”设置为“未连接”时，设置墙体高度；在“顶部约束”设置为某标高时，该项显示为灰色，不可设置。

5）房间边界。当勾选此项时，则启用了模型图元的“房间边界”参数，Revit 会将该图元作为房间的一个边界，用于计算房间的面积和体积。可以在平面视图和剖面视图中查看房间边界。

6）结构。结构表示该墙体是否为结构墙，勾选后可用于后期结构受力分析。

（3）设置墙体的类型参数。选择已创建的墙体，单击“属性”选项板中的“编辑类型”按钮，弹出“类型属性”对话框，如图 2–49 所示。在墙体的“类型参数”中，可以编辑墙体的结构、设置墙体的粗略比例填充样式、重命名墙体类

图 2–49 “类型属性”对话框

型等。在“结构”栏中，单击“编辑”按钮，弹出“编辑部件”对话框，可以设置墙体的结构，如图 2-50 所示。

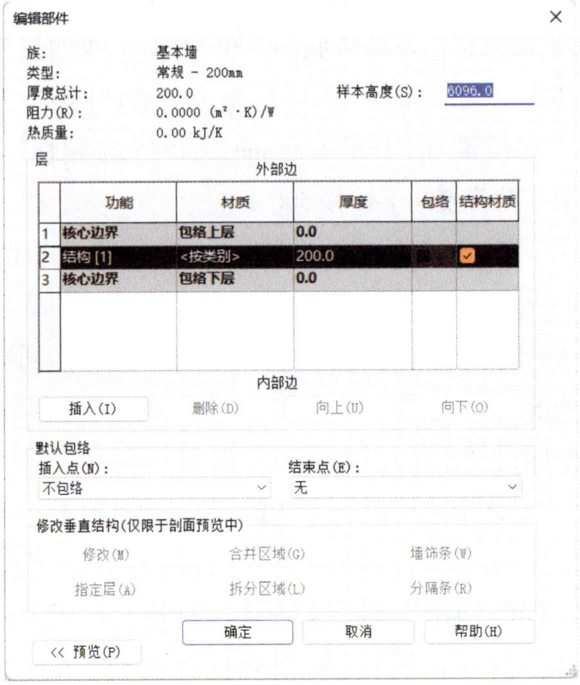

图 2-50 “编辑部件”对话框

职业模块 三 模型注释与出图

培训课程 1 标注

学习单元 1 工程制图尺寸标注知识及标注属性查看和设置方法

培训重点

1. 了解工程制图中尺寸标注的基本知识。
2. 了解比例的基本知识。
3. 熟悉标注属性查看方法。
4. 掌握标注属性设置方法。

一、工程制图中尺寸标注的基本知识

在工程制图中，图形只能表达建筑物的形状，除了按比例画出工程形体的形状，还必须通过尺寸标注才能确定建筑物各部分的大小。房屋施工和构件制作都必须根据尺寸进行，因此注写尺寸标注是工程制图的一项重要工作，必须认真细致，准确无误。如果尺寸标注有遗漏或错误，必将给施工造成困难和损失。

二、尺寸标注的四要素

图样上的尺寸标注一般应由尺寸界线、尺寸线、尺寸起止符和尺寸数字四部分组成，如图 3–1 所示。

1. 尺寸界线

尺寸界线是控制所注尺寸范围的线，应用细实线绘制，一般与被注长度垂直。其一端应离开图样轮廓线不小于 2 mm，另一端应超出尺寸线 2 ~ 3 mm。必要时，图样轮廓线、轴线或中心线可以用作尺寸界线，如图 3–2 所示。

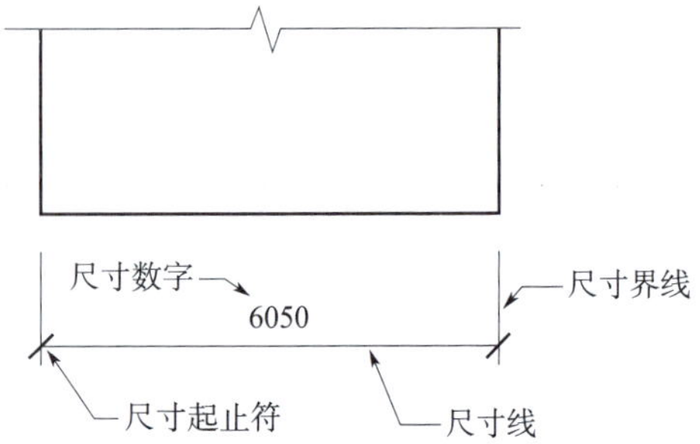

图 3–1　尺寸标注的组成图

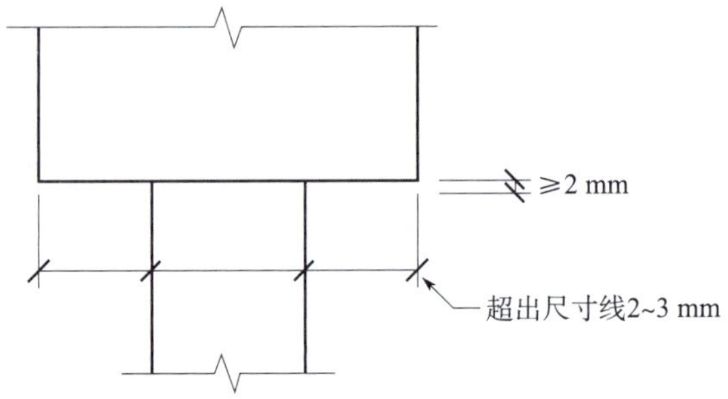

图 3–2　尺寸界线

2. 尺寸线

尺寸线应用细实线绘制，与被注长度平行，两端宜以尺寸界线为边界，也可以超出尺寸界线 2 ~ 3 mm。图样本身的任何图线均不得用作尺寸线。

3. 尺寸起止符

尺寸起止符是尺寸的起点和止点。尺寸起止符用中粗斜短线绘制，其倾斜方向应与尺寸界线成顺时针 45°，长度宜为 2 ~ 3 mm。在轴测图中，用小圆点表示尺寸起止符，小圆点直径为 1 mm，如图 3–3a 所示。半径、直径、角度与弧长的尺寸起止符，宜用箭头表示，箭头宽度 b 不宜小于 1 mm，如图 3–3b 所示。

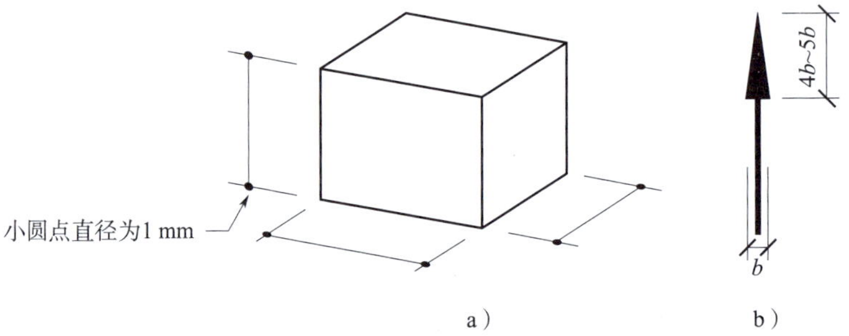

图 3–3　尺寸起止符

a）轴测图尺寸起止符　b）箭头尺寸起止符

4. 尺寸数字

图样上的尺寸数字表示建筑物的实际尺寸，与图样的比例和精确度无关。图样上的尺寸，应以尺寸数字为准，不应从图样上直接量取。图样上的尺寸单位，除了标高及总平面图以 m 为单位，其他必须以 mm 为单位。尺寸数字的注写方向，应按图 3–4a 的形式。如果尺寸数字在 30° 斜线区内，也可以按图 3–4b 的形式。

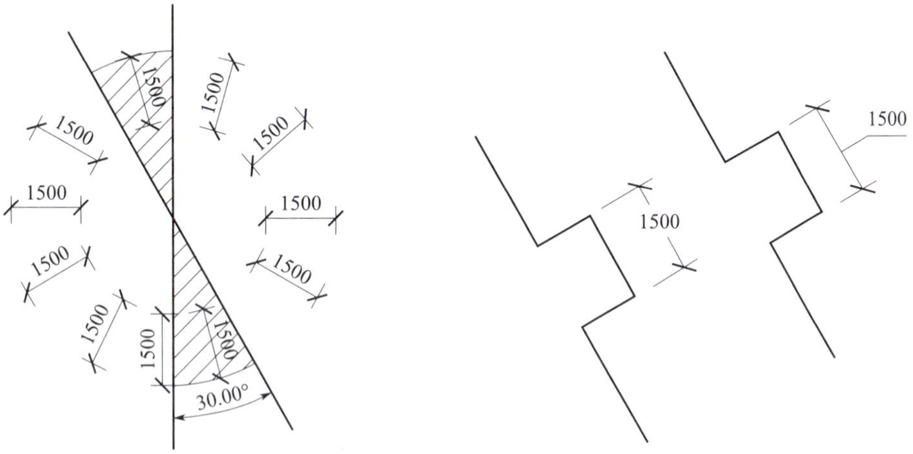

a）　　b）

图 3–4　尺寸数字的注写方向

应将尺寸数字依据其读数方向注写在靠近尺寸线的上方中部。如果没有足够的注写位置，可以将最外侧的尺寸数字注写在尺寸界线的外侧，可以将中间相邻的尺寸数字上下错开注写，可以用引线表示尺寸标注位置，如图 3–5 所示。

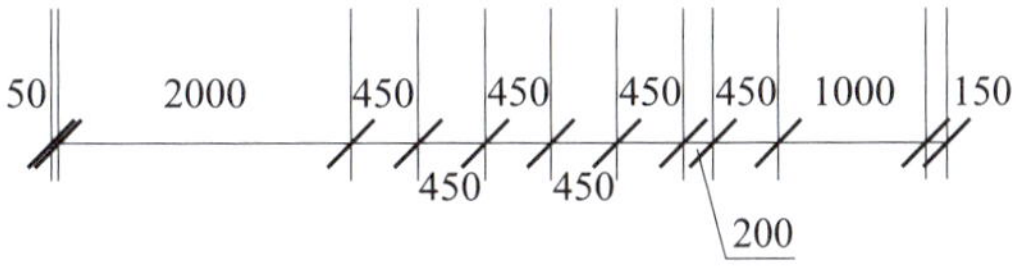

图 3–5　尺寸数字的注写位置

三、尺寸标注的注写方法

1. 尺寸标注的一般注写方法

宜将尺寸数字注写在图样轮廓以外，不宜与图线、文字及符号等相交，如图 3–6 所示。

对于互相平行的尺寸线，应从被注写的图样轮廓线由近到远整齐排列，较小尺寸应离图样轮廓线较近，较大尺寸应离图样轮廓线较远。图样轮廓线以外的尺寸界线，与图样最外轮廓之间的距离不宜小于 10 mm。平行排列的尺寸线的间距宜为 7 ~ 10 mm，并保持一致。总尺寸的尺寸界线应靠近所指部位，中间分尺寸的尺寸界线可以稍短，但其长度应相等，如图 3–7 所示。

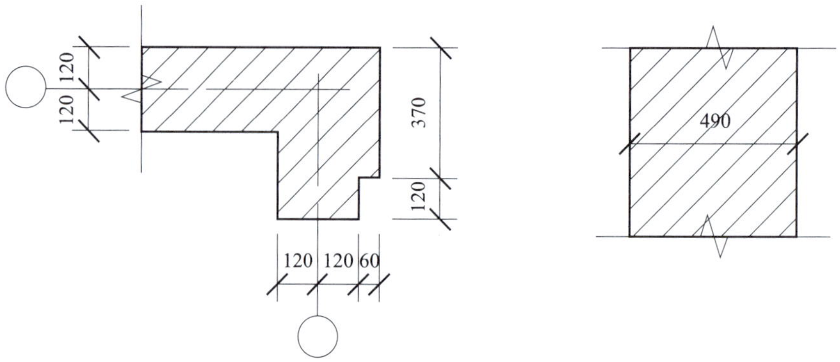

图 3–6　注写尺寸数字

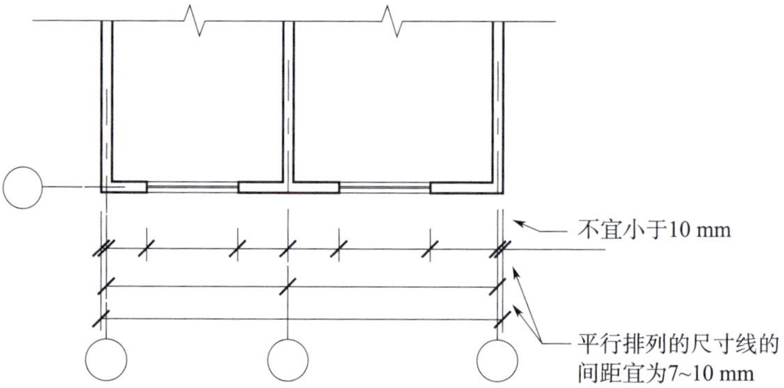

图 3–7　排列尺寸线

2. 尺寸标注的简化注写方法

对于杆件或管线的长度标注，在单线图（桁架简图、钢筋简图、管线简图）上，可以直接将尺寸数字沿杆件或管线的一侧注写，如图 3–8 所示。

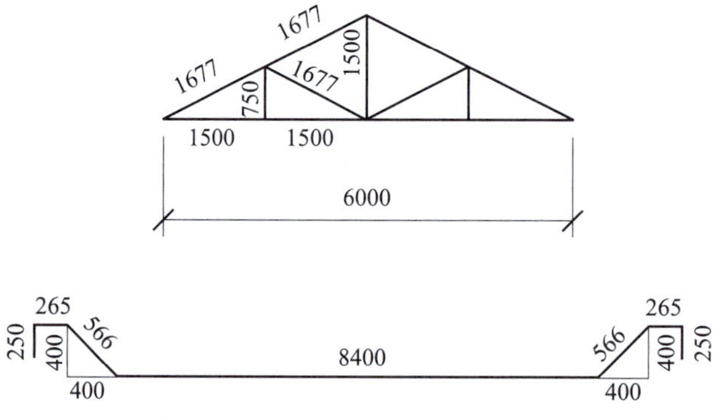

图 3–8　简化注写单线图尺寸标注

对于连续排列的等长尺寸标注，可以用“等长尺寸 × 个数 = 总长”的形式注写，如图 3–9a 所示，或用“总长（等分个数）”的形式注写，如图 3–9b 所示。

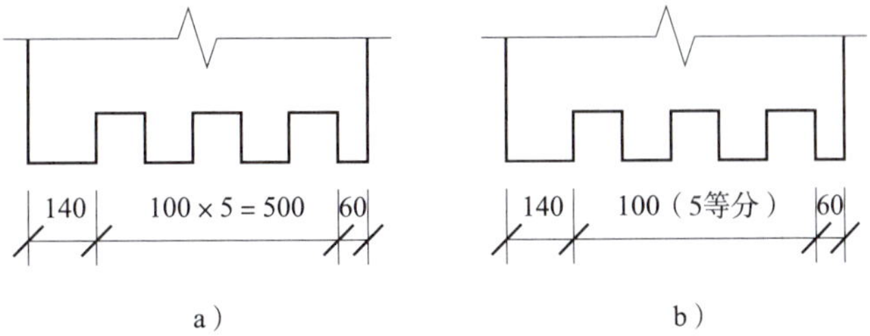

图 3–9　简化注写等长尺寸标注

如果在构配件内的构造要素（如孔、槽等）相同，可以仅注写其中一个构造要素的尺寸标注，如图 3–10 所示。

对于对称构配件采用对称省略画法时，该对称构配件的尺寸线应略超过对称符号，仅在尺寸线的一端画尺寸起止符，应按全尺寸注写尺寸数字，其注写位置宜与对称符号对齐，如图 3–11 所示。

如果 2 个构配件只有个别尺寸数字不同，可以在同一图样中将其中 1 个构配件的不同尺寸数字注写在括号内，也应将该构配件的名称注写在相应的括号内，如图 3–12 所示。

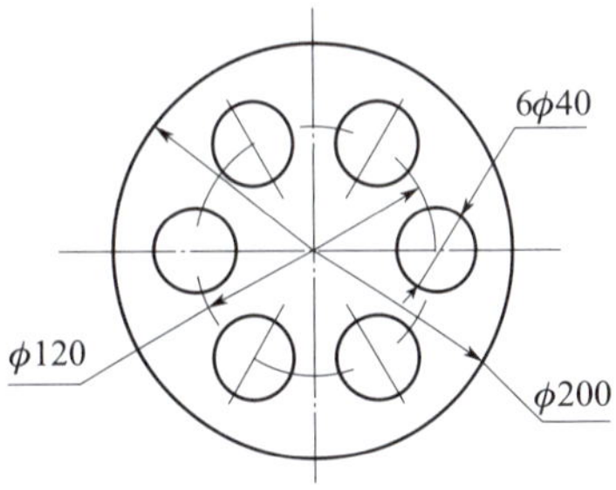

图 3–10　简化注写相同构造要素尺寸标注

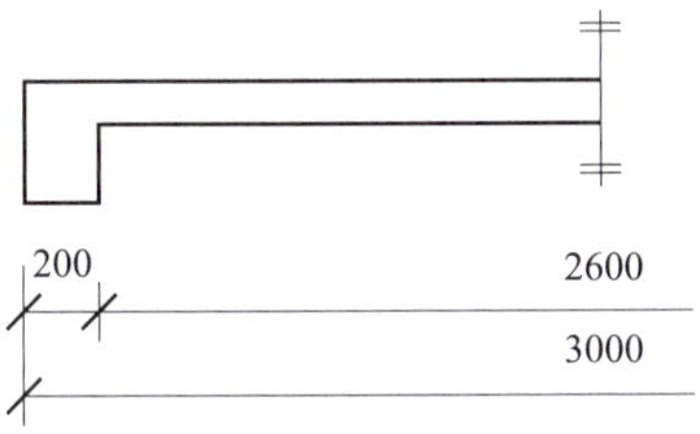

图 3–11　简化注写对称构配件尺寸标注

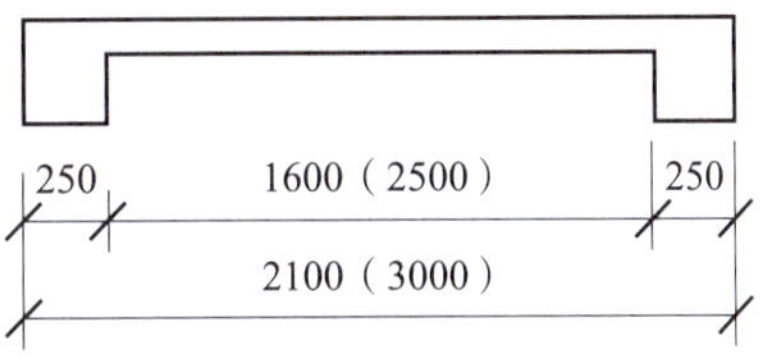

图 3–12　简化注写相似构配件尺寸标注

如果数个构配件仅有某些尺寸数字不同，可以将不同的尺寸数字用拉丁字母注写在同一图样中，另列表格写明其具体尺寸数字，如图 3–13 所示。

四、尺寸标注的分类

1. 半径、直径、球的尺寸标注

（1）半径的尺寸标注。半径的尺寸线应一端从圆心开始，另一端画箭头指向圆弧。在半径数字前，应加注半径符号“*R*”，如图 3-14 所示。

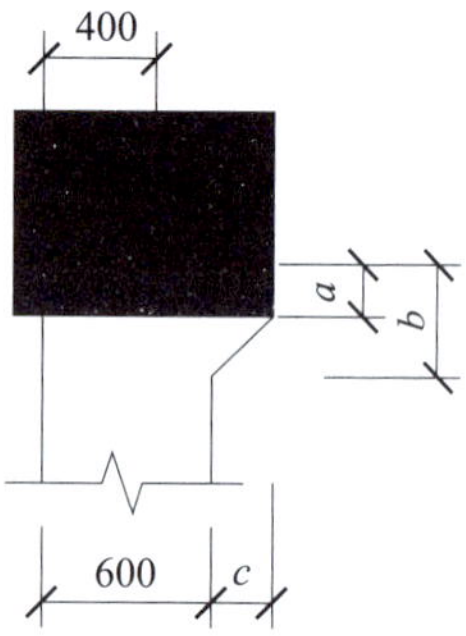

构件编号	*a*	*b*	*c*
Z–1	200	200	200
Z–2	250	450	200
Z–3	200	450	250

图 3–13　用表格注写相似构配件尺寸标注

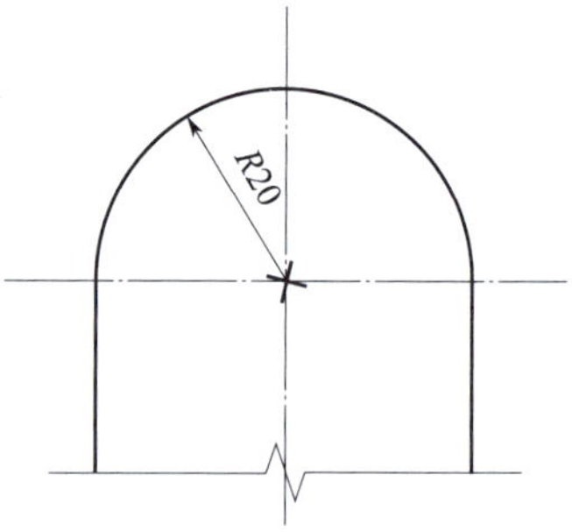

图 3–14　半径的尺寸标注

对于较小圆弧半径的尺寸标注，可以按图 3–15a 的形式注写。对于较大圆弧半径的尺寸标注，可以按图 3–15b 的形式注写。

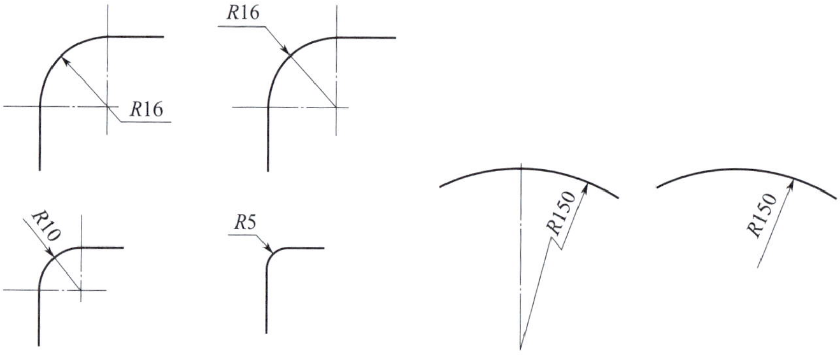

a）　　b）

图 3–15　圆弧半径的尺寸标注

a）小圆弧半径的尺寸标注　b）大圆弧半径的尺寸标注

（2）直径的尺寸标注。注写圆直径的尺寸标注时，在直径数字前，应加注直径符号“ϕ”。在圆内注写的尺寸线应通过圆心，两端画箭头指至圆弧，如图 3–16 所示。对于较小的圆直径尺寸标注，可以注写在圆外，如图 3–17 所示。

（3）球的尺寸标注。注写球半径的尺寸标注时，应在尺寸前加注符号“*SR*”。注写球直径的尺寸标注时，应在尺寸数字前加注符号“$S\phi$”。注写方法与圆弧半径和圆直径的尺寸标注的注写方法相同。

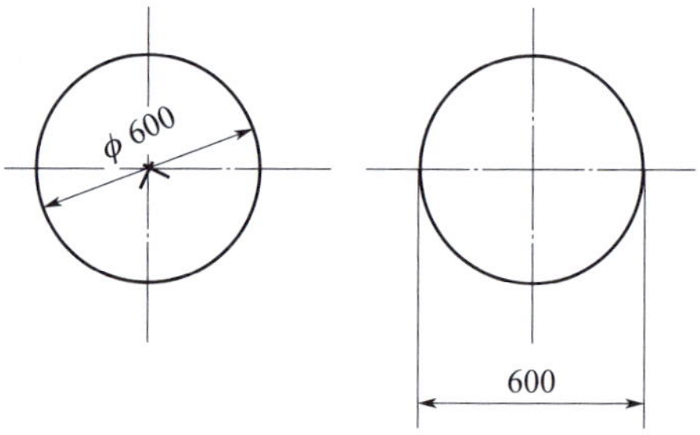

图 3–16　圆直径的尺寸标注

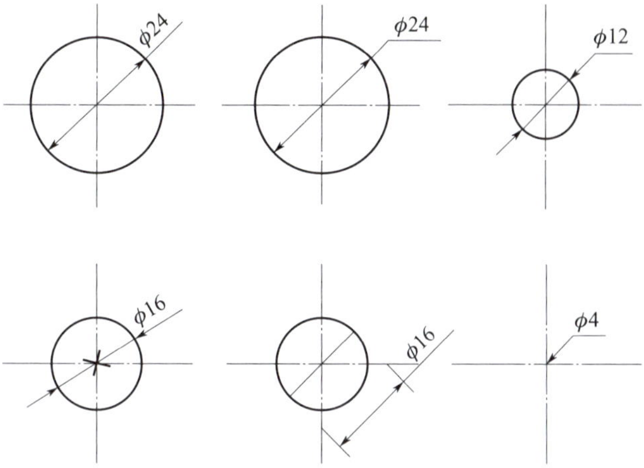

图 3–17 小圆直径的尺寸标注

2. 角度、弧长、弦长的尺寸标注

（1）角度的尺寸标注。角度的尺寸线应用圆弧表示。该圆弧的圆心是角的顶点，角的两边为尺寸界线。尺寸起止符应用箭头表示，如果没有足够的位置画箭头，可以用圆点代替，应沿尺寸线方向注写角度数字，如图 3–18 所示。

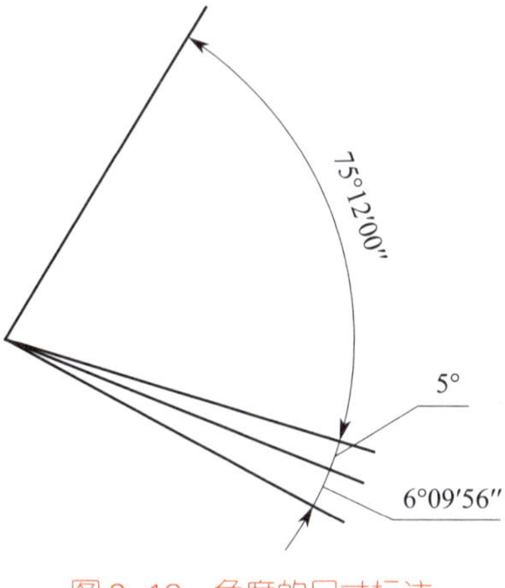

图 3–18 角度的尺寸标注

（2）弧长的尺寸标注。注写圆弧弧长的尺寸标注时，尺寸线应用与该圆弧同心的圆弧线表示，尺寸界线指向圆心，尺寸起止符用箭头表示，在弧长数字上方或前方应加注圆弧符号“⌒”，如图 3–19 所示。

（3）弦长的尺寸标注。注写圆弧弦长的尺寸标注时，尺寸线应用平行于该弦的直线表示，尺寸界线应垂直于该弦，尺寸起止符用中粗斜短线表示，如图 3–20 所示。

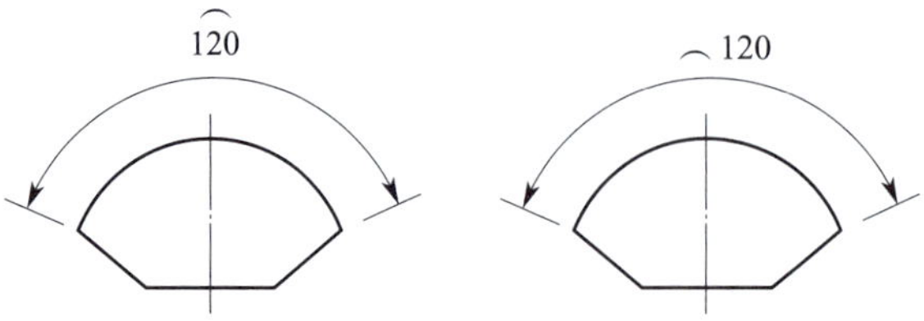

图 3-19　弧长的尺寸标注

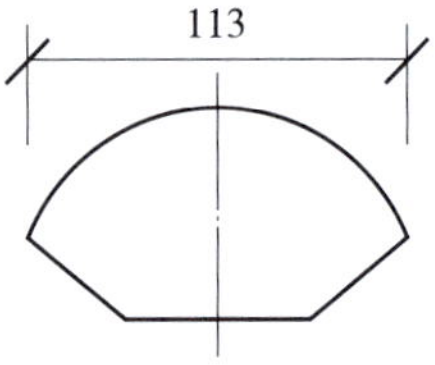

图 3-20　弦长的尺寸标注

3. 薄板厚度、正方形、坡度、非圆曲线的尺寸标注

其他尺寸标注见表 3-1。

表 3-1　其他尺寸标注

类别	说明	示例
薄板厚度尺寸标注	在薄板板面上注写薄板厚度尺寸标注时，应在厚度数字前加注厚度符号“*t*”	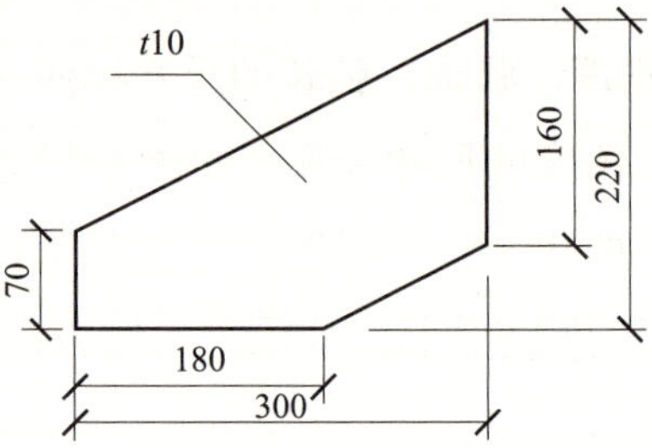
正方形尺寸标注	在注写正方形尺寸标注时，可以用“边长 × 边长”的形式，也可以在边长数字前加注正方形符号“□”	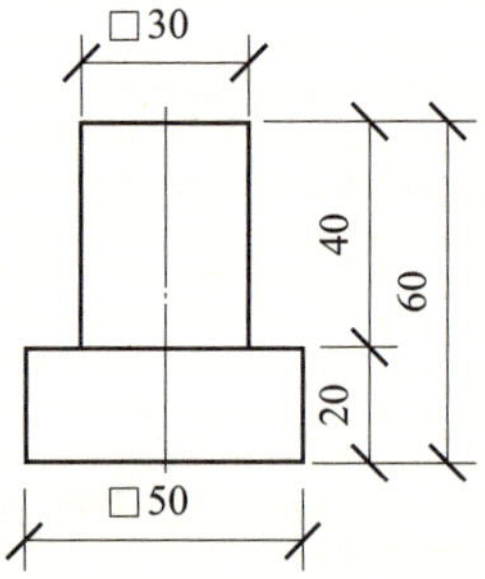
坡度尺寸标注	在注写坡度尺寸标注时，应加注坡度符号“←”或“⇠”，如右图 a、b 所示，箭头应指向下坡方向，如右图 c、d 所示。也可以用直角三角形的形式注写坡度尺寸标注，如右图 e、f 所示	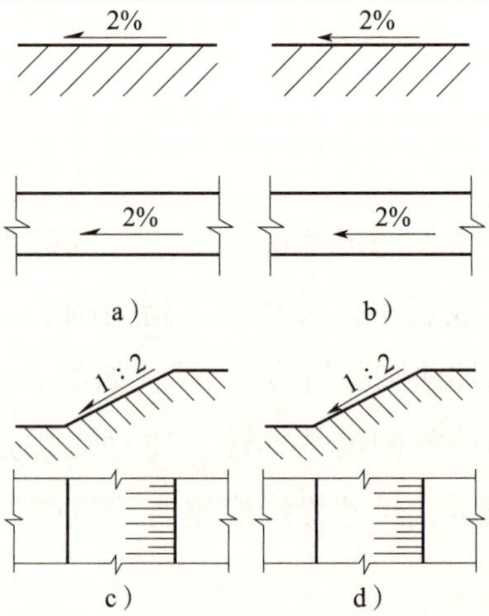

续表

<table>
<tr><th>类别</th><th>说明</th><th>示例</th></tr>
<tr><td>坡度尺寸标注</td><td></td><td>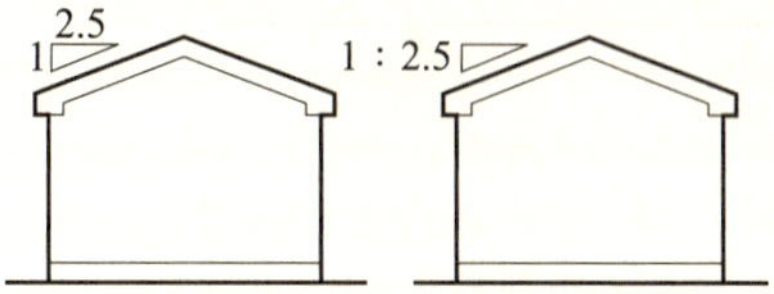
e） f）</td></tr>
<tr><td>非圆曲线尺寸标注</td><td>对于外形为非圆曲线的构件，可以用坐标形式注写尺寸标注（右图 a）。对于复杂的图形，可以用网格形式注写尺寸标注（右图 b）</td><td>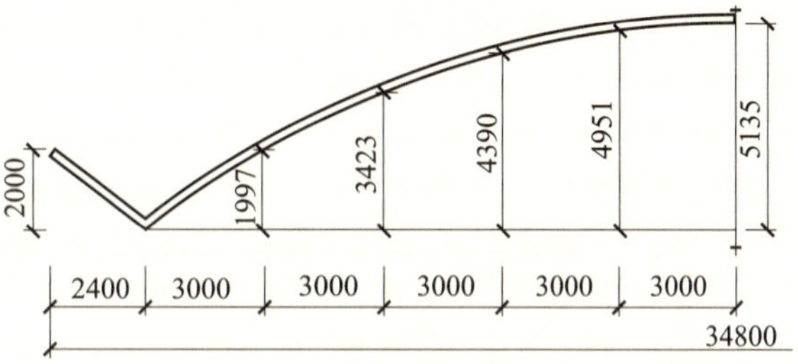
a）
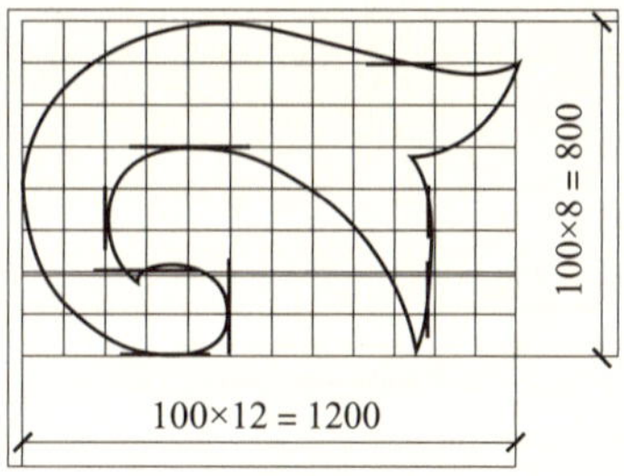
b）</td></tr>
</table>

4. 标高

标高符号应用等腰直角三角形表示，并按图 3–21a 的形式用细实线绘制。如果位置不够，也可以按图 3–21b 的形式绘制。标高符号的具体绘制方法如图 3–21c、图 3–21d 所示。

标高符号的尖端应指至被注高度的位置。尖端宜向下，也可以向上。应将标高数字注写在标高符号的上侧或下侧，如图 3–22 所示。

标高数字应以 m 为单位，注写到小数点以后第三位。在总平面图中，可以注写到小数点以后第二位。零点标高应注写成 ±0.000，正数标高不注“+”，负数标高应注“–”，如 3.000、–0.600。在图样的同一位置需表示几个不同标高时，可以按图 3–23 的形式注写标高数字。

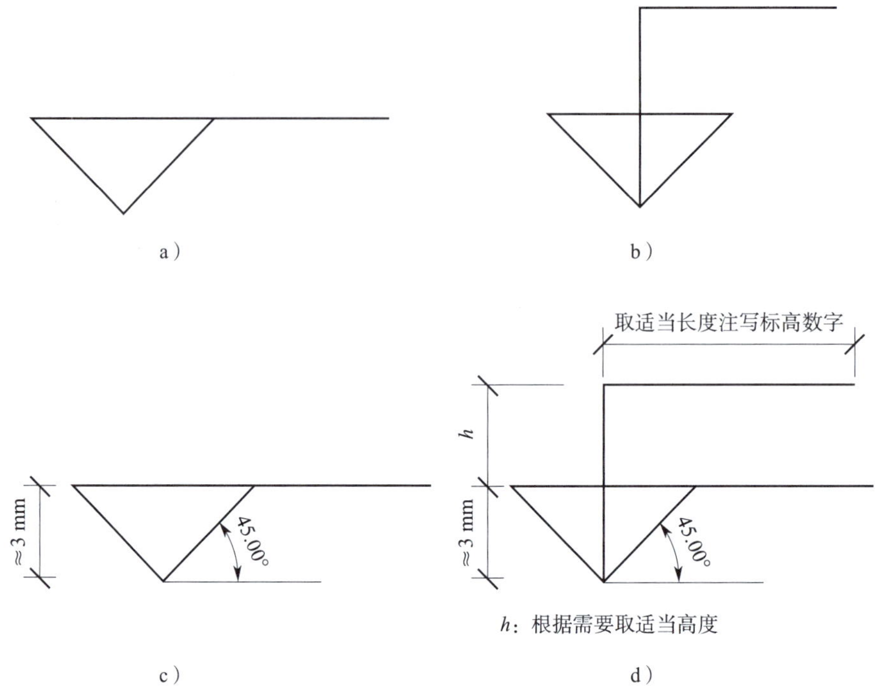

图 3-21　标高符号

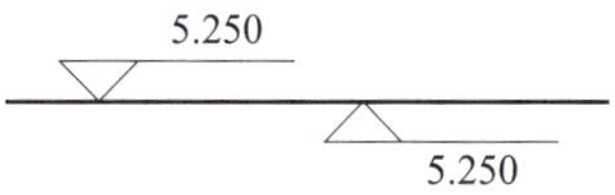

图 3-22　标高的指向

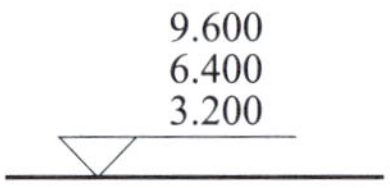

图 3-23　在同一位置注写多个标高数字

总平面图室外地坪标高符号宜用涂黑的三角形表示，具体画法如图 3-24 所示。

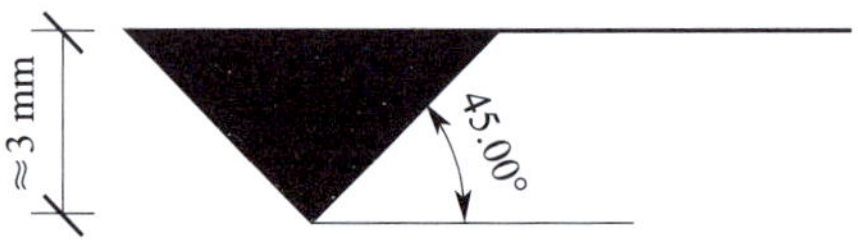

图 3-24　总平面图室外地坪标高符号

五、比例的基本知识

图样的比例应为图形与实物相对应的线性尺寸之比，即线段之比。图样比例的作用是将建筑工程等比缩放在图纸上。比例的符号应为“：”，比例应用阿拉伯数字表示。宜将比例注写在图名的右侧，应取平字的基准线；比例的字高宜比图名的字高小一号或两号，如图 3-25 所示。

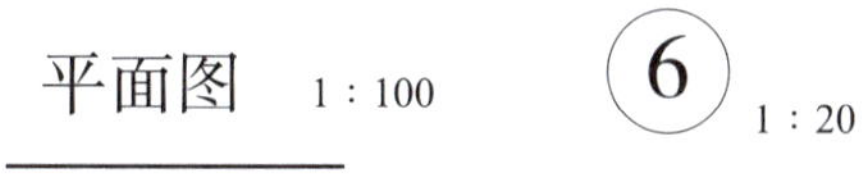

图 3–25　比例的注写

六、工程制图的常用比例

应根据图样的用途与被绘对象的复杂程度，从表 3–2 中选用工程制图所用的比例，并优先采用常用比例。

表 3–2　工程制图所用的比例

常用比例	1 : 1、1 : 2、1 : 5、1 : 10、1 : 20、1 : 30、1 : 50、1 : 100、1 : 150、1 : 200、1 : 500、1 : 1 000、1 : 2 000
可用比例	1 : 3、1 : 4、1 : 6、1 : 15、1 : 25、1 : 40、1 : 60、1 : 80、1 : 250、1 : 300、1 : 400、1 : 600、1 : 5 000、1 : 10 000、1 : 20 000、1 : 50 000、1 : 100 000、1 : 200 000

注：无论采用何种比例制图，均按原值标注尺寸数字，与制图的比例无关。

一般情况下，对于一个图样，应选用 1 种比例。根据工程制图的需要，对于同一图样，可以选用 2 种比例。特殊情况下，也可以自选比例，这时除了应注写比例，还应在适当位置绘制相应的比例尺。对于需要微缩的图纸，应绘制比例尺。

七、标注属性查看方法

1. 实例属性

标注的实例属性为每个标注特有的属性。选中需要查看实例属性的尺寸标注，在“属性”选项板中可以直接查看，如引线、标签等实例属性，如图 3–26 所示。

2. 类型属性

标注的类型属性为同类型标注共有的属性。选中需要查看类型属性的尺寸标注，在“属性”选项板中单击“编辑类型”按钮，即可打开“类型属性”对话框，查看如尺寸标注的引线、尺寸界线、尺寸数字等类型属性，如图 3–27 所示。

八、标注属性设置方法

1. 实例属性设置方法

尺寸标注的实例属性主要包括引线、标签和等分显示。如果尺寸标注没有足

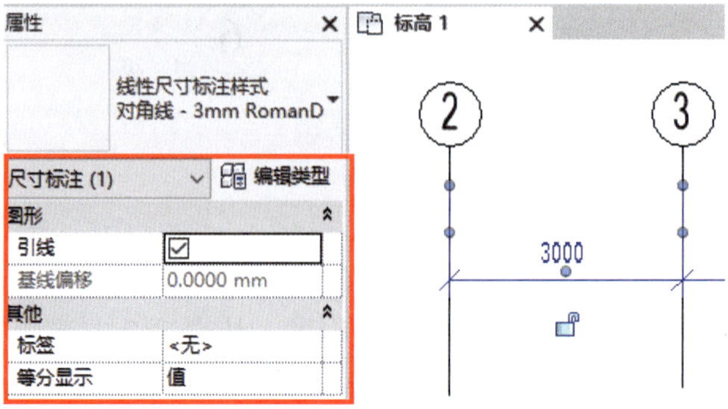

图 3–26　标注的实例属性

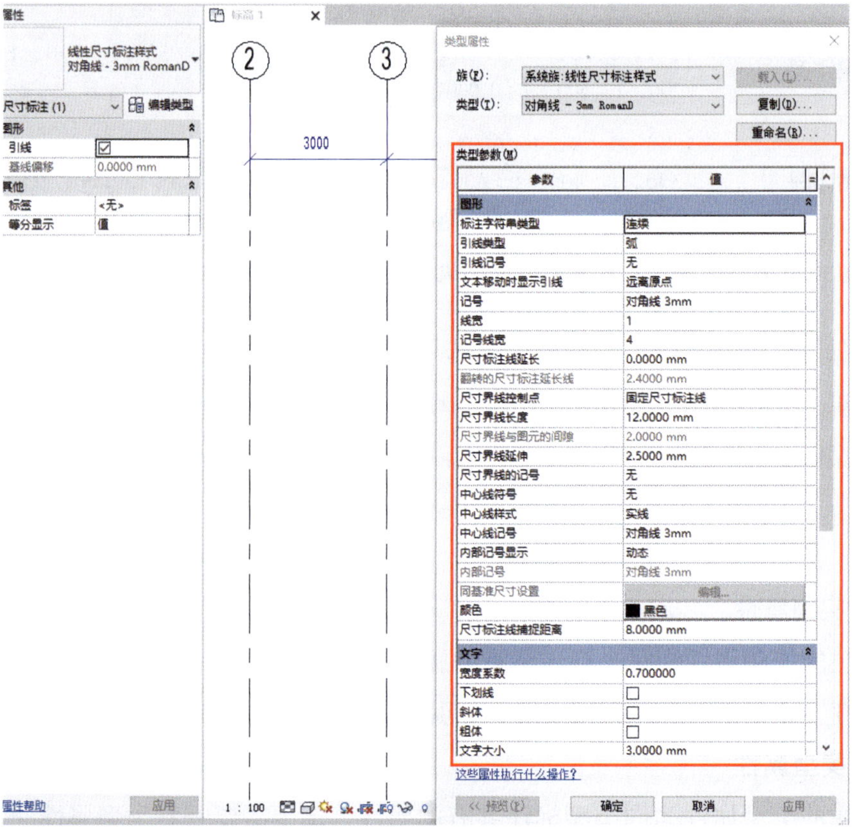

图 3–27　标注的类型属性

够的注写位置，可以用引线表示尺寸标注的位置。可以勾选“引线”，通过拖拽尺寸数字调整位置，如图 3–28 所示。

在创建参数化族或需要说明尺寸时，可以设置尺寸参数标签。设置“标签”后，如果不勾选“在视图中显示标签”或者在“标签”后选择“无”，则不显示标签，如图 3–29a 所示。如果在“标签”后选择“长度”（设置的标签参数），并

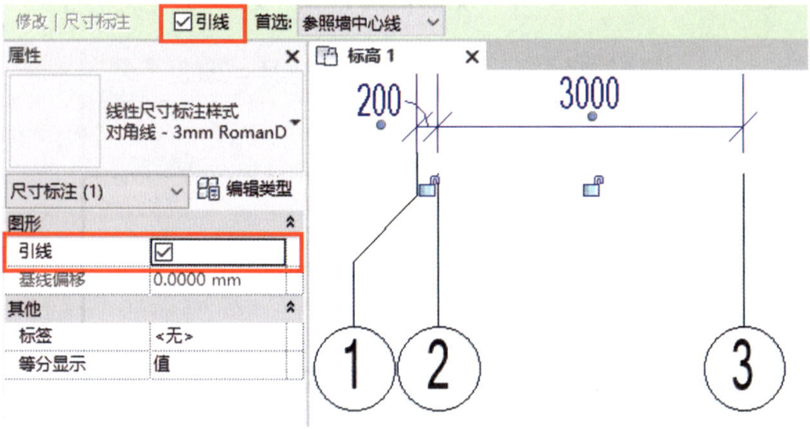

图 3-28　标注引线

勾选“在视图中显示标签”，此时显示“长度 = 尺寸数字”，如“长度 =3600”，如图 3-29b 所示。

对于相同距离的尺寸，可以设置为等分显示的形式。将“等分显示”设置为“等分文字”，即显示“EQ”，如图 3-30a 所示；将“等分显示”设置为“值”，则显示具体数值，如图 3-30b 所示；将“等分显示”设置为“等分公式”，则显示自定义的等分公式（等分公式在“类型属性”对话框中设置），如图 3-30c 所示。

2. 类型属性设置方法

与 Revit 其他对象类似，要使用标注，必须设置标注的类型属性，以满足不同规范下工程制图的要求。

（1）图形参数设置方法。以“线性尺寸标注样式”为例，打开“类型属性”

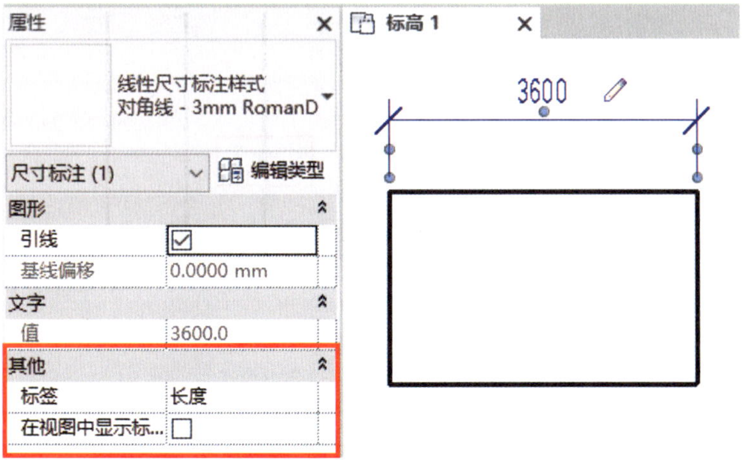

a）

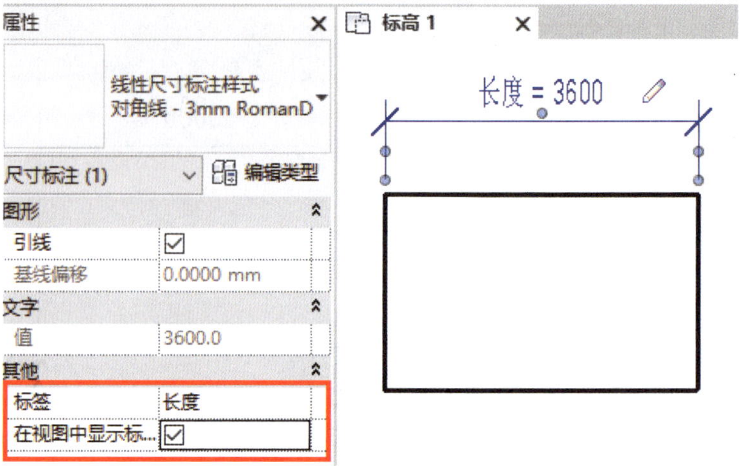

b）

图 3–29　标签

a）不显示标签　b）显示标签

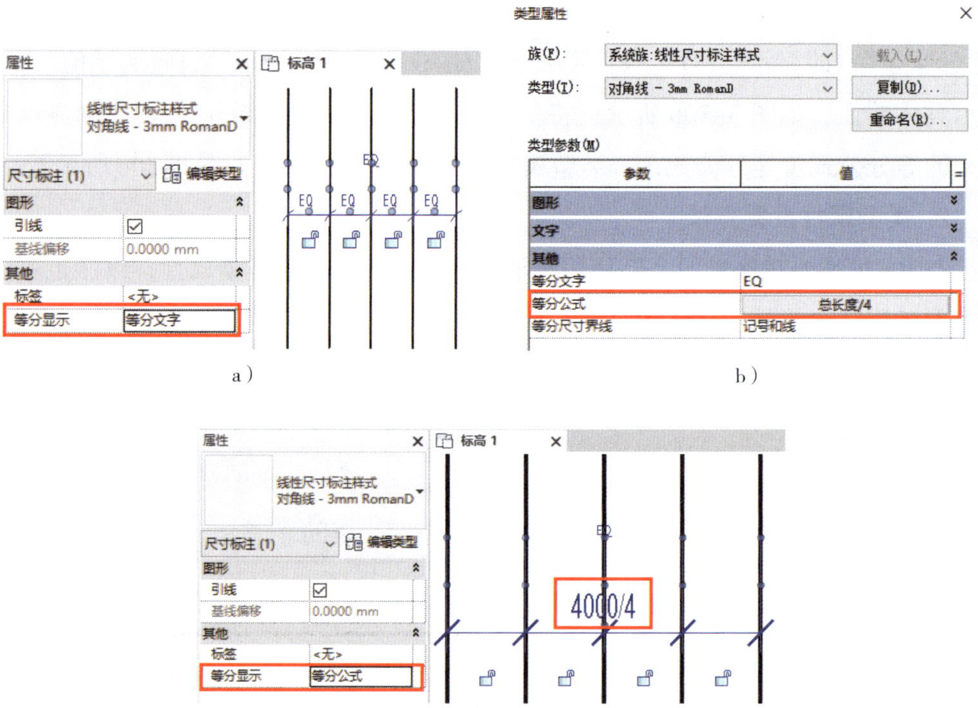

a）　b）　c）

图 3–30　等分显示

a）等分文字　b）值　c）等分公式

对话框，如图 3–31 所示。设置图形参数中“标注字符串类型”为“连续”；设置“记号”为“对角线 3 mm”；设置“线宽”为“1”，即细线；设置“记号线宽”为“3”，即在尺寸标注中记号显示为粗线；设置“尺寸界线控制点”为“固定尺寸标注线”；设置“尺寸界线长度”为“10 mm”，“尺寸界线延伸”为“2 mm”，即尺寸界线长度为固定的 10 mm，且延伸 2 mm；设置“颜色”为“绿色”；设置“尺寸标注线捕捉距离”为“8 mm”，其他参数设置如图 3–31 所示。

（2）文字参数设置方法。在文字参数中，设置“文字大小”为“3.5 mm”，即打印后在图纸上尺寸标注的文字高度为 3.5 mm；设置“文字偏移”为“0.5 mm”，即文字距离尺寸标注线 0.5 mm；设置“文字字体”为“仿宋”，“文字背景”为“透明”；设置“单位格式”为“1235［mm］”，即使用与项目单位相同的标注单位显示尺寸；取消勾选“显示洞口高度”选项；设置“宽度系数”为“0.7”，即不修改文字的宽高比，如图 3–32 所示。

单击“确定”按钮，完成尺寸标注类型属性设置。

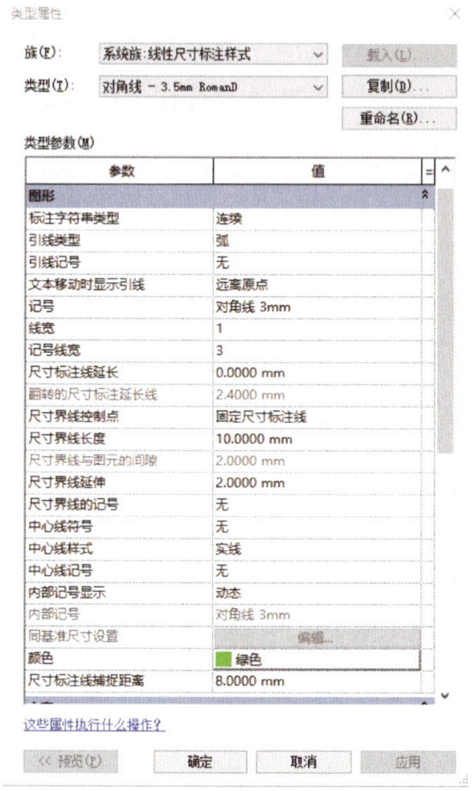

图 3–31 图形参数

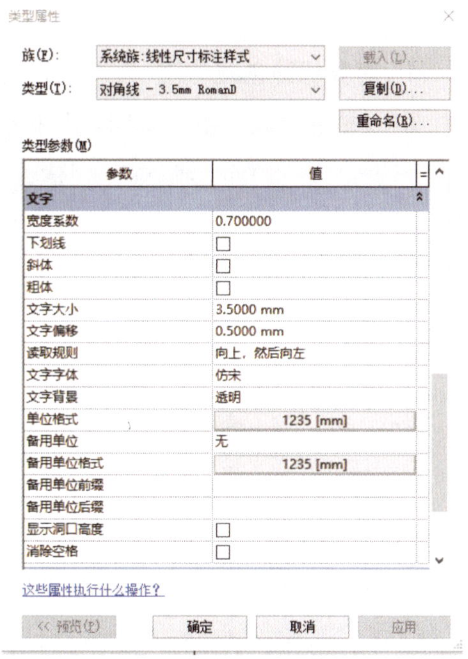

图 3–32 文字参数

学习单元 2　标注创建与编辑方法

培训重点

1. 了解不同尺寸标注工具用法。
2. 掌握标注创建方法。
3. 熟悉标注编辑方法。
4. 掌握高程点标注创建方法。

一、标注创建方法

Revit 提供了对齐标注、线性标注、角度标注、半径标注、直径标注、弧长标注 6 种不同形式的尺寸标注，另外提供了高程点标注、高程点坐标标注和高程点坡度标注。本学习单元对线性标注不做详细介绍。

1. 对齐标注创建方法

可以通过拾取“单个参照点”和拾取“整个墙”2 种方式创建对齐标注。

（1）拾取“单个参照点”创建方式。单击“注释”选项卡→“尺寸标注”面板→“对齐”。默认捕捉墙位置为“参照墙中心线”，尺寸标注“拾取”方式为“单个参照点”。依次单击轴线、门窗洞口处，拾取完成后，单击视图任意空白处，创建对齐标注，如图 3–33 所示。

（2）拾取“整个墙”创建方式。单击“注释”选项卡→“尺寸标注”面板→“对齐”。默认捕捉墙位置为“参照墙中心线”，可以根据需要修改为“参照墙面”“参照核心层中心”和“参照核心层表面”。尺寸标注“拾取”方式为“整个墙”。单击“选项”，在“自动尺寸标注选项”对话框“选择参照”中，勾选“洞口”，选择“宽度”，勾选“相交墙”和“相交轴网”，如图 3–34 所示。选择要标注的墙体，向外移动鼠标单击空白处，创建对齐标注。

2. 角度标注创建方法

单击“注释”选项卡→“尺寸标注”面板→“角度”。将光标放置在构件上，

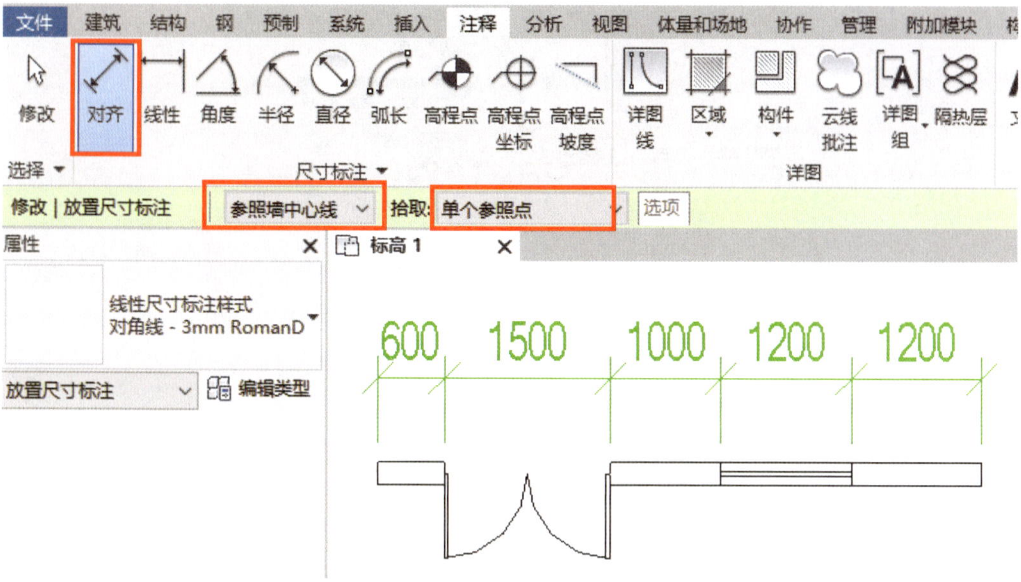

图 3-33　拾取“单个参照点”创建方式

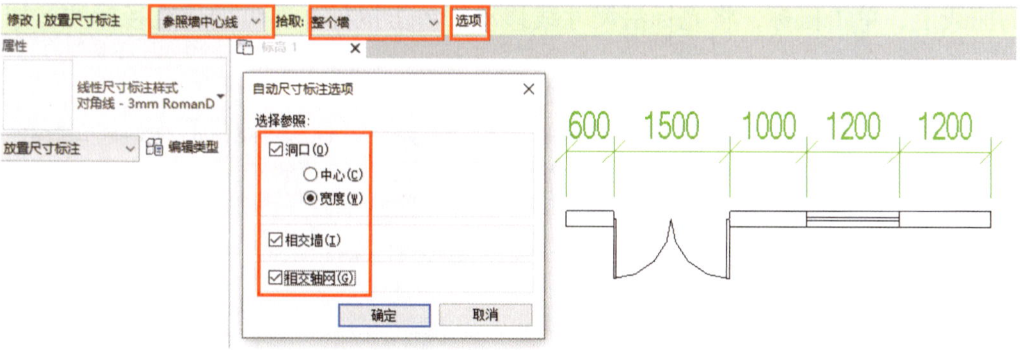

图 3-34　拾取“整个墙”创建方式

单击创建角度标注的起点，移动鼠标，将光标放置在与第一个构件不平行的构件上，单击鼠标，即可创建角度标注，如图 3-35 所示。

小贴士

按 Tab 键，可以在图元的中心线和边线之间切换角度标注的参照点。

3. 半径标注创建方法

单击“注释”选项卡→“尺寸标注”面板→“半径”。将光标放置在弧上，单击鼠标，将光标沿尺寸线移动，单击鼠标，即可创建半径标注，如图 3-36 所示。

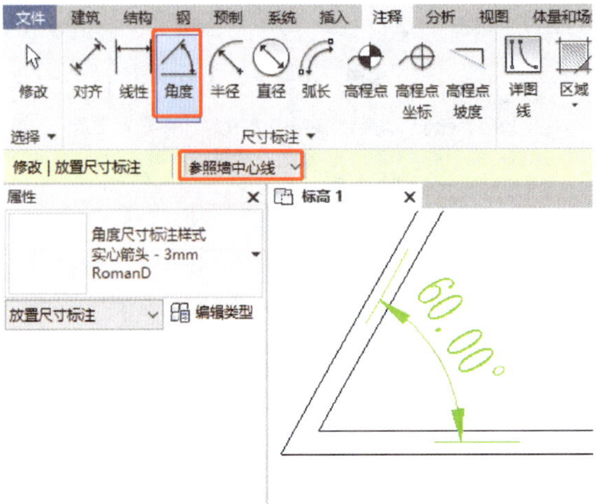

图 3–35　角度标注

4. 直径标注创建方法

单击“注释”选项卡→“尺寸标注”面板→“直径”。将光标放置在圆或圆弧的曲线上，单击鼠标，将光标沿尺寸线移动，单击鼠标，即可创建直径标注，如图 3–37 所示。

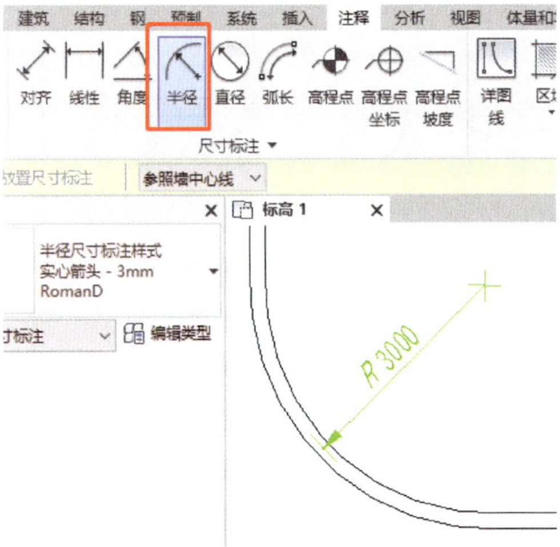

图 3–36　半径标注

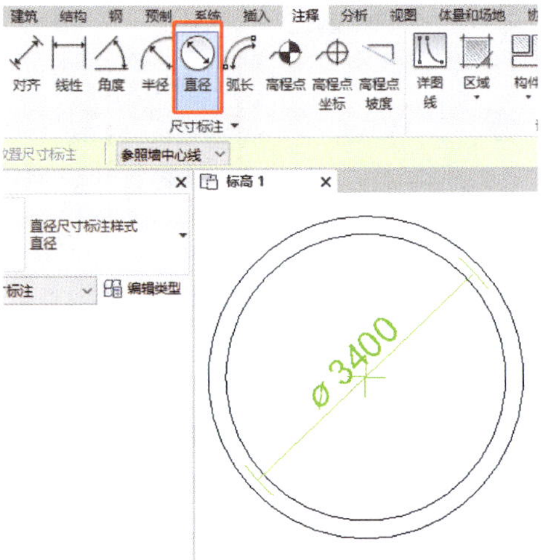

图 3–37　直径标注

5. 弧长标注创建方法

可以对弧形墙或其他弧形图元创建尺寸标注，获取弧形构件的长度。

单击“注释”选项卡→“尺寸标注”面板→“弧长”。单击鼠标，选择要创建弧长标注的构件的中心线或边界轮廓线，然后依次选择弧的端点，移动鼠标，在靠近弧形构件的位置单击鼠标，即可创建弧长标注，如图 3–38 所示。

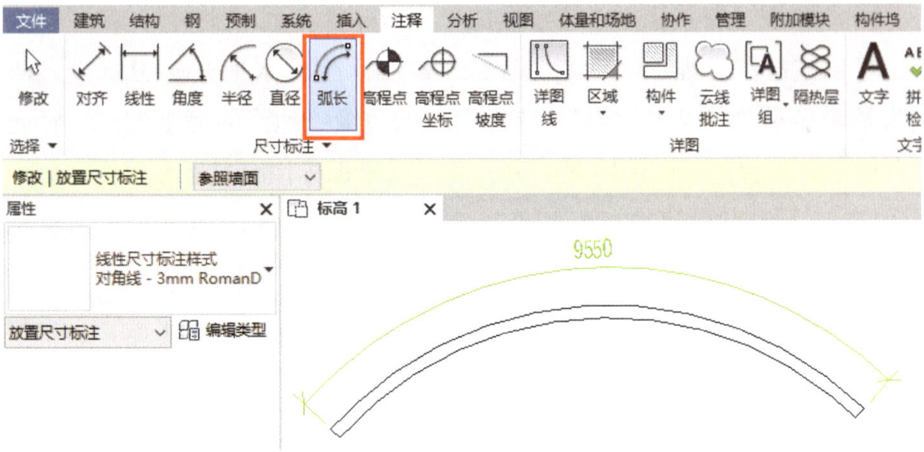

图 3-38 弧长标注

6. 高程点标注创建方法

在工程制图中，除了表达各构件定位尺寸关系，还需要当前平面所在楼层标高和室内外高差等信息。可以使用 Revit 提供的“高程点”标注工具，在视图中自动提取构件的高程。

单击“注释”选项卡→“尺寸标注”面板→“高程点”，自动切换至“高程点”上下文选项卡。设置高程点类型为“高程点三角形（项目）”，移动鼠标至楼板，单击鼠标，确认高程点创建位置后，即可创建高程点标注，如图 3-39 所示。

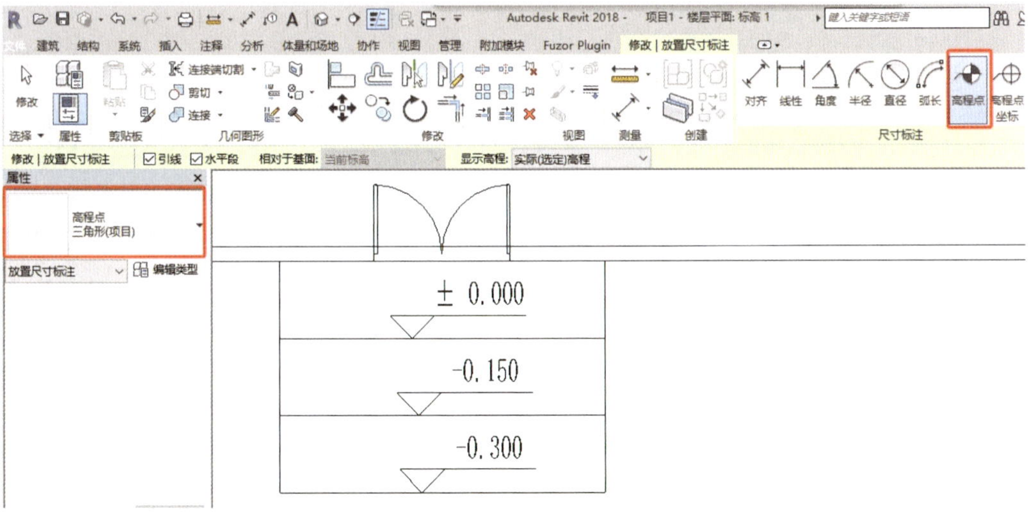

图 3-39 高程点标注

7. 高程点坐标标注创建方法

高程点坐标用以表示项目中点的“北 / 南”和“东 / 西”坐标。

单击“注释”选项卡→“尺寸标注”面板→“高程点坐标”，在“类型选择器”中可以选择“高程点坐标水平”或“高程点坐标水平（w- 立面）”，两者的区别为是否显示“高程指示器”。选择图元的边缘或地形表面上的点，将光标移动到可以创建高程点坐标的图元上方，高程点坐标标注会显示在绘图区域中，如图 3–40 所示。如果未勾选“水平段”，将光标移到图元的位置，单击鼠标，然后移动光标，再单击鼠标，即可创建高程点坐标标注；如果同时勾选“引线”和“水平段”，将光标移到图元的位置，单击鼠标，创建引线、水平段，再次移动光标，然后单击鼠标创建高程点坐标标注。

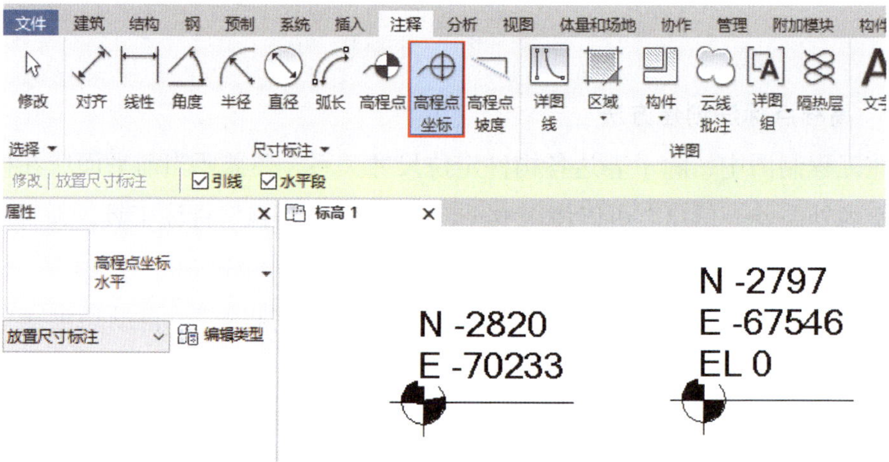

图 3–40　高程点坐标标注

8. 高程点坡度标注创建方法

在屋顶平面图中，需注写排水坡度和排水方向，Revit 提供了“高程点坡度”标注工具，用于为带有坡度的构件创建高程点坡度标注。

单击“注释”选项卡→“尺寸标注”面板→“高程点坡度”，自动切换至“高程点坡度”上下文选项卡。移动光标至带有坡度的构件，单击鼠标，创建高程点坡度标注，如图 3–41 所示。

二、标注编辑方法

单击尺寸标注，按住“拖拽文字”操作夹点移动光标，可以移动尺寸标注的文字位置，取消勾选“引线”选项，去除尺寸标注文字与尺寸原始位置间的引线，如图 3–42 所示；按住“拖拽可设置尺寸界线与其参照间的间隙”操作夹点移动光标，可以控制该尺寸标注到参照图元的距离和该尺寸标注的参照点，如图 3–43 所示。

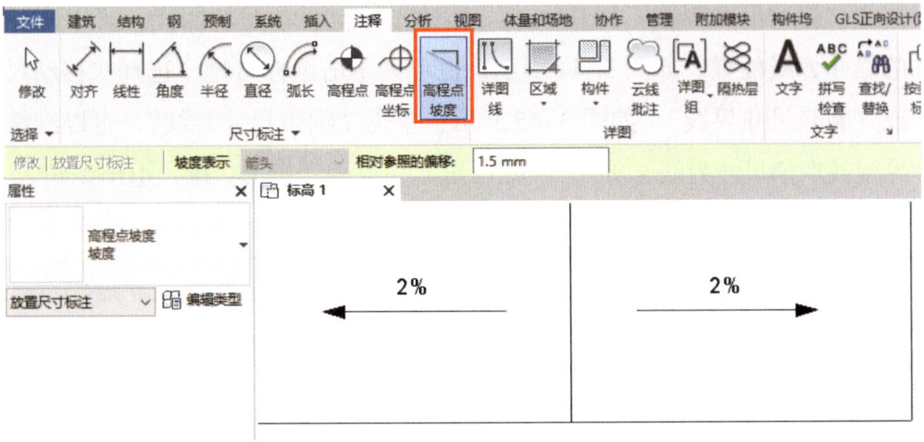

图 3-41　高程点坡度标注

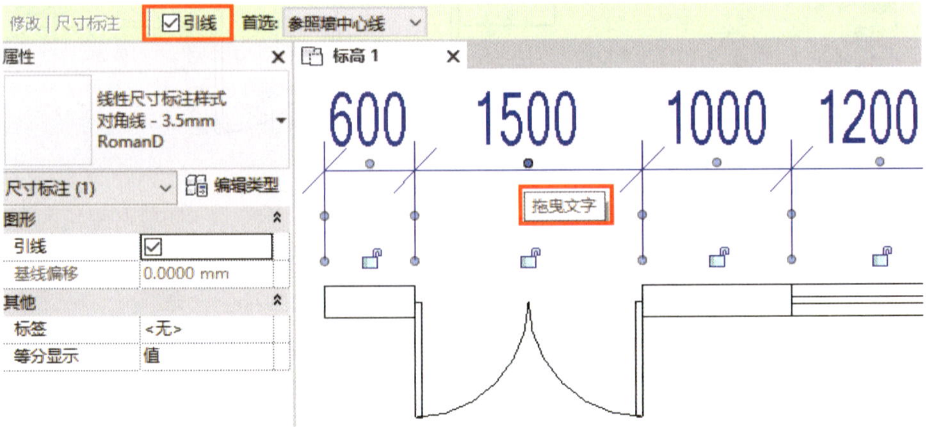

图 3-42　拖拽文字

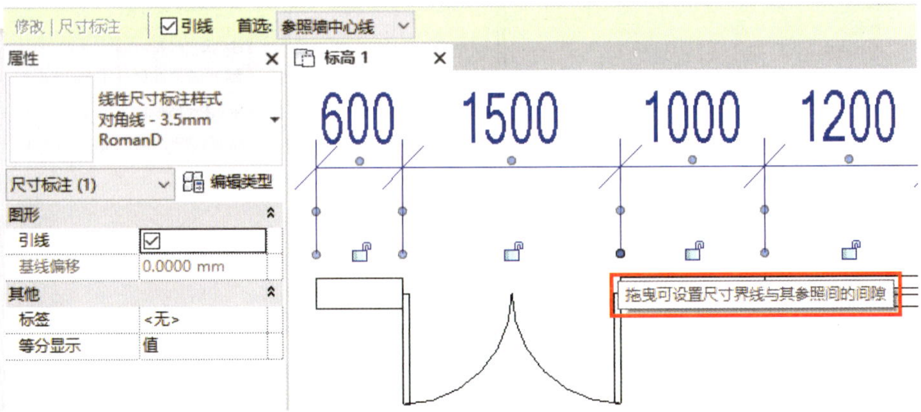

图 3-43　拖拽可设置尺寸界线与其参照间的间隙

按住“移动尺寸界线”操作夹点，移动光标至要参照的图元，可以改变尺寸标注的尺寸界线位置，如图 3–44 所示；也可以单击鼠标右键，选择“移动尺寸界线”或“删除尺寸界线”，如图 3–45 所示；单击“编辑尺寸界线”，可以继续编辑尺寸界线或取消尺寸界线，如图 3–46 所示。完成后，按 Esc 键，退出编辑。

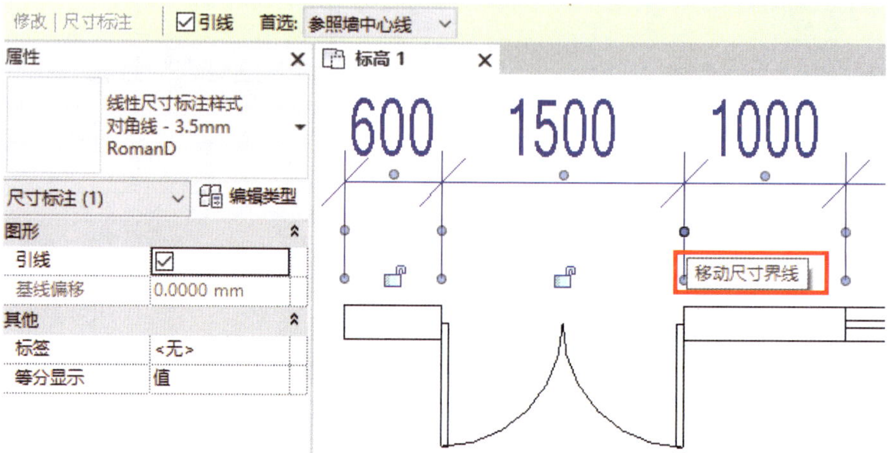

图 3–44　移动尺寸界线

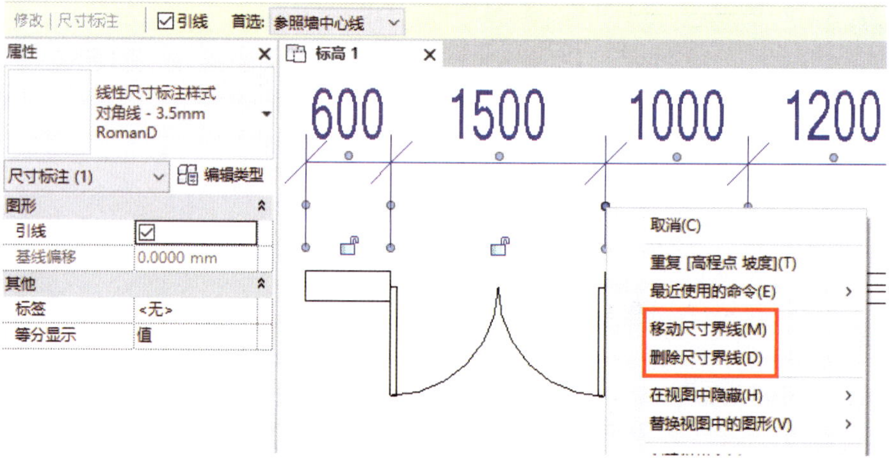

图 3–45　移动或删除尺寸界线

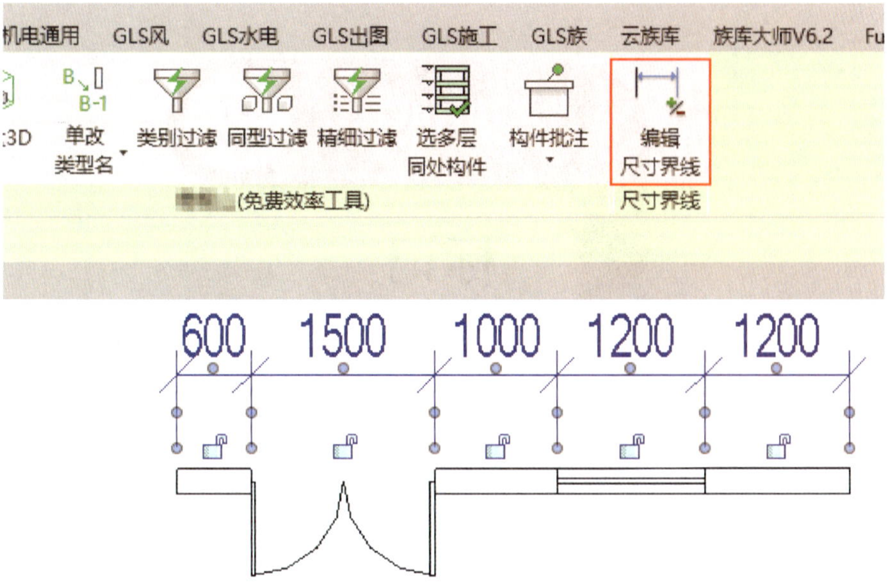
机电通用
GLS风
GLS水电
GLS出图
GLS施工
GLS族
云族库
族库大师V6.2
Fu
3D
B-1
单改
类型名
类别过滤
同型过滤
精细过滤
选多层
同处构件
构件批注
编辑
尺寸界线
(免费效率工具)
尺寸界线
600
1500
1000
1200
1200

图 3–46　编辑尺寸界线

培训课程 2

标记

学习单元 1　标记查看方法

培训重点

1. 熟悉标记属性查看及修改方法。
2. 熟悉按类别标记创建与编辑方法
3. 熟悉全部标记创建与编辑方法。

一、标记属性查看方法

有 2 种标记属性查看方法：直接单击标记，在“属性”选项板中查看，如图 3–47 所示；单击标记，进入编辑族状态，查看标记属性，如图 3–48 所示。

二、标记属性修改方法

通常需要修改标记属性，满足不同的标记需求。进入编辑族状态，在标签栏中添加需要的信息参数，即可修改标记属性。以软件中自带的“结构框架标记”为例，添加“结构材质”标记属性，如图 3–49 所示。

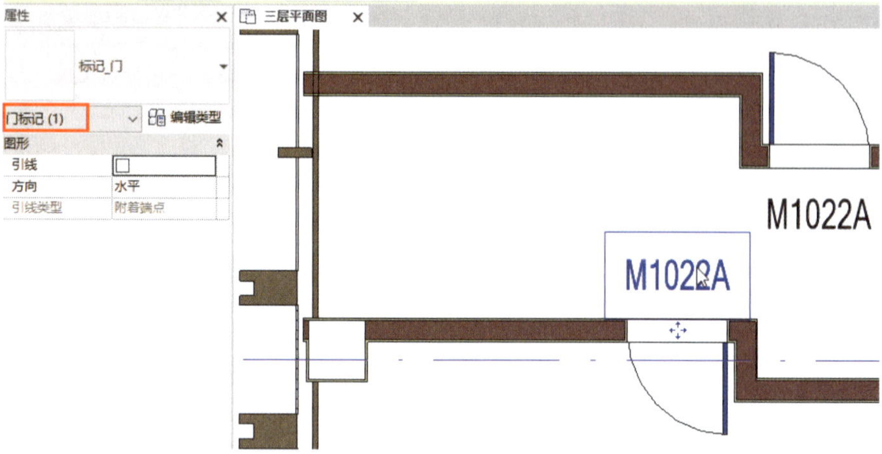

图 3-47 在“属性”选项板中查看标记属性

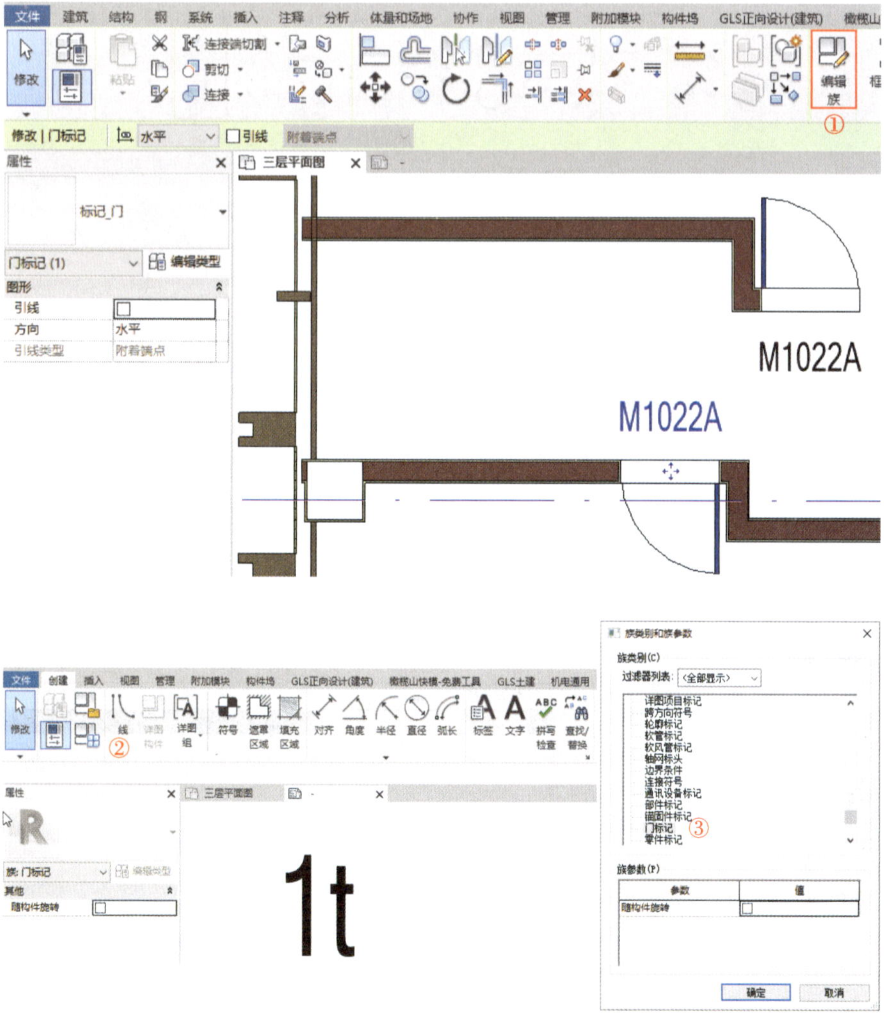

图 3-48 在编辑族状态下查看标记属性

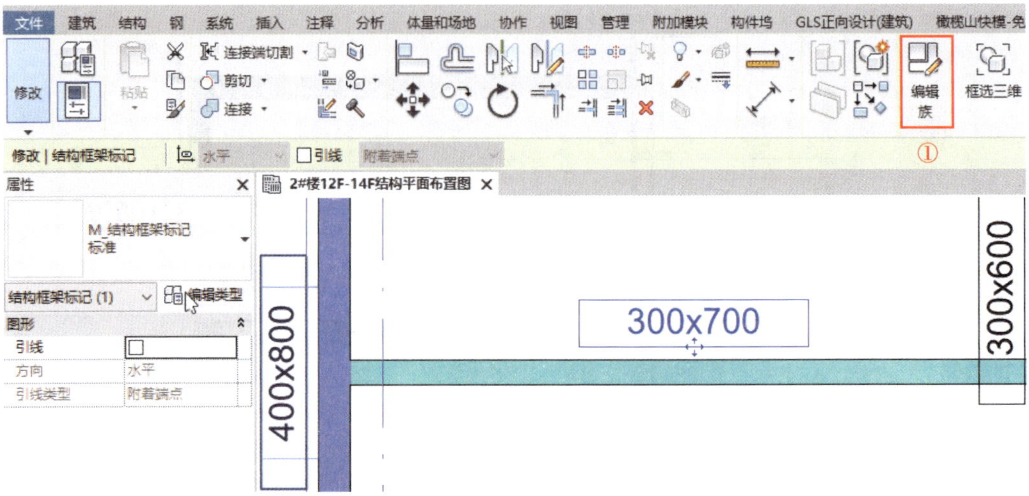
文件
建筑
结构
钢
系统
插入
注释
分析
体量和场地
协作
视图
管理
附加模块
构件坞
GLS正向设计(建筑)
修改
粘贴
连接端切割
剪切
连接
编辑族
框选三维
①
修改 | 结构框架标记
水平
引线
附着端点
属性
M_结构框架标记
标准
结构框架标记 (1)
编辑类型
图形
引线
方向
水平
引线类型
附着端点
2#楼12F-14F结构平面布置图
300x700
400x800
300x600

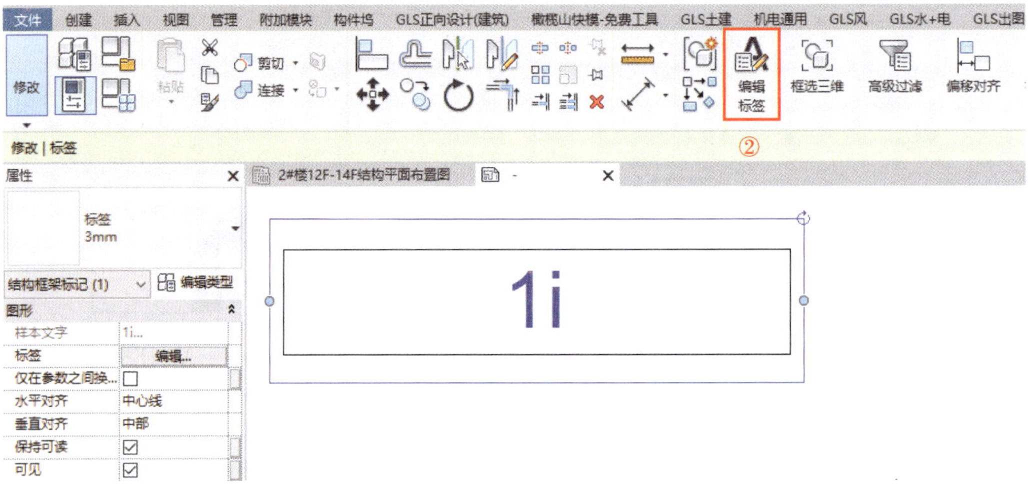
文件
创建
插入
视图
管理
附加模块
构件坞
GLS正向设计(建筑)
橄榄山快模-免费工具
GLS土建
机电通用
GLS风
GLS水+电
GLS出图
修改
粘贴
剪切
连接
编辑标签
框选三维
高级过滤
偏移对齐
②
修改 | 标签
属性
标签
3mm
结构框架标记 (1)
编辑类型
图形
样本文字
1i...
标签
编辑...
仅在参数之间换...
水平对齐
中心线
垂直对齐
中部
保持可读
可见
2#楼12F-14F结构平面布置图
1i

编辑标签
选择要添加到标签中的参数。参数将组合到单个标签中。
请输入在族环境中表示此标签的样例值。
仅在参数之间换行(W)
类别参数
选择可用字段来源(S):
结构框架
精确重量
终点 Y 轴偏移值
终点 Y 轴对正
终点 Z 轴偏移值
终点 Z 轴对正
终点所有非 0 的力
终点标高偏移
结构材质
绘制区域
说明
起拱尺寸
起点 Y 轴偏移值
起点 Y 轴对正
起点 Z 轴偏移值
③
④
标签参数
参数名称
空格
前缀
样例值
后缀
断开
1 类型名称 1 1i
2 结构材质 1 结构材质
⑤
确定(O)
取消(C)
应用(A)

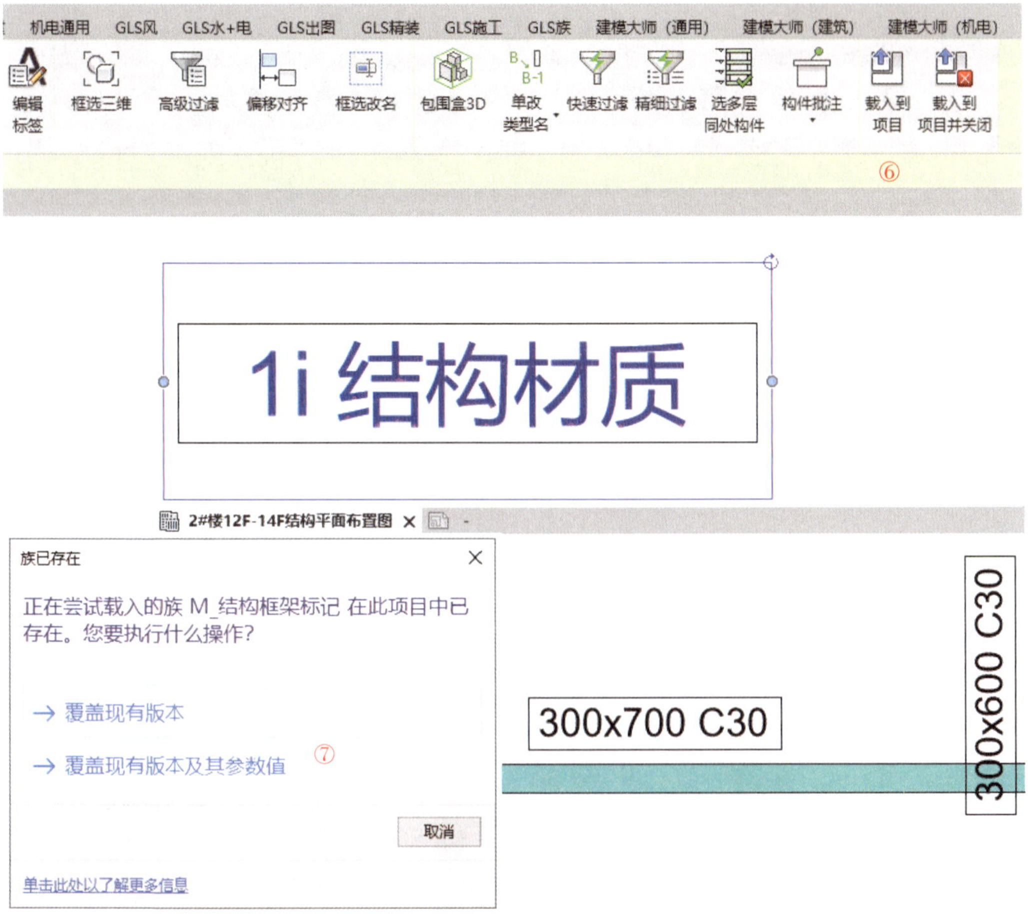

图 3-49 修改结构框架标记属性

小贴士

修改标记属性需满足 2 个条件：一是标记属性中有添加的信息参数；二是添加的信息参数中对应的信息不能为空。

三、按类别标记创建与编辑方法

1. 按类别标记创建方法

按类别标记主要是指根据不同类别将标记应用到图元。具体可以通过“注释”选项卡“标记”面板中的“按类别标记”创建，如图 3-50 所示。

图 3-50　按类别创建标记

2. 按类别标记编辑方法

在创建标记过程中，可能出现标记位置不恰当的情况，单击“标记”，进入编辑族状态，勾选“随构件旋转”，再单击“载入到项目”。编辑门标记如图 3-51 所示。

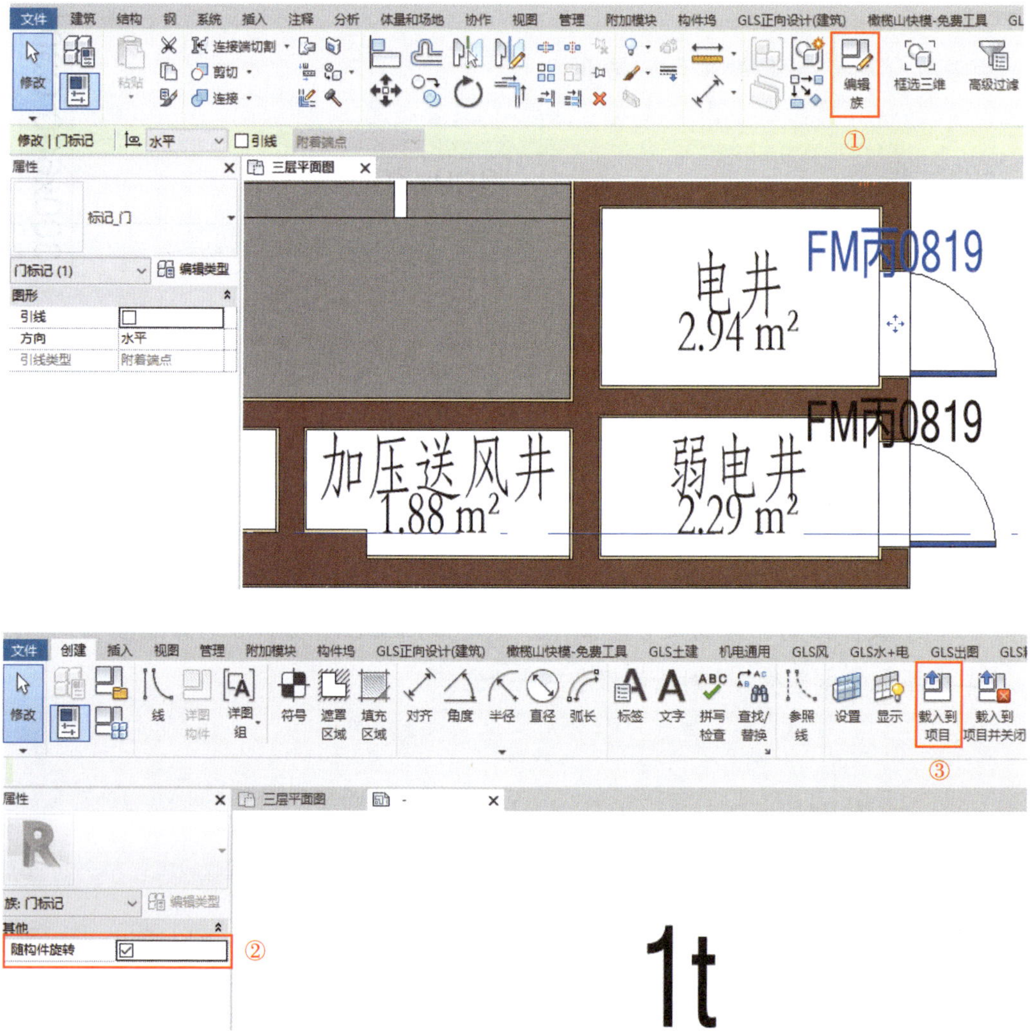

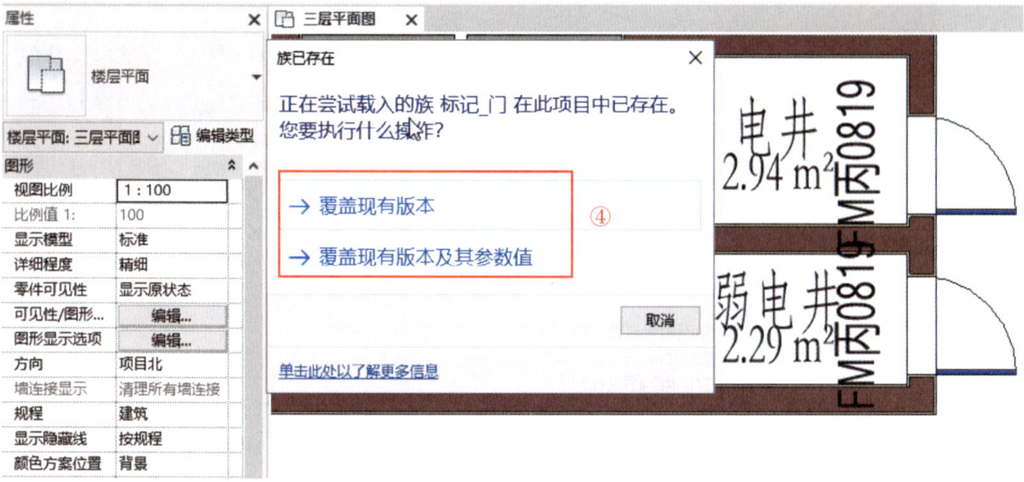

图 3-51　编辑门标记

有 2 种标记编辑方法：直接双击标记进行编辑；编辑构件“编辑类型”说明信息。以门标记为例，门标记与门“编辑类型”→“类型属性”对话框→“类型标记”中的信息联动，如图 3-52 所示。

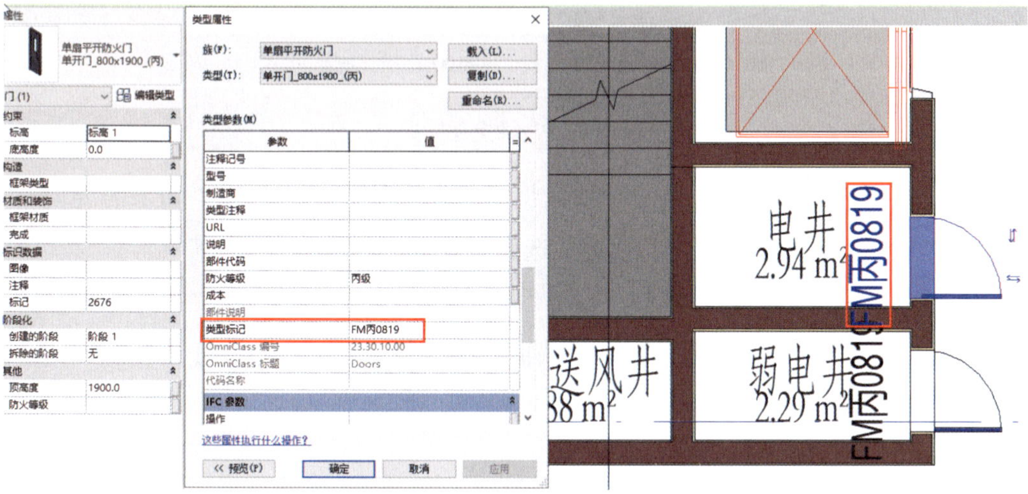

图 3-52　门标记与门属性联动

四、全部标记创建与编辑方法

1. 全部标记创建方法

针对平面视图中部分或者全部图元没有标记，可以通过“全部标记”功能，将标记和符号应用到所有未标记的图元。具体可以通过“注释”选项卡“标记”面板中的“全部标记”创建，如图 3-53 所示。

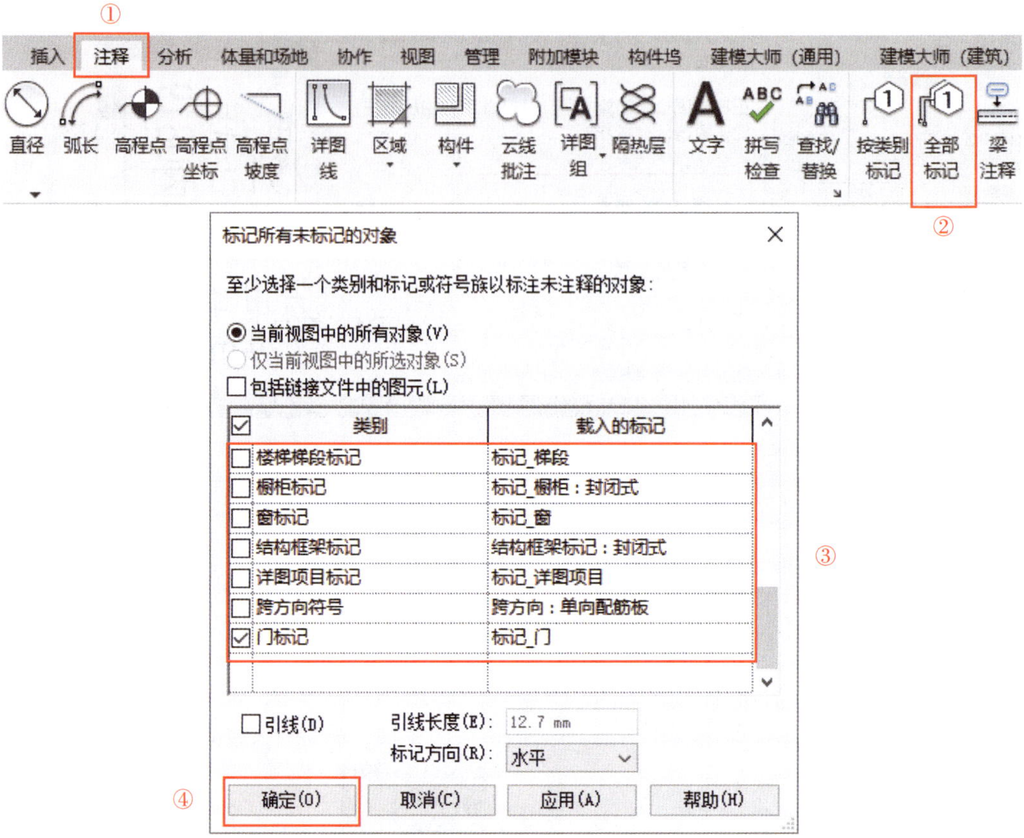

图 3–53　创建全部标记

在使用“全部标记”之前，必须先将需要标记的族载入项目。如果需要同时标记多类别的构件，可以按住 Ctrl 键，选择需要标记的类别。

2. 全部标记编辑方法

“全部标记”与“按类别标记”的编辑方法一致，编辑方法见前一小节。

学习单元 2　标记创建与编辑方法

培训重点

1. 熟悉不同标记创建方法。
2. 熟悉不同标记编辑方法。

一、梁注释标记创建与编辑方法

1. 梁注释标记创建方法

梁注释标记用于表达梁尺寸及相对净高，通常用于结构梁出图、管综分析。具体可以通过“注释”选项卡“标记”面板中的“梁注释”创建，如图 3–54 所示。

图 3–54　创建梁注释标记

如果使用建筑项目样板，默认没有“梁标记”族，载入“结构框架标记”即可。

2. 梁注释标记编辑方法

编辑梁注释标记能够修改“引线箭头”的样式以及“框可见性”的显隐性。单击“结构框架标记”，单击“编辑类型”按钮，在“类型属性”对话框中即可修改，如图 3–55 所示。

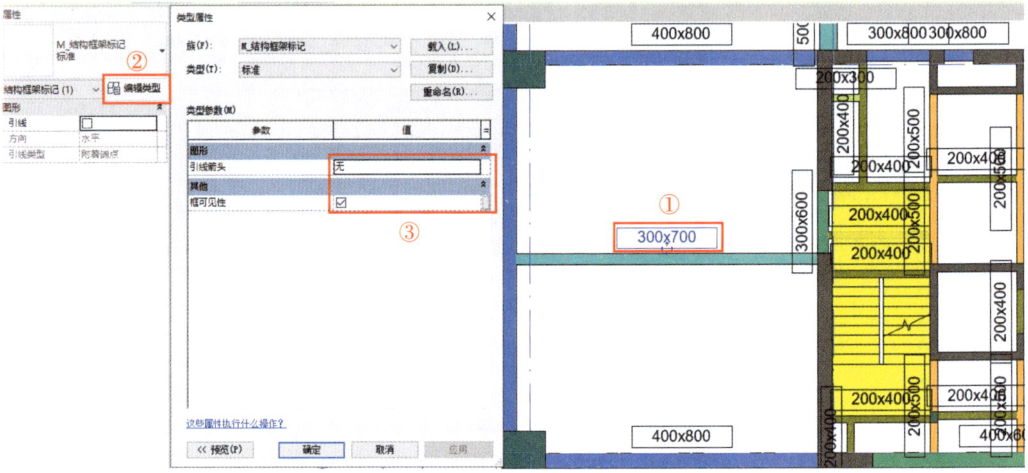

图 3–55　编辑梁注释标记

二、材质标记创建与编辑方法

1. 材质标记创建方法

材质标记用于标识图元或者图元层的材质类型。常用的材质标记有 2 种：“标记 _ 材质”，“标记 _ 材质名称”。具体可以通过“注释”选项卡“标记”面板中的“材质标记”创建，如图 3–56 所示。

2. 材质标记编辑方法

“标记 _ 材质”反映图元的材质属性。如果在材质标记过程中显示问号，则图元材质的“标识”选项卡的“说明”字段为空。有 2 种材质标记编辑方法：直接双击问号并输入材质的说明，BIM 软件会自动用该值填充“说明”字段信息，如图 3–57 所示；补充“说明”字段的材质信息，避免再次标记时显示问号，如图 3–58 所示。

“标记 _ 材质名称”与图元材质信息关联。当图元材质信息发生变化后，材质标记也随之改变。图元材质信息的编辑方法如图 3–59 所示。

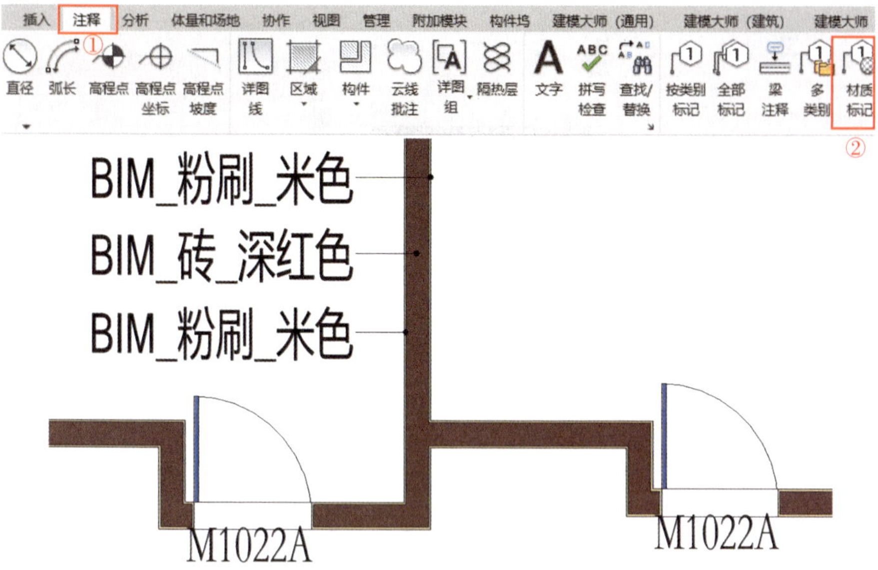

图 3-56　创建材质标记

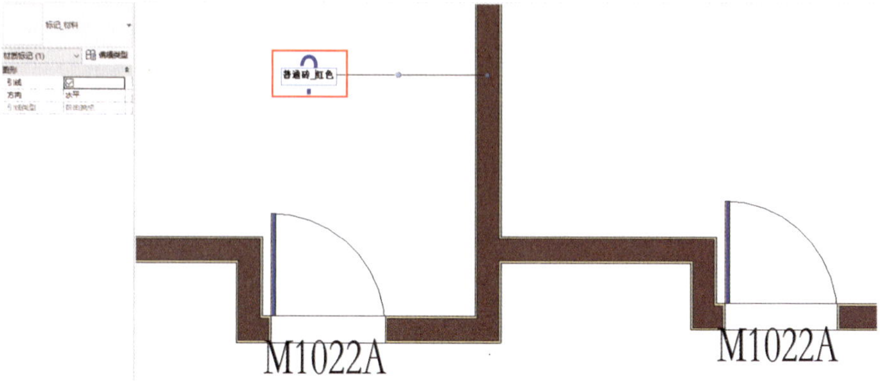

图 3-57　手动编辑材质标记

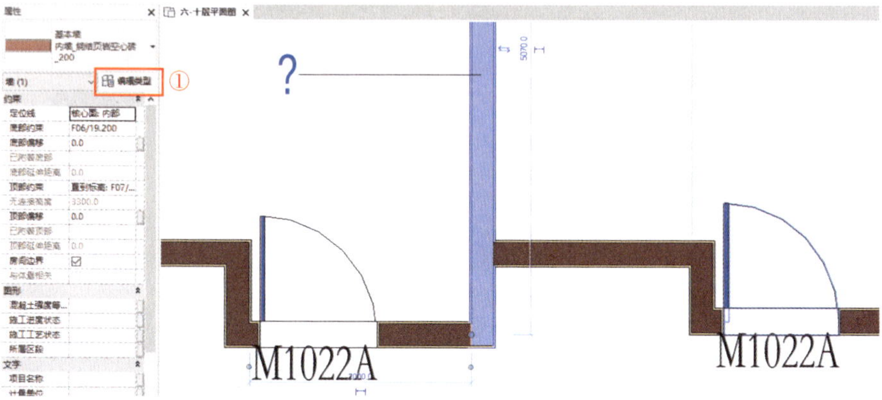

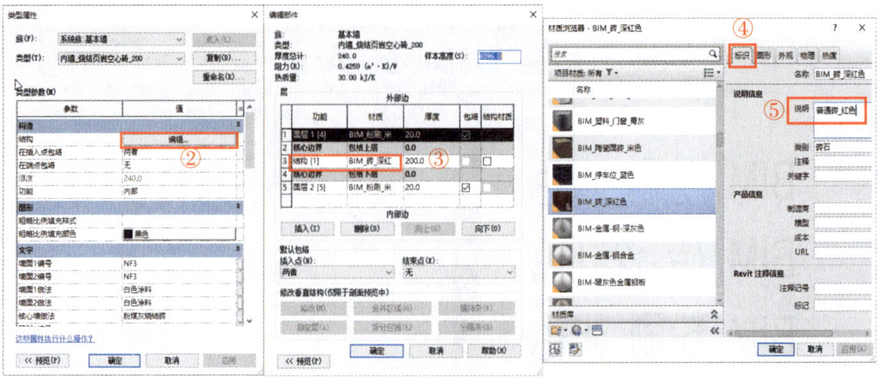

图 3–58　编辑材质标记

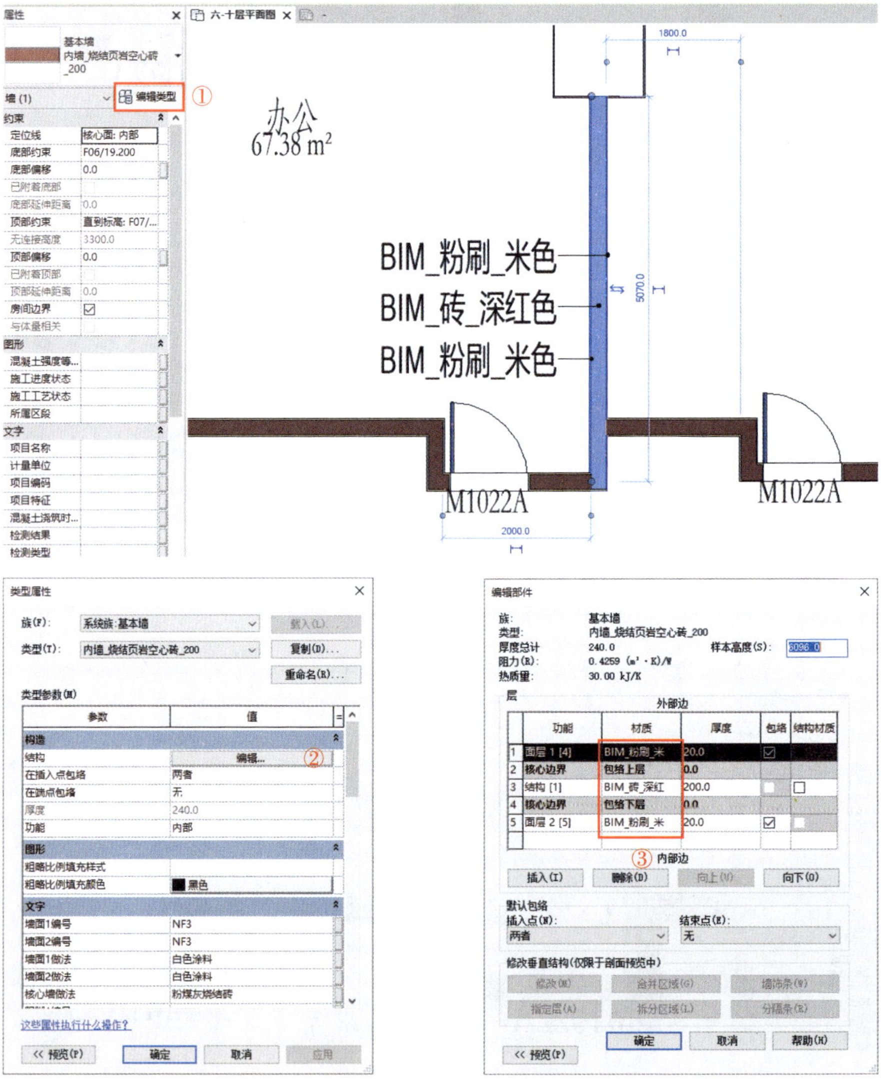

图 3–59　图元材质信息编辑

三、房间标记创建与编辑方法

1. 房间标记创建方法

房间标记用于定义和表达建筑空间，计算各个功能区域的面积和体积。具体可以通过“建筑”选项卡“房间和面积”面板中的“房间”创建，如图 3–60 所示。

在创建房间标记前，需设置面积的计算方式，如图 3–61 所示。

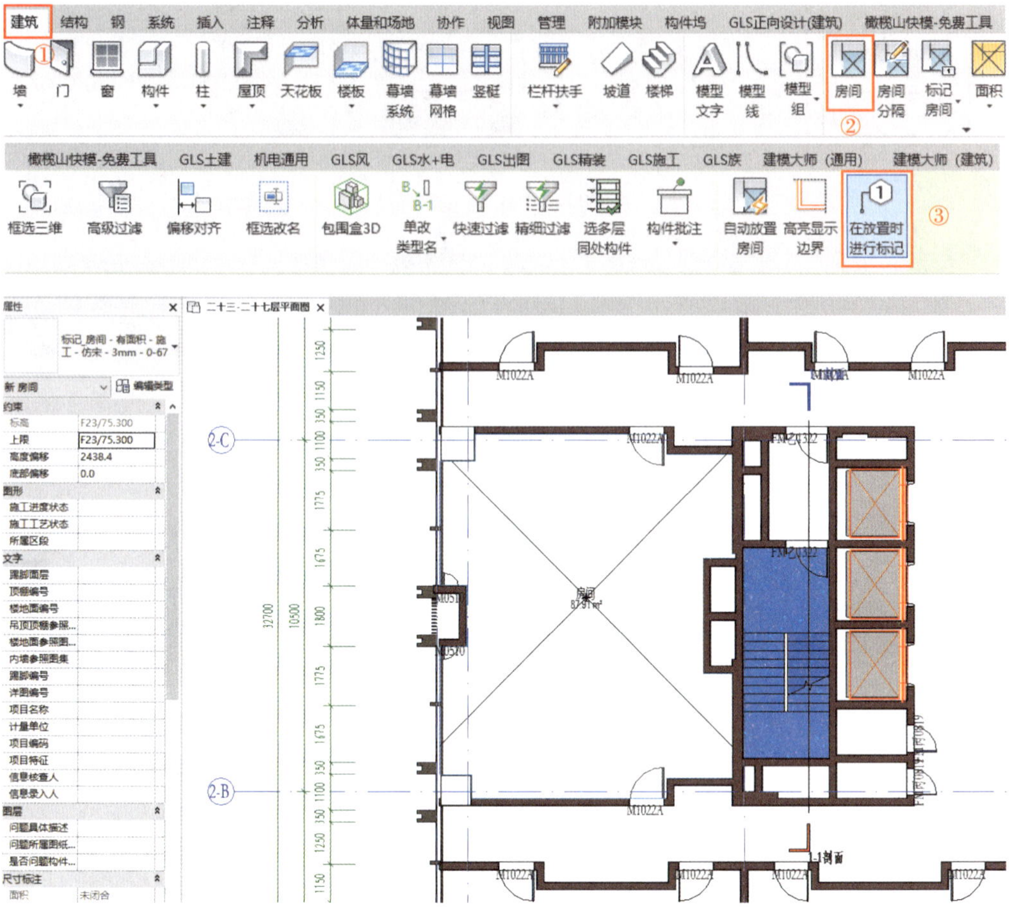

图 3–60 创建房间标记

如果需要标记当前视图中的所有房间，选择“自动放置房间”，即可快速实现。

2. 房间标记编辑方法

系统默认的标记名称为“房间”。在房间标记创建完成后，可以双击标记名称进行编辑，如图 3–62 所示。

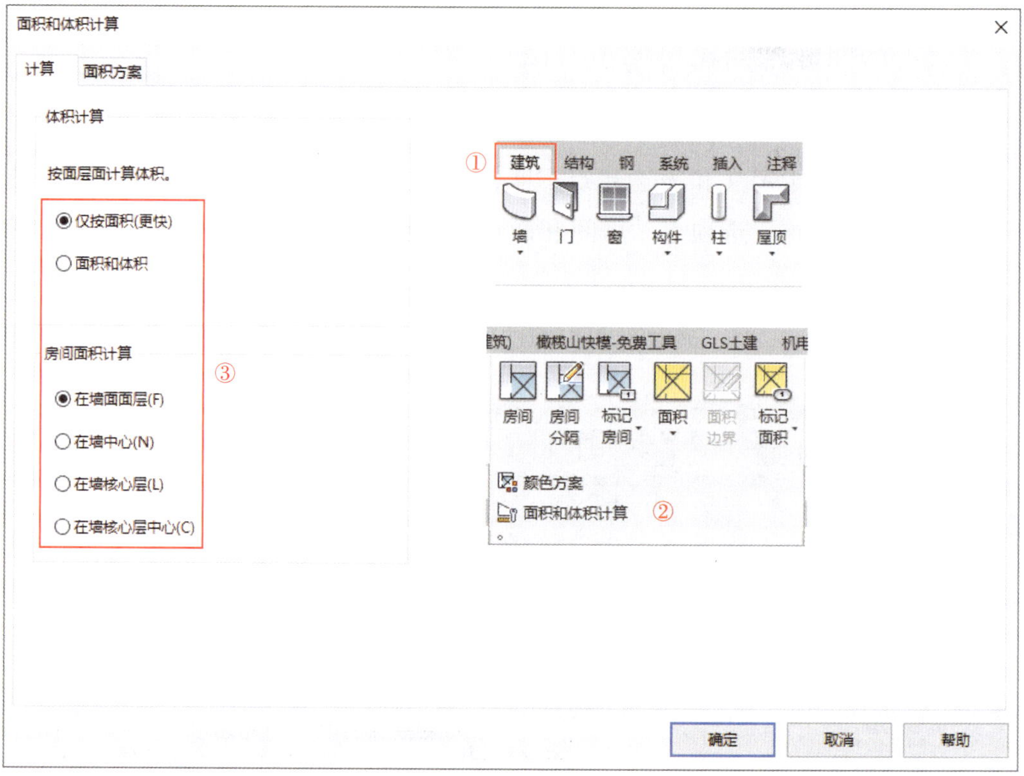

图 3-61　设置面积计算方式

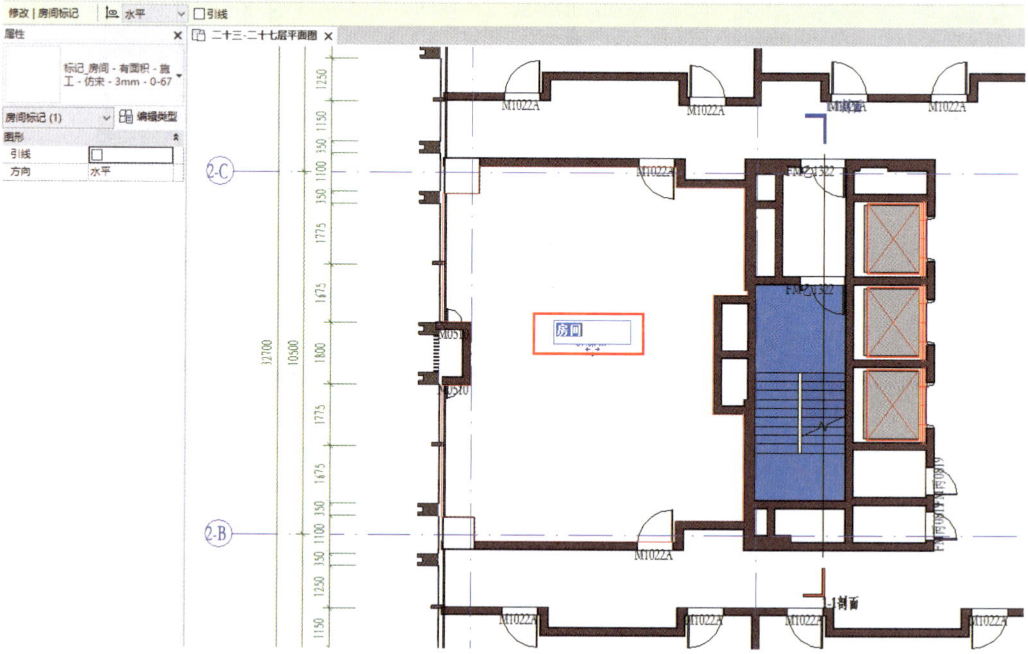

图 3-62　编辑房间标记名称

单击房间名称，在“属性”选项板中，可以选择需要的房间标记样式。同时还可以单击“编辑类型”按钮，在“类型属性”对话框中设置房间名称、面积的显隐性，以满足不同的标记样式需求，如图 3-63 所示。

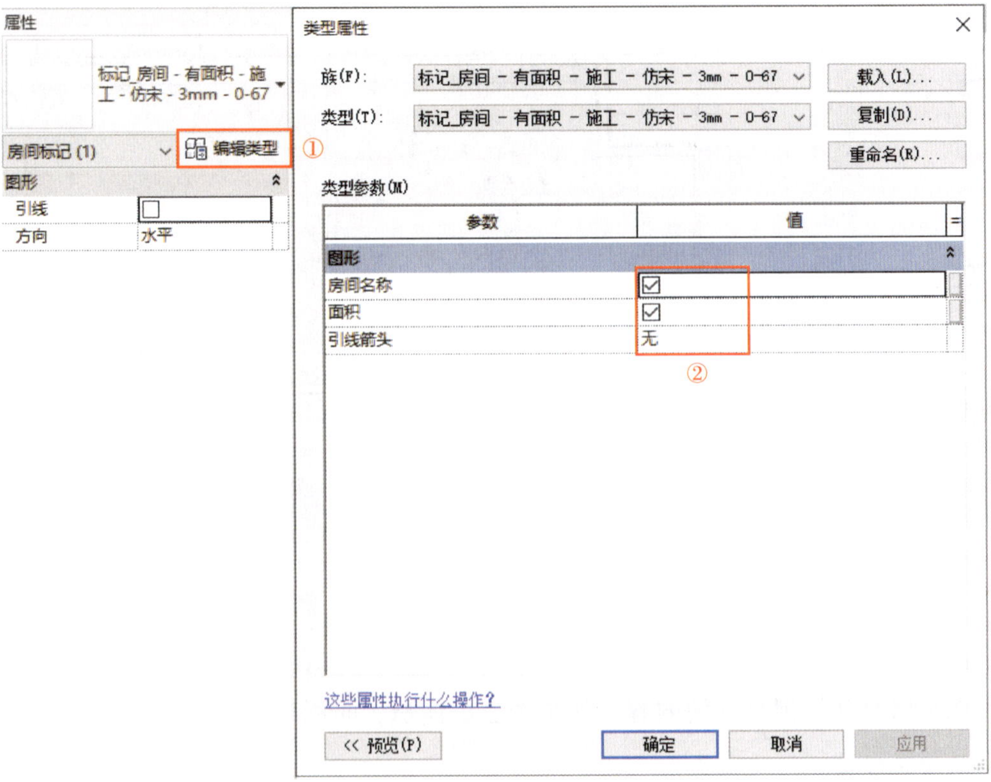

图 3-63 编辑房间标记样式

四、空间标记创建与编辑方法

1. 空间标记创建方法

空间标记用于表达建筑空间的体积，方便计算整个模型内的体积，包括房间、正压送风系统和墙槽等。

在“分析”选项卡“空间和分区”面板中，单击“空间”，创建空间标记。创建前，选择“空间标记使用体积的空间标记”，并选择“在放置时进行标记”，如图 3-64 所示。

首次创建空间标记，需载入空间标记族。

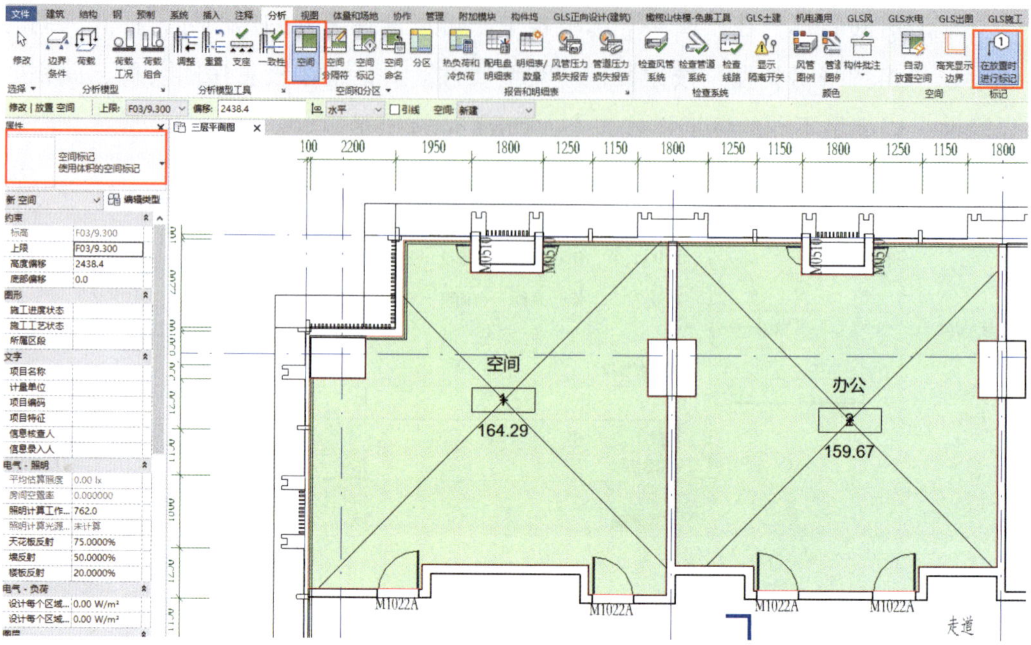

图 3–64　创建空间标记

2. 空间标记编辑方法

系统默认的标记名称为“空间”。在空间标记创建完成后，可以双击标记名称进行编辑，如图 3–65 所示。单击“编辑类型”按钮，在“类型属性”对话框中，可以编辑空间标记显示的内容，如是否显示体积、面积和空间编号等，可以根据项目需要勾选。

五、云线批注创建与编辑方法

1. 云线批注创建方法

云线批注用于直接对指定构件、区域进行标记并配以文字说明。具体可以通过“注释”选项卡“详图”面板中的“云线批注”创建，如图 3–66 所示。

2. 云线批注编辑方法

针对文字说明较多的情况，可以利用“视图”选项卡“图纸组合”面板中的“修订”，创建多种云线批注类别。在创建云线批注时，可以在实例属性中选择相应的云线批注类别，如图 3–67 所示。

根据云线批注类别，可以设置不同的颜色进行区分。选择云线，单击鼠标右键，选择“替换视图中的图形”，即可修改云线的颜色，如图 3–68 所示。

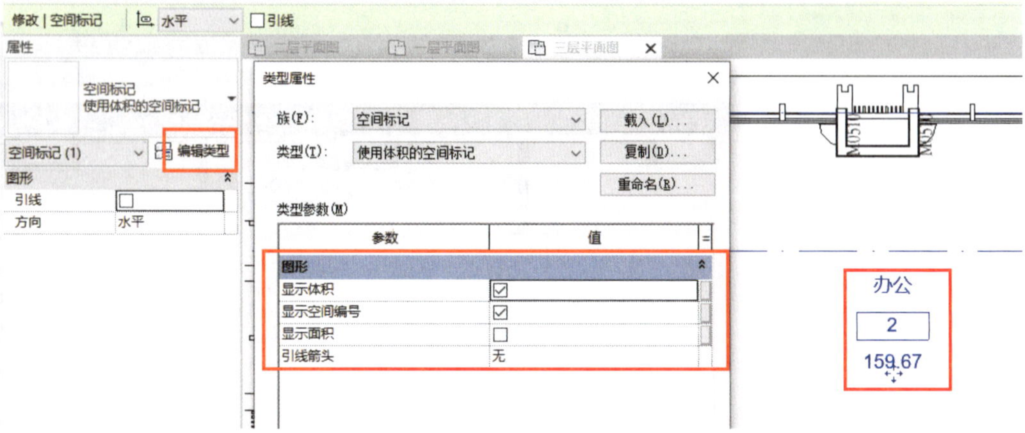

图 3-65　编辑空间标记

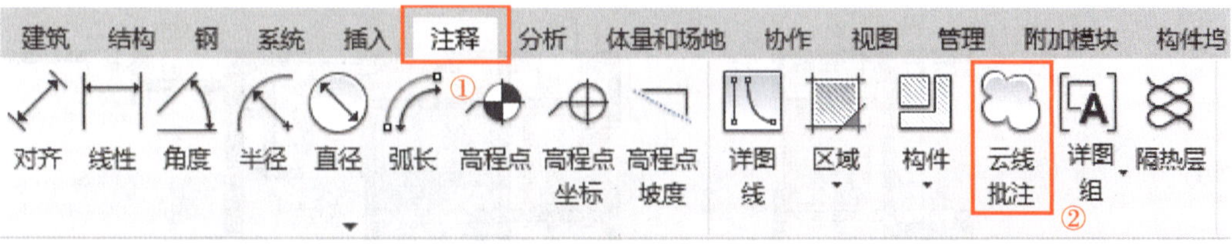

图 3-66　创建云线批注

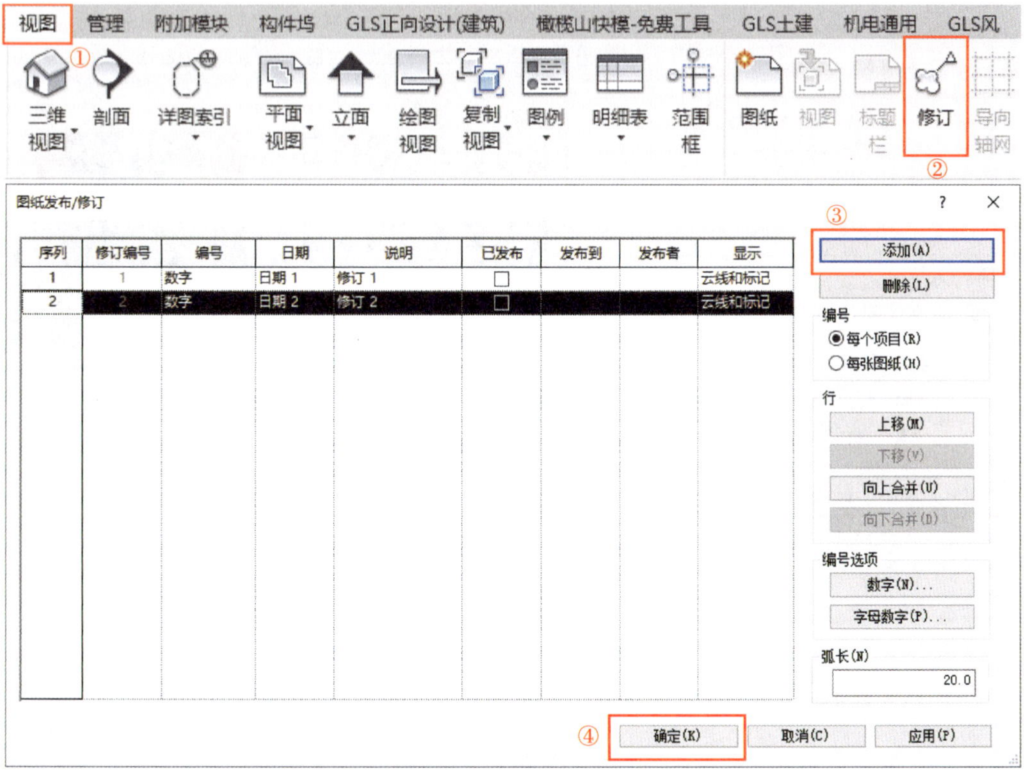

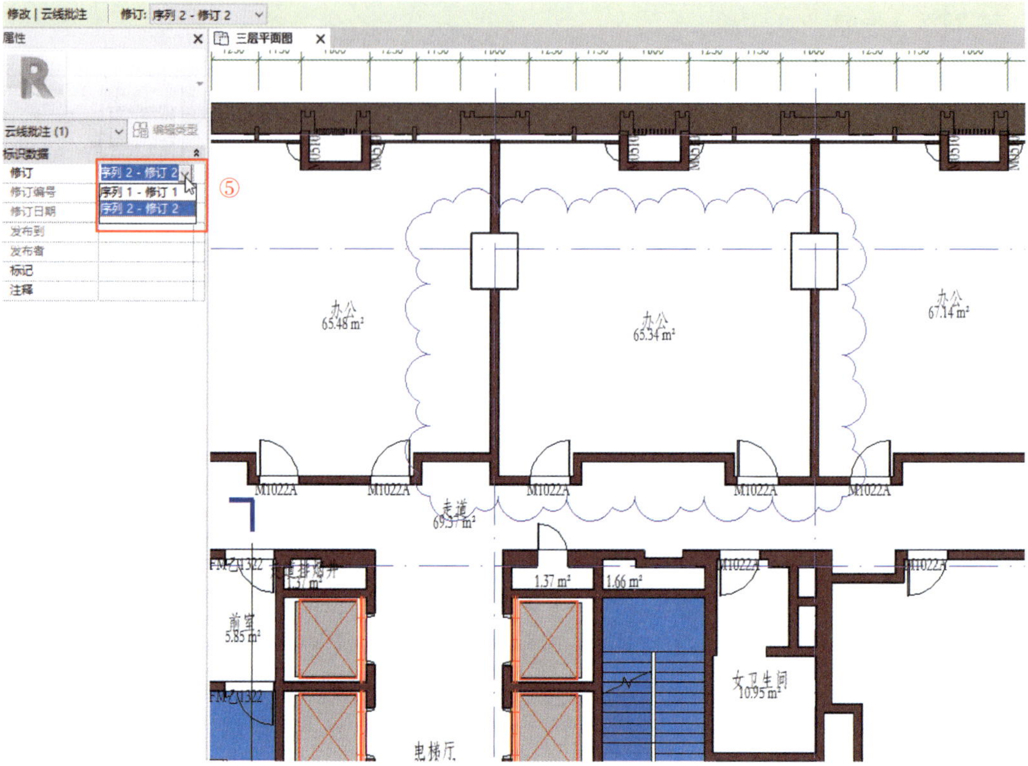

图 3-67　创建及运用云线批注类别

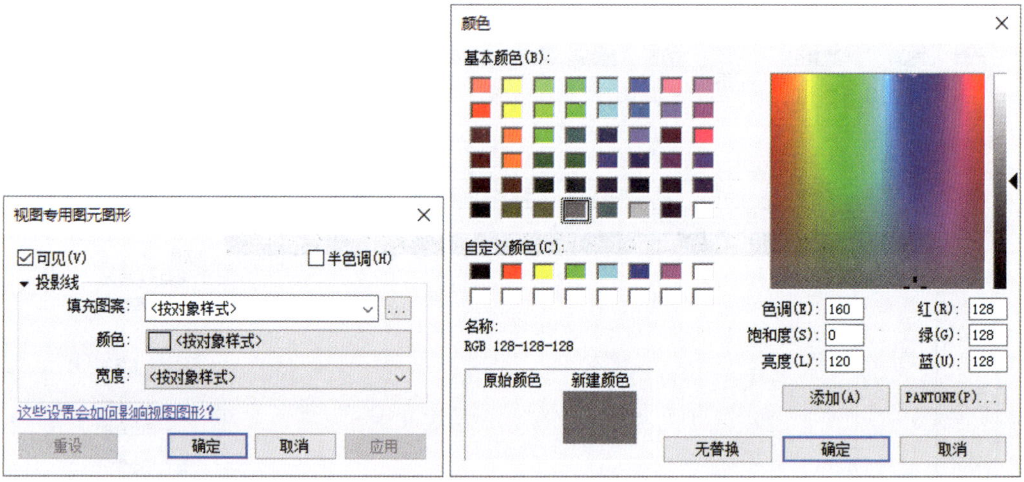

图 3-68　修改云线的颜色

职业模块 四

协同工作平台应用与管理

培训课程 1 资料管理

学习单元 1 资料管理模块使用方法

培训重点

1. 掌握平台登录方法。
2. 熟悉资料上传、下载方法。

一、平台登录方法

1. 客户端登录方法

以晨曦 BIM 全咨管控平台为例，说明客户端登录方法。

登录晨曦 BIM 全咨管控平台界面（网址为 http：//www.cxbim.com/，“www”需改为平台地址对应的端口号），输入用户名、密码，单击“登录”，如 4–1 所示。进入平台界面，如图 4–2 所示。

2. 移动端登录方法

以晨曦 BIM 全咨管控平台为例，说明移动端登录方法。

移动端分为安卓版与 iOS 版，如图 4–3 所示。选择对应系统，下载“晨曦数字化管控”安装包，根据提示完成安装。

以安卓版为例，修改“www”为平台地址对应的端口号，输入用户名、密码，单击“登录”，进入移动端界面，如图 4–4 所示。

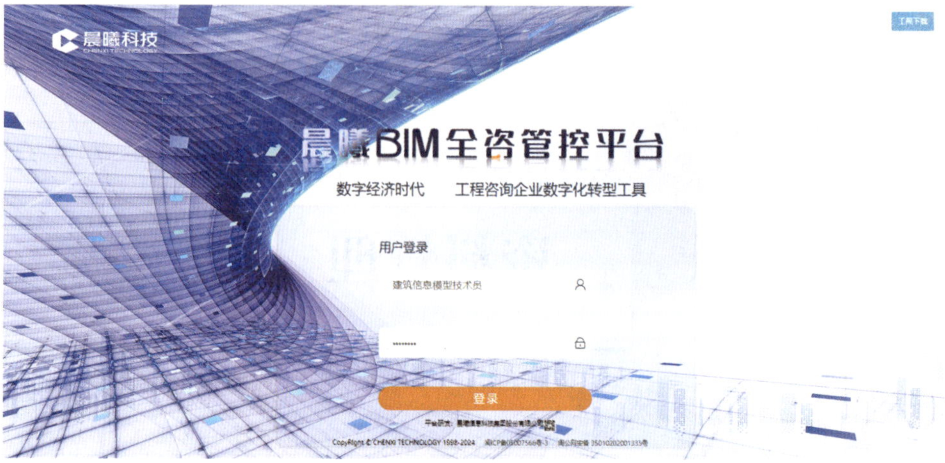

图 4-1　平台登录界面

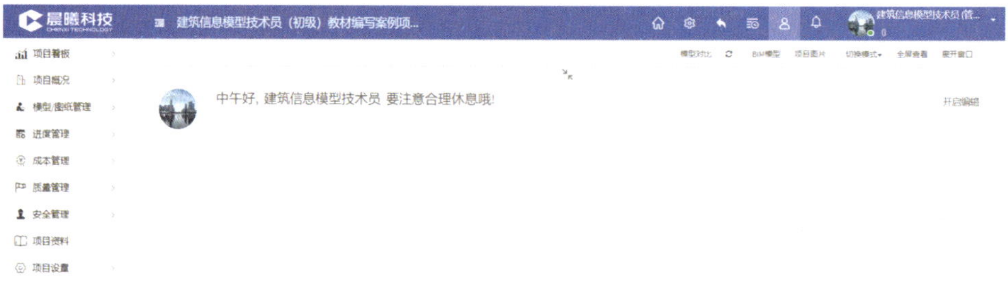

图 4-2　平台界面

二、资料上传、下载方法

在项目实施过程中，可以根据阶段、专业，分类上传图纸 / 模型、文档资料，平台支持以文件、文件夹等形式打包下载。以晨曦 BIM 全咨管控平台（客户端、移动端）为例，说明上传、下载资料方法。

1. 客户端资料上传、下载方法

（1）客户端上传资料方法：单击“项目资料”→“全部文件夹”→“上传”→“上传文件”→选择需要上传的文件→查看上传进度，如图 4-5 所示。

（2）客户端下载资料（单独下载）方法：选择需要下载的文件→单击“下载”→选择文件存储位置，如图 4-6 所示。

安卓版　　　　iOS版

图 4-3　安卓版与 iOS 版移动端

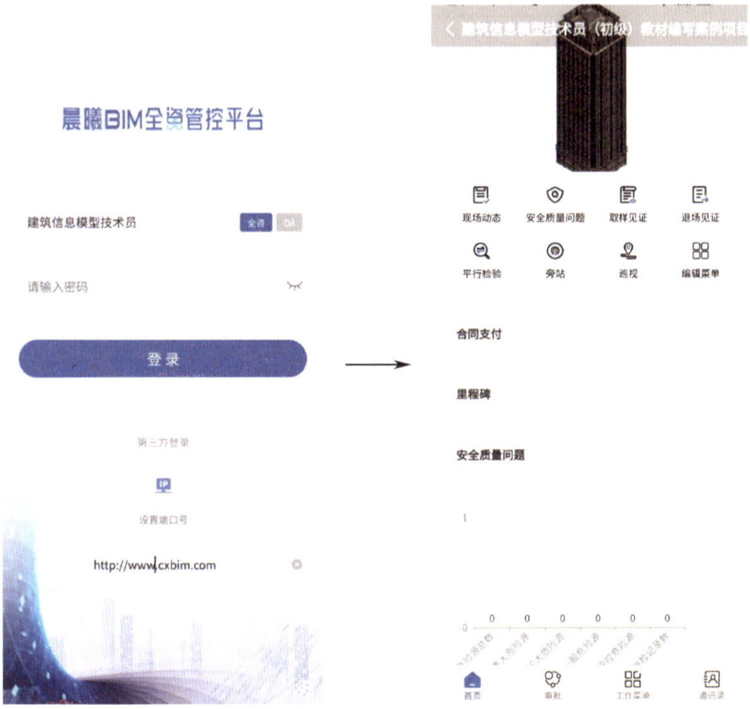

a）登录界面　　　　b）移动端界面

图 4-4　安卓版登录界面

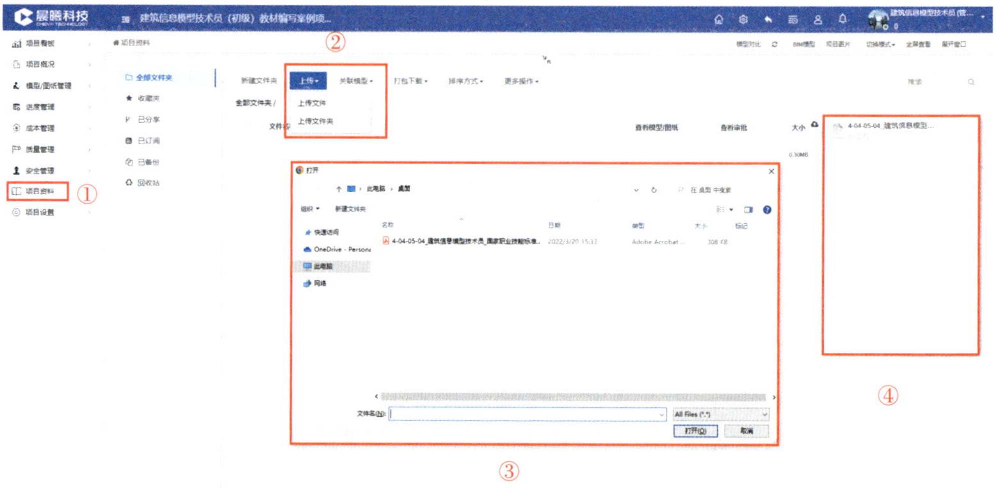

图 4–5　客户端上传资料

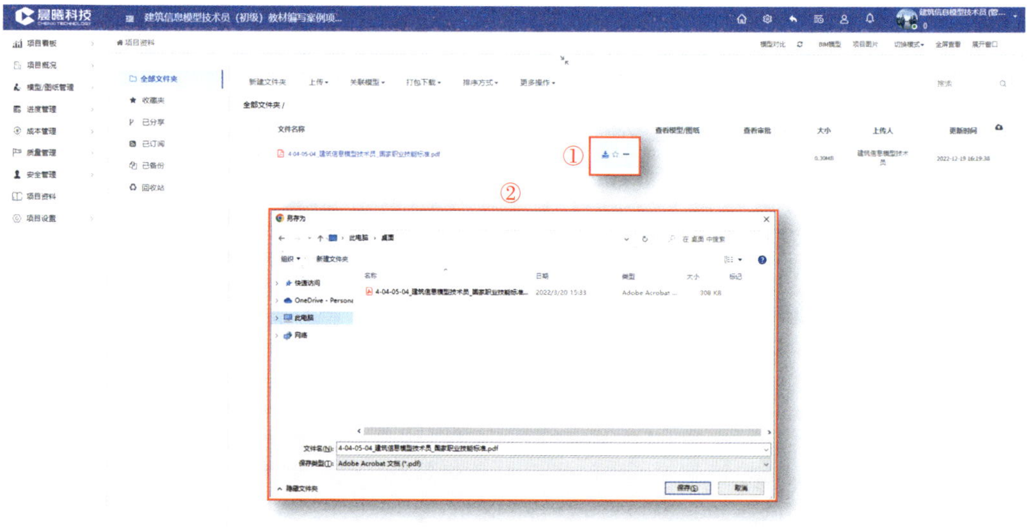

图 4–6　客户端单独下载资料

（3）客户端下载资料（打包下载）方法：选择需要下载的文件→单击“打包下载”→“下载选中项”→选择文件存储位置，如图 4–7 所示。

2. 移动端资料上传方法

单击“工作菜单”→“项目资料”→“+”→选择需要上传的文件，如图 4–8 所示。

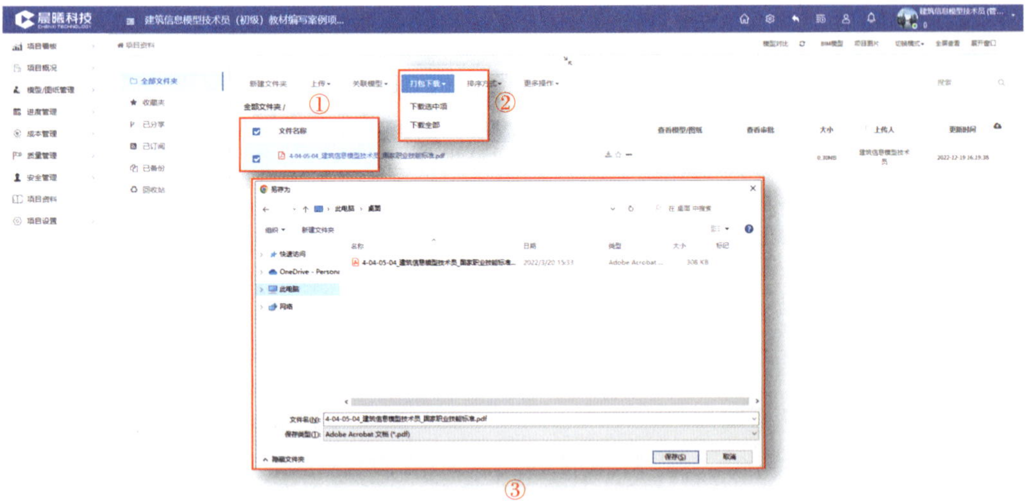

图 4-7 客户端打包下载资料

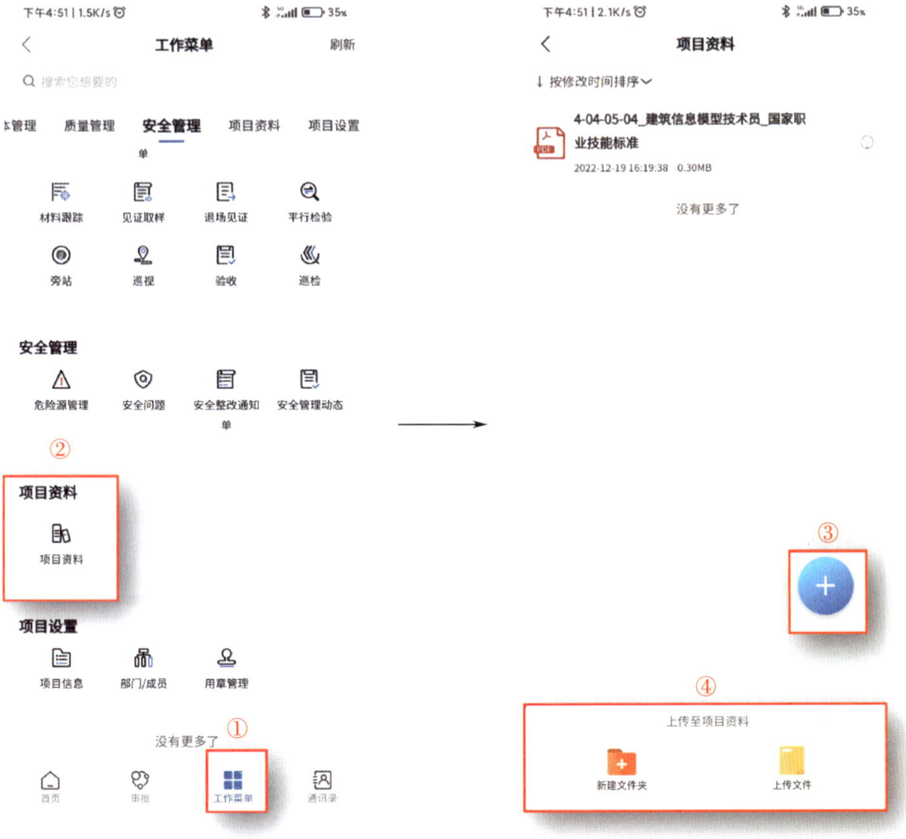

图 4-8 移动端上传资料

学习单元 2　资料查看方法

培训重点

1. 掌握资料查看方法。
2. 熟悉资料快速查找方法。

一、资料查看方法

1. 客户端资料查看方法

可以直接查看文件，也支持实时分享，可以设置分享密码、时间，形成分享链接，供其他人查看，如图 4–9 所示。资料查看方法：选择要查看的资料→单击“更多操作”→“分享”→设置密码及截止时间→单击“生成链接”→其他人可以通过链接查看资料。

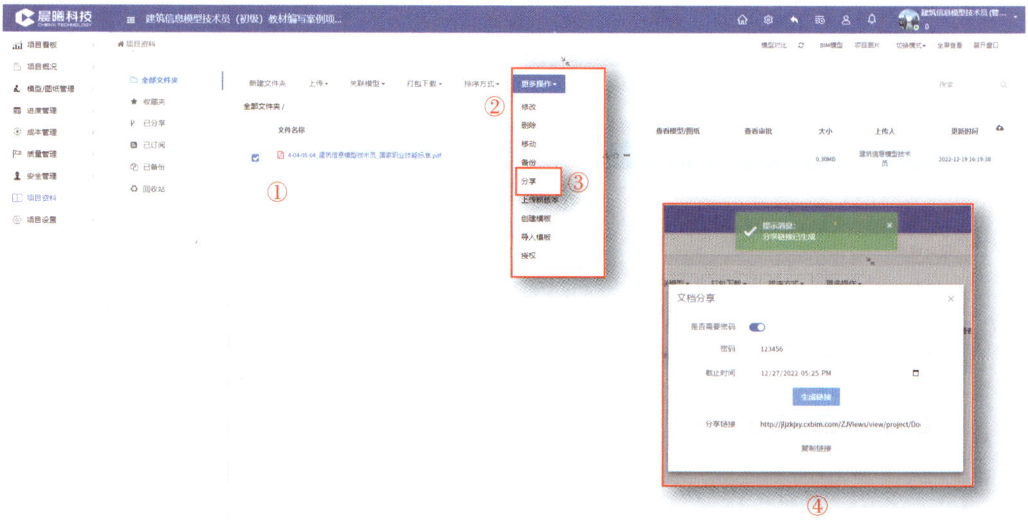

图 4–9　客户端查看资料

2. 移动端资料查看方法

单击“工作菜单”→“项目资料”→选择要查看的文件→单击“查看”按钮，可以查看资料，如图 4-10 所示。

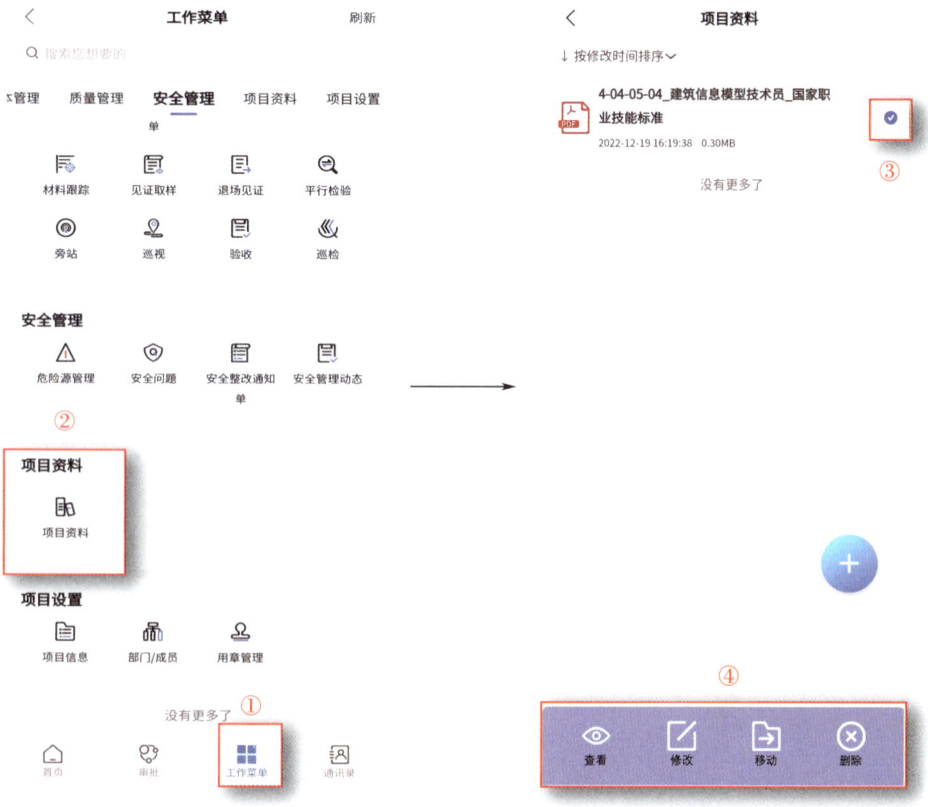

图 4-10 移动端查看资料

二、资料快速查找方法

在右上角的搜索框输入资料名称，快速查找资料，如图 4-11 所示。

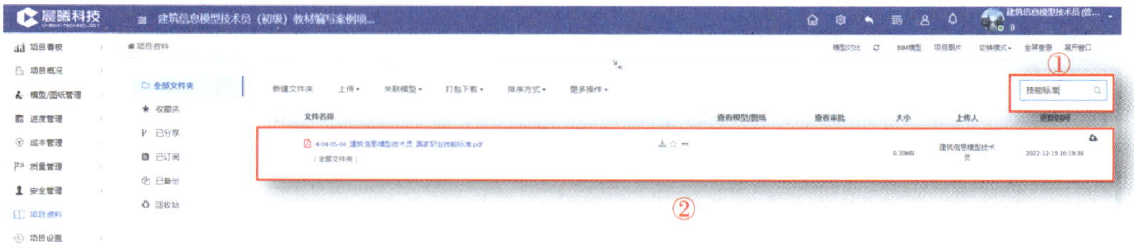

图 4–11　快速查找资料

学习单元 3　资料分类、备份、存档方法

培训重点

1. 掌握资料分类方法。
2. 熟悉资料备份、存档要求。

一、资料分类方法

在“项目资料”模块下，可以直接新建文件夹，分类资料，如图 4–12 所示。资料分类方法：单击“项目资料”→“全部文件夹”→“新建文件夹”→设置父文件夹的位置（默认为当前文件夹）→输入新建文件夹名称→单击“确定”按钮，完成资料分类。

二、资料备份、存档方法

1. 资料备份方法

在“项目资料”模块下，可以直接备份资料，如图 4–13 所示。资料备份方

图 4-12 分类资料

法：勾选需要备份的资料→单击“更多操作”→“备份”→提示备份成功→备份的资料出现在左侧“已备份”目录中。

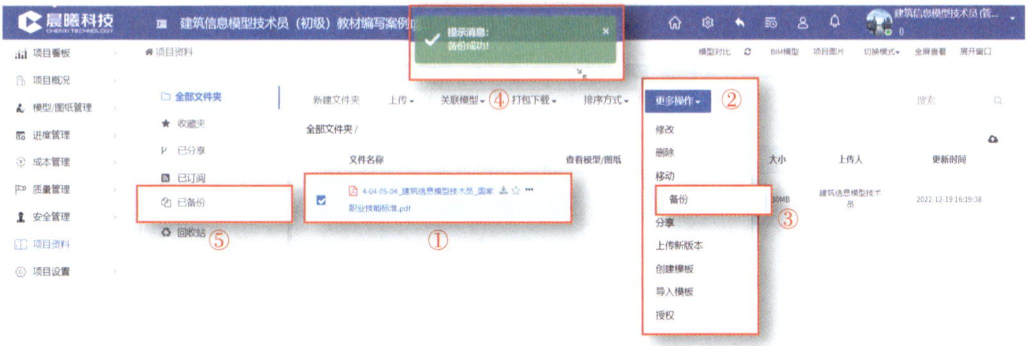

图 4-13 备份资料

2. 资料存档方法

对于过程资料，可以选择自动存档（按平台框架生成文件夹）、手动存档（自定义存档文件夹）2 种存档方法。资料存档方法如下。

（1）自动存档。勾选需要存档的资料→单击“成果归档”→“自动归档”→在弹出的对话框中单击“确定”按钮，存档至自动生成的文件夹中，如图 4-14

所示。

图 4–14　自动存档资料

（2）手动存档。勾选需要存档的资料→单击“成果归档”→“手动归档”→选择目标文件夹→将资料存档至目标文件夹中，如图 4–15、图 4–16 所示。

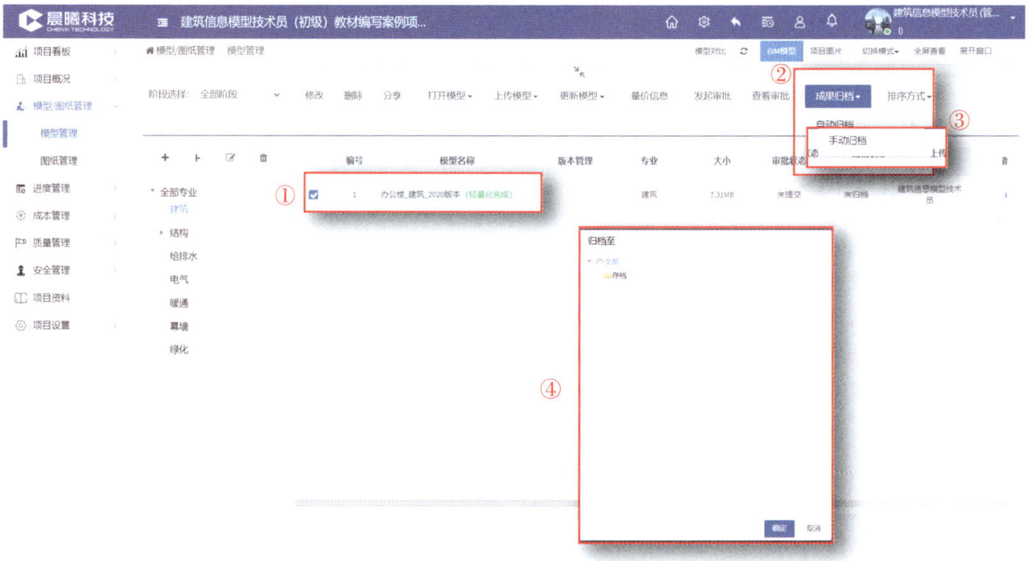

图 4–15　手动存档资料

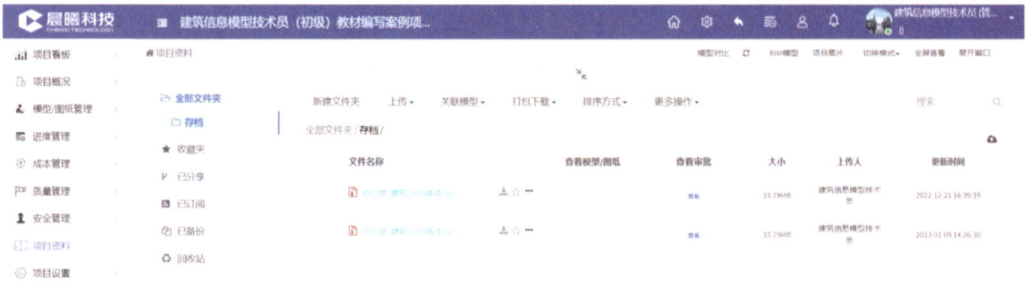

图 4–16　手动存档资料结果

培训课程 2 模型管理

学习单元 1 模型及构件属性查看方法

培训重点

1. 掌握模型上传、轻量化方法。
2. 掌握模型浏览方法。
3. 掌握模型空间漫游方法。
4. 掌握构件属性查看方法。

一、模型上传并轻量化方法

晨曦 BIM 全资管控平台拥有自主研发的轻量化引擎，支持以多种文件格式上传模型。在客户端上传模型，平台将快速自动轻量化模型，同时可以直接在平台上操作使用模型。

模型上传并轻量化方法：单击“模型 / 图纸管理”→“模型管理”→选择需要上传模型所属的专业→单击“上传模型”→“Revit 模型”→选择需要上传的模型→单击“打开”→自动上传并轻量化模型，如图 4–17 所示。

二、模型浏览方法

1. 客户端模型浏览方法

选择模型所在的目录→勾选单个或多个模型→单击“打开模型”→在主屏窗

口即可浏览模型，如图 4–18 所示。

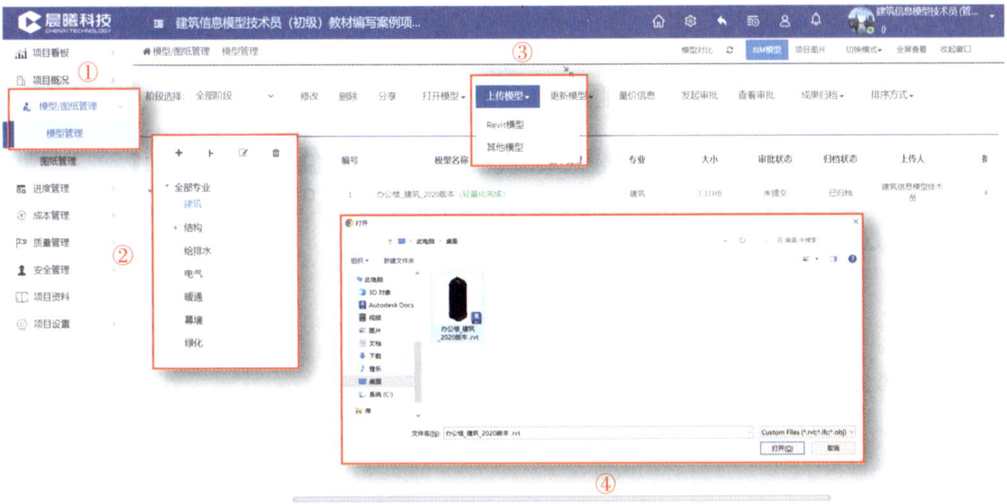

图 4–17　上传并轻量化模型

图 4–18　客户端浏览模型

2. 移动端模型浏览方法

选择模型所在的目录→单击需要浏览的模型→在主屏窗口即可浏览模型，如图 4–19 所示。

三、模型空间漫游方法

在主屏窗口打开模型→单击右侧“漫游动画”图标→可以选择“第一人称”“第三人称”漫游模型，也可以开启“碰撞”“重力”模式，如图 4–20 所示。

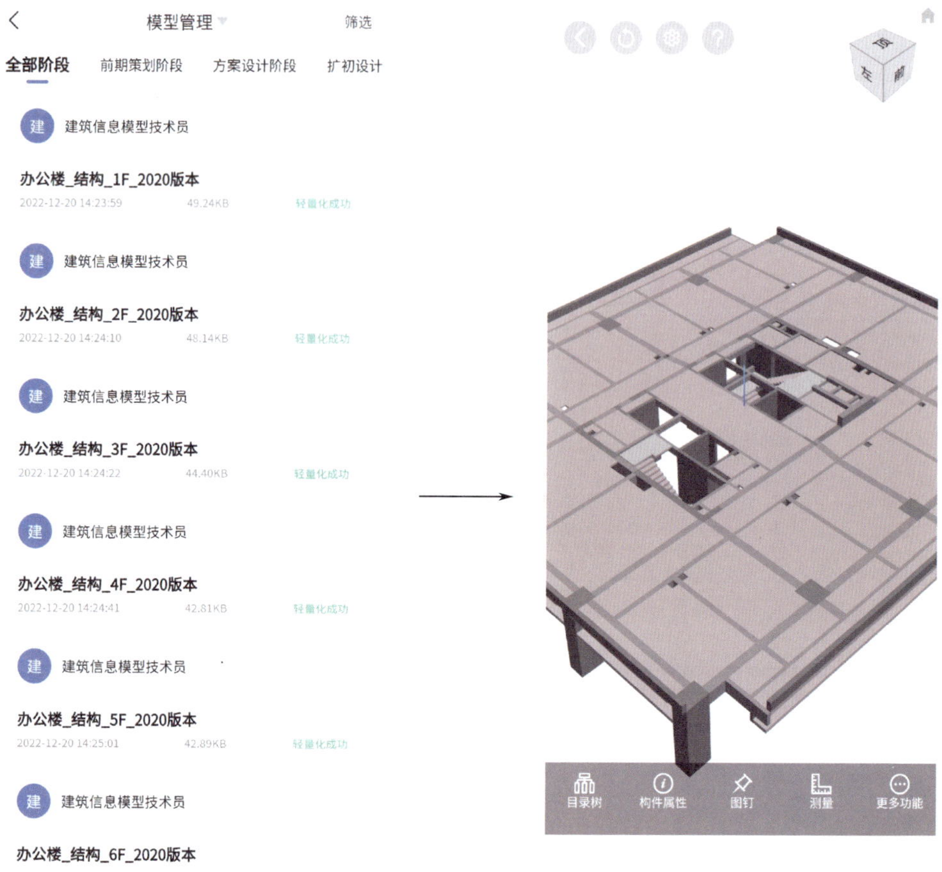

图 4-19　移动端浏览模型

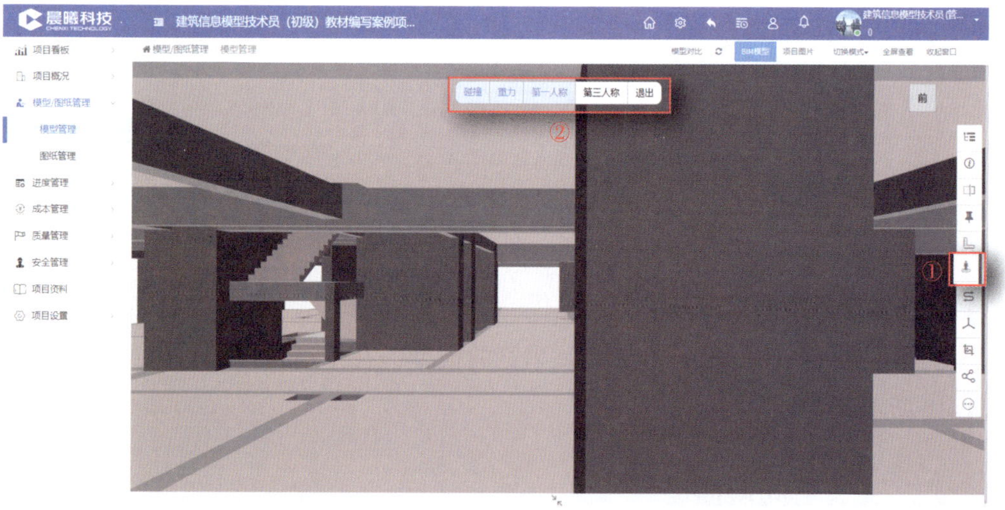

图 4-20　漫游模型空间

四、构件属性查看方法

可以查看构件信息、构件量价、相关资料、扩展属性等。在主屏窗口打开模型→选择需要查看的构件→单击右侧“属性”图标→构件属性出现在弹出窗口，如图 4–21 所示。

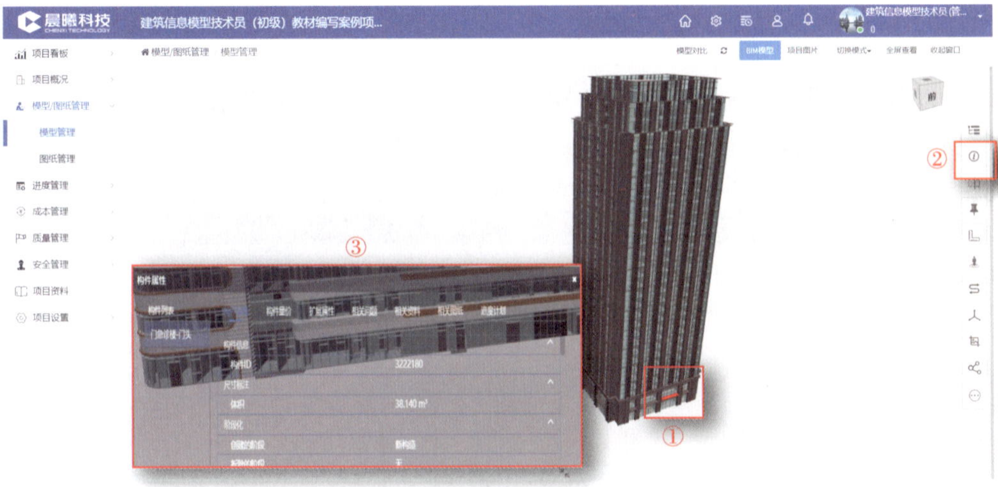

图 4–21 查看构件属性

学习单元 2 模型转动、平移、缩放、剖切方法

培训重点

1. 掌握模型转动、平移、缩放、剖切方法。
2. 掌握构件单选、多选、隐藏、隔离方法。
3. 了解显示目录树方法。

一、模型转动、平移、缩放、剖切方法

模型转动、平移、缩放方法见表 4–1。

表 4-1　模型操作方法

功能	操作方法
转动模型	单击鼠标右键
平移模型	长按鼠标滚轮拖动
缩放模型	滚动鼠标滚轮

模型剖切方法：在主屏窗口打开模型→单击右侧“剖切”图标→按住鼠标右键，可以分别沿 *X*、*Y* 或 *Z* 平面剖切模型→“显示剖切框”可以控制剖切框的显隐性，如图 4-22 所示。

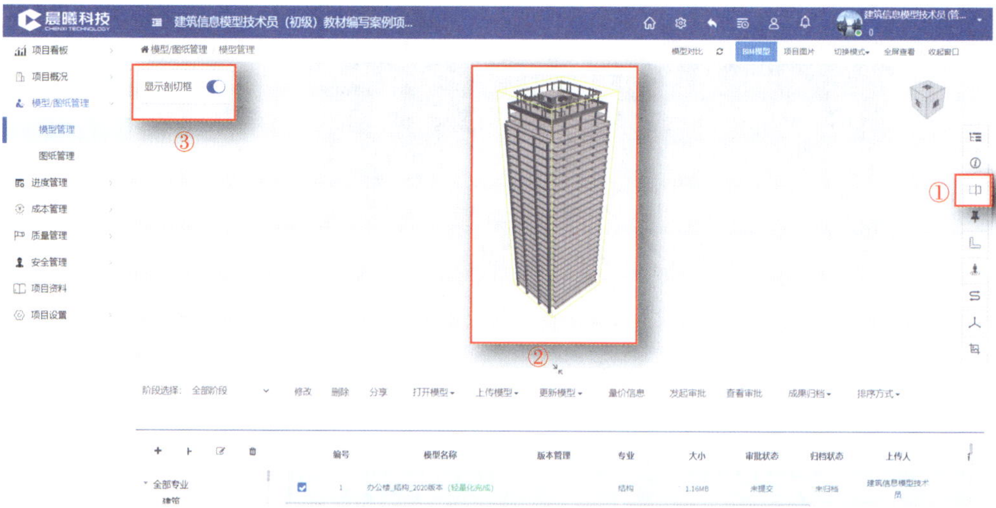

图 4-22　剖切模型

二、构件单选、多选、隐藏、隔离方法

构件单选、多选方法见表 4-2。

表 4-2　构件操作方法

功能	操作方法
单选构件	单击鼠标左键
多选构件	按住 Ctrl 键 + 单击鼠标左键

构件隐藏方法：在主屏窗口打开模型→单选或多选构件→单击鼠标右键→单击“构件显示”→“隐藏选中”，隐藏选中的构件，如图 4-23 所示。

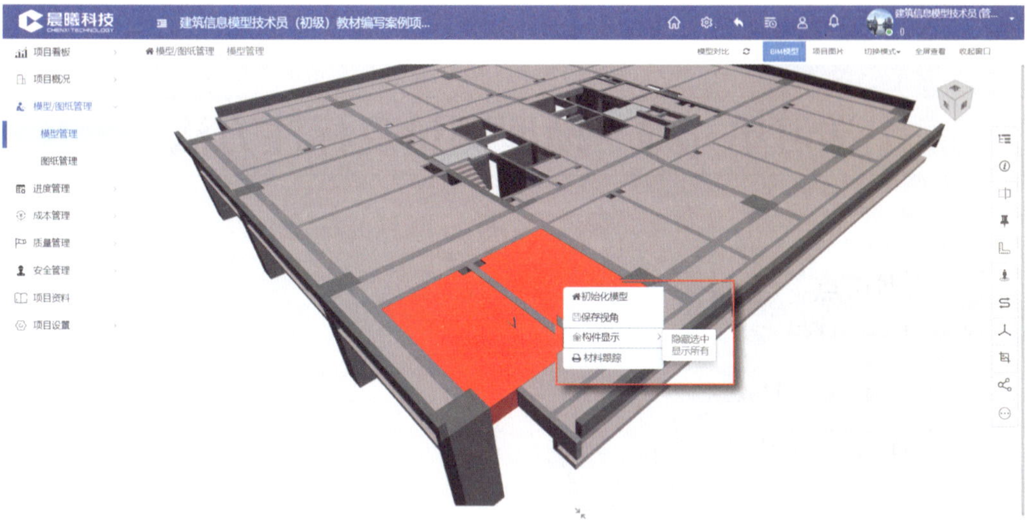

图 4-23　隐藏构件

三、显示目录树方法

目录树是指按照楼层和构件分级显示，通过目录树也可以控制构件的显隐性。

显示目录树方法：在主屏窗口打开模型→单击“目录树”图标→左侧出现目录树结构，可以控制构件的显隐性，如图 4-24 所示。

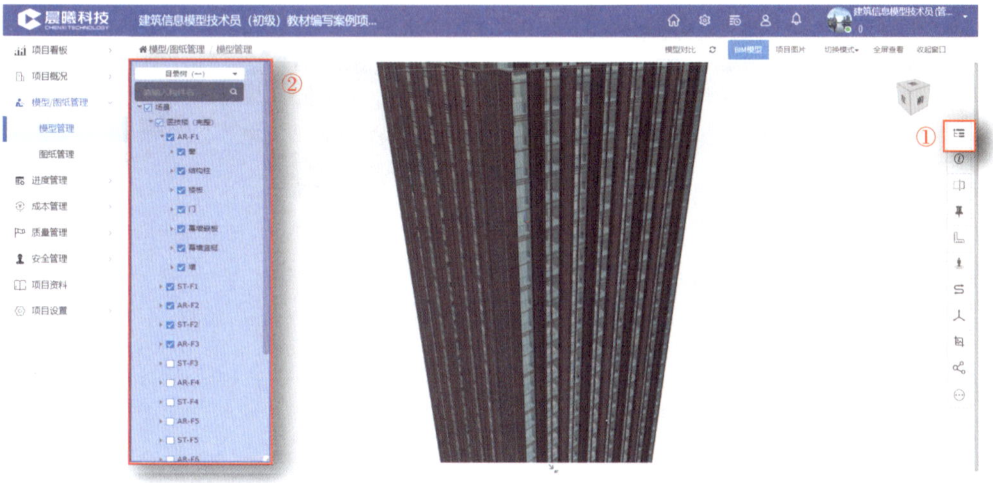

图 4-24　显示目录树

学习单元 3　模型测量及标注方法

培训重点

1. 掌握模型测量方法。
2. 掌握模型问题批注方法。

一、模型测量方法

在主屏窗口打开模型→单击右侧“测量”图标→选择“距离测量”→单击测量起点和终点→显示测量结果（水平、垂直距离等），如图 4–25 所示。

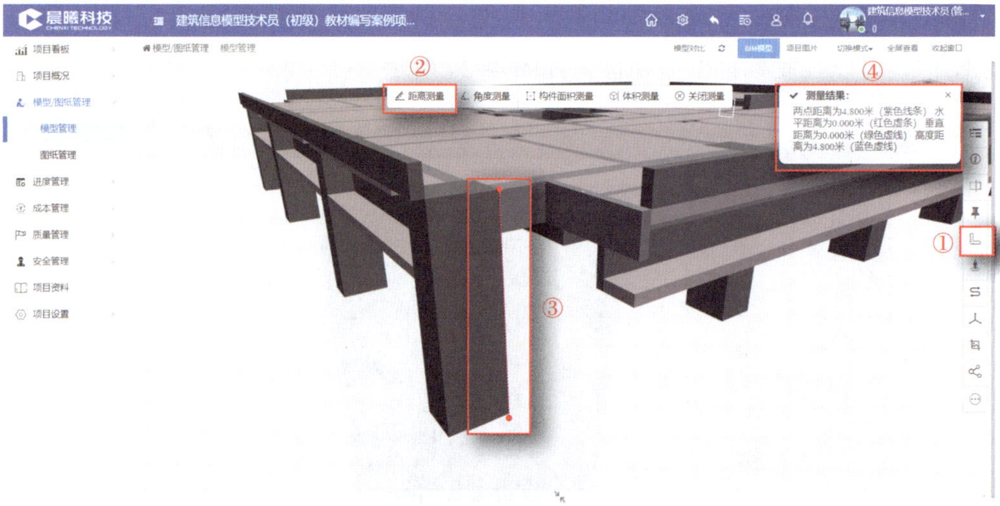

图 4–25　测量模型

二、模型问题批注方法

在主屏窗口打开模型→单击右侧“图钉”图标→根据问题类型，选择“质量安全问题 / 合同 / 批注”→单击“添加”→输入批注名称和批注内容，如图 4–26 所示。

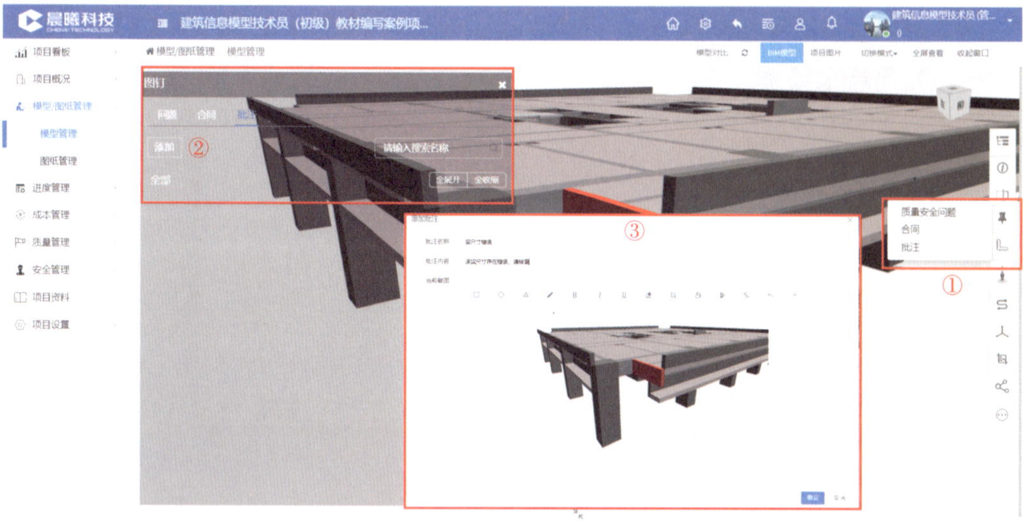

图 4–26 批注模型问题

学习单元 4 按报审流程模型提交方法

培训重点

1. 了解报审流程创建方法。
2. 掌握按报审流程模型提交方法。

一、报审流程创建方法

晨曦 BIM 全资管控平台提供自定义流程引擎，以流程图的方式，实现全过程可视化、无代码或低代码的流程设计，满足简单流程、复杂带分支流程和专业流程的设置要求。

按报审流程提交模型，首先需要创建报审流程。报审流程创建方法：单击“项目设置”→“流程设置”→“添加”→输入报审流程的信息，单击“确定”按钮，如图 4–27 所示。

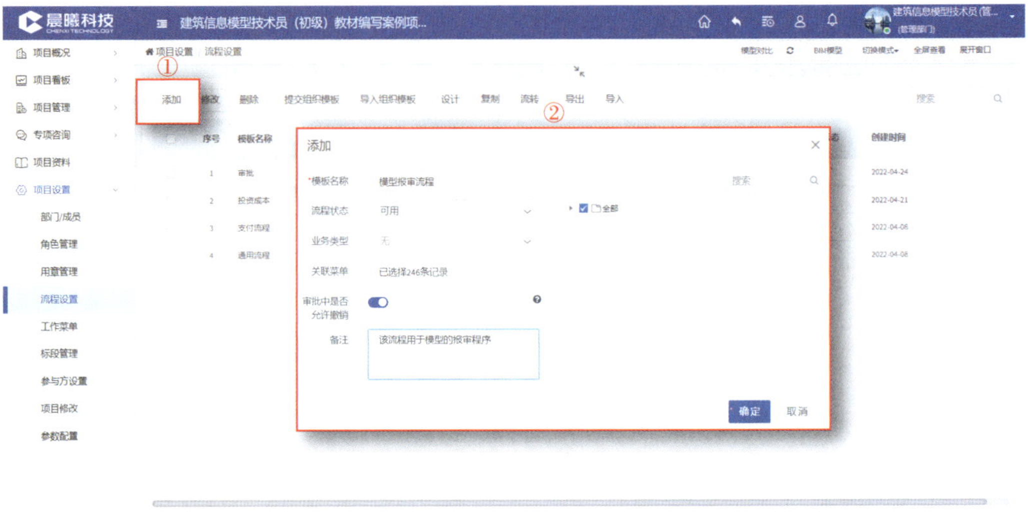

图 4–27　创建报审流程

选中新创建的报审流程→单击“设计”→输入报审流程涉及的相关责任人，单击“确定”按钮，如图 4–28 所示。

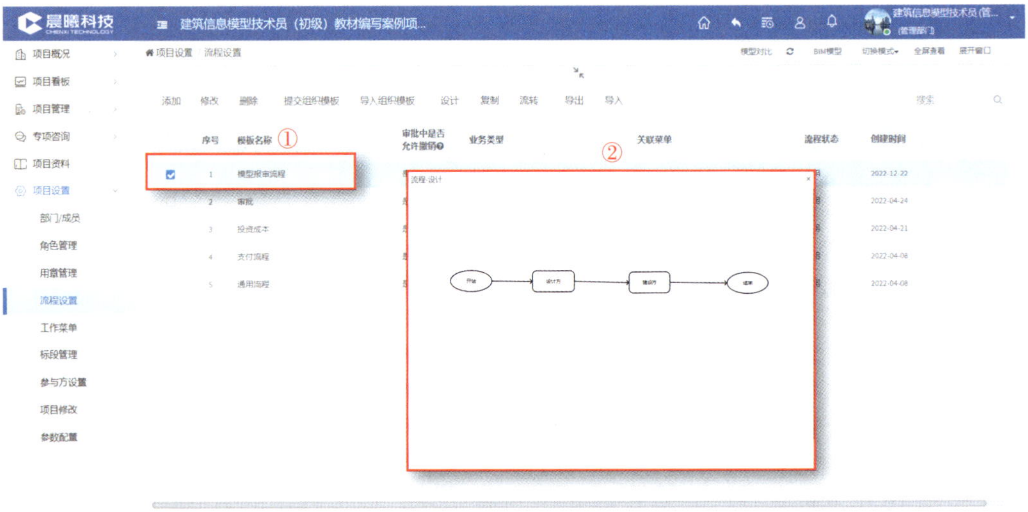

图 4–28　设计报审流程

二、按报审流程模型提交方法

选中需要报审的模型→单击“发起审批”→输入“审批标题”等信息，单击“确定”按钮，如图 4–29 所示。

图 4-29 提交模型

提交模型后，相关责任人会收到“流程审批”对话框，可以根据实际情况，选择“撤销”“退回至”“驳回”“同意”，如图 4-30 所示。

图 4-30 审批模型

培训课程 3 进度管理

学习单元 1 将进度计划导入平台方法

培训重点

1. 了解进度计划。
2. 了解进度计划格式。
3. 熟悉将进度计划导入平台的方法。

一、项目进度管理模块介绍

在平台左侧“进度管理”模块，单击打开其下拉列表，有“项目进度计划”“施工进度计划”子功能，如图 4–31 所示。其中，“项目进度计划”是指项目总体的进度计划，“施工进度计划”是指施工过程中具体施工任务的计划。本书讲解“施工进度计划”子功能。

平台支持编制周、月、季度项目进度计划，同时无缝对接导入 project 文件，支持导出施工进度计划，有利于快速编制并应用施工进度计划。与模型关联，基于施工进度计划与工程构件的关联关系，对比计划进度与实际进度，反馈进度的当前状态，实现进度可视化展示、分析、管理。进度管理流程如图 4–32 所示。

二、进度计划制订方法

可以在平台上手工输入进度计划，也支持导入功能。导入的进度计划采用

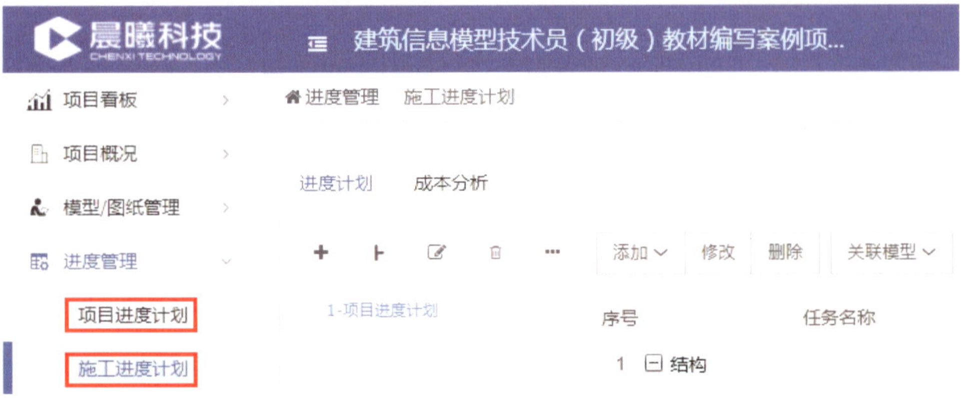

图 4–31　进度管理模块

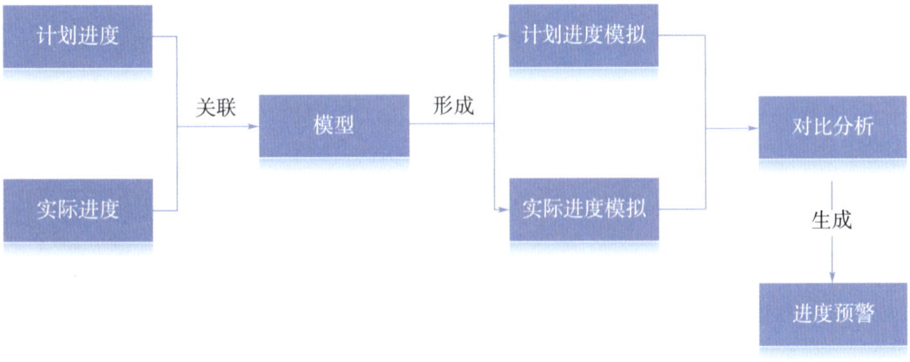

图 4–32　进度管理流程

Excel 文件格式。

序号规则：子级需要以父级序号开头，再用“.”连接子级序号，如父级序号为 1.1，则子级序号为 1.1.1、1.1.2、1.1.3，以此类推。

时间规则：仅识别 2021–1–1 格式、2021/1/1 格式、2021 年 1 月 1 日格式。

工作内容输入规则：一个进度计划的多个工作内容需要换行，才可以正常导入。

未按规则录入将导致数据错误或者导入错误，需确保录入的数据符合规则。例如，2022 年 1—6 月结构施工，其中 1—3 月下部结构施工，4—6 月上部结构施工，7—10 月机电工程施工，10—12 月装修工程施工。按 Excel 文件格式制订进度计划，如图 4–33 所示。

三、将进度计划导入平台的方法

制订进度计划后，单击“更多”→“新建方案导入”→弹出“打开”对话框，如图 4–34 所示。浏览进度计划所在的文件夹，选择进度计划，单击“打开”按钮，如图 4–35 所示。将进度计划导入平台，如图 4–36 所示。

序号	任务名称	计划开始时间	计划结束时间	计划工期(天)	实际开始时间	实际结束时间	实际工期(天)	当前状态	计划工程量	实际工程量	工程量百分比	动画类型	动画顺序
1	结构	2022年1月1日	2022年6月30日	180			0		0	0	0%	建造	从下往上
1.1	下部结构	2022年1月1日	2022年3月31日	89			0		0	0	0%	建造	从下往上
1.2	上部结构	2022年4月1日	2022年6月30日	90			0		0	0	0%	建造	从下往上
2	机电工程	2022年7月1日	2022年10月31日	122			0		0	0	0%	建造	从下往上
3	装修工程	2022年10月1日	2022年12月31日	91			0		0	0	0%	建造	从下往上

图 4–33　制订进度计划

图 4–34　导入新建方案

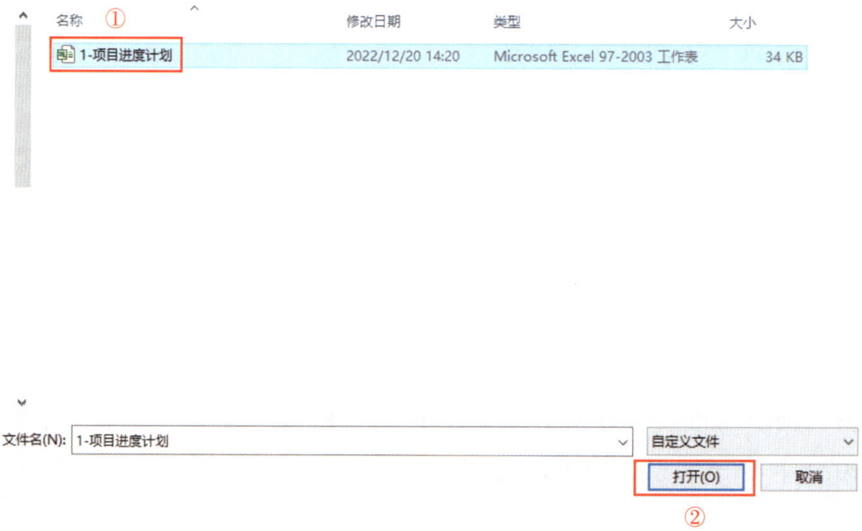

图 4–35　选择需导入的进度计划

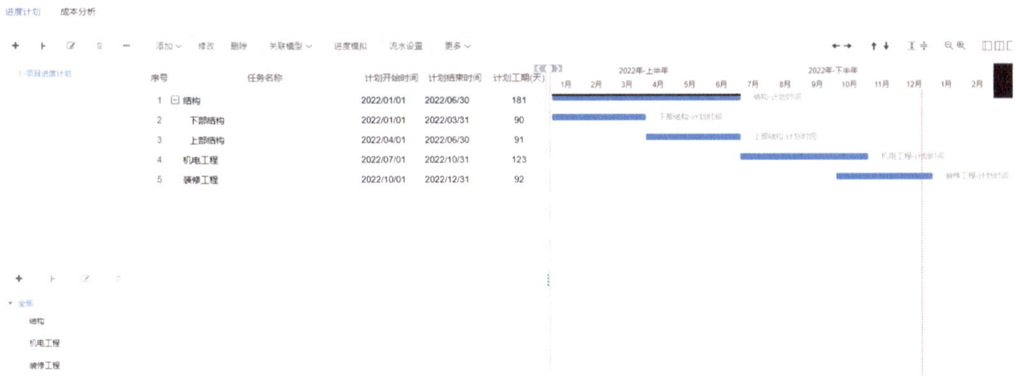

图 4-36 将进度计划导入平台结果

学习单元 2 进度管理模块使用方法、进度管理知识

培训重点

1. 熟悉进度管理模块的组成。
2. 熟悉进度管理方法。
3. 熟悉进度管理知识。

将进度计划导入平台后，可以进行进度计划可视化、实际进度管理、进度冲突预警。

一、进度计划可视化方法

根据进度计划，建立与工程模型构件的关联关系，实现进度计划可视化。以机电工程任务为例，在进度计划中，单击“机电工程”→“关联模型”→“选择模型”→弹出“请选择要打开的模型”对话框，如图 4–37 所示。在对话框中，选择与机电工程任务关联的 3 个专业模型，然后单击“确定”按钮，如图 4–38 所示。建立机电工程任务与专业模型的关联关系，如图 4–39 所示。

图 4–37　关联任务与模型

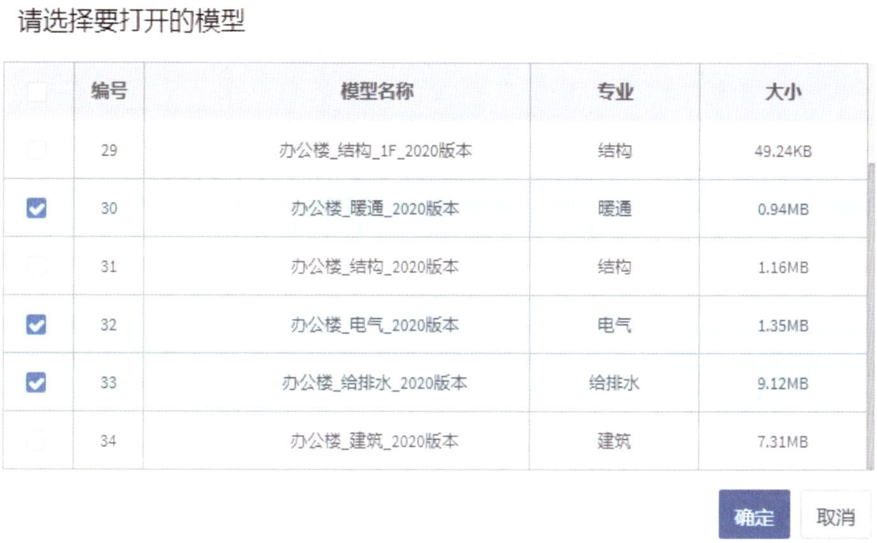

图 4–38　选择要关联的模型

二、实际进度管理方法

以装修工程任务为例，单击“装修工程”→“修改”→弹出“施工进度”对话框，如图 4–40 所示。在“实际开始”与“实际结束”栏，填写对应的日期，单击“确定”按钮，完成填报任务的实际进度，如图 4–41 所示。采用相同的方法，完成填报其他任务的实际进度。

三、进度冲突预警方法

填报所有任务的实际进度后，对比计划进度与实际进度，如图 4–42 所示。预警进度冲突、进度明显滞后等情况，判断进度的当前状态是按时完成、提前或者延后，为后续调整进度提供参考依据。

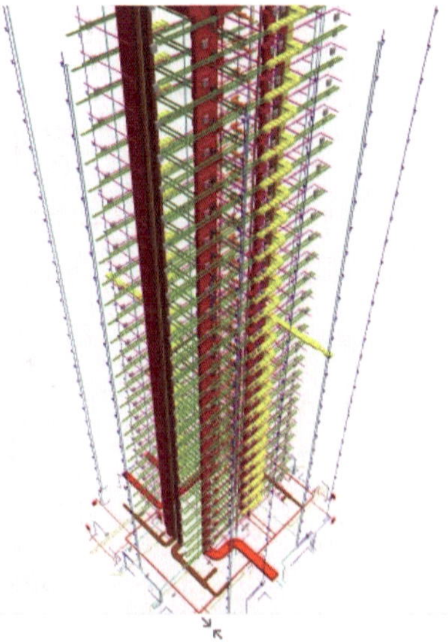

添加 修改 删除 关联模型 进度模拟 流水设置 更多

序号	任务名称	计划开始时间	计划结束时间	计划工期(天)
1	⊟ 结构	2022/01/01	2022/06/30	181
2	下部结构	2022/01/01	2022/03/31	90
3	上部结构	2022/04/01	2022/06/30	91
4	机电工程	2022/07/01	2022/10/31	123

4月 5月 6月

下部结构-计划时间

图 4-39 建立任务与模型的关联关系

添加 修改② 删除 关联模型 进度模拟 流水设置 列项显隐 更多

序号	任务名称	计划开始时间	计划结束时间	计划工期(天)
1	⊟ 结构	2022/01/01	2022/06/30	181
2	下部结构	2022/01/01	2022/03/31	90
3	上部结构	2022/04/01	2022/06/30	91
4	机电工程	2022/07/01	2022/10/31	123
5	装修工程①	2022/10/01	2022/12/31	92

图 4-40 管理实际进度

图 4-41　填报实际进度

序号	任务名称	计划开始时间	计划结束时间	计划工期(天)	实际开始时间	实际结束时间	实际工期(天)	当前状态
1	⊟ 结构	2022/01/01	2022/06/30	181	2022/01/01	2022/06/26	177	提前4天
2	下部结构	2022/01/01	2022/03/31	90	2022/01/01	2022/03/31	90	按时完成
3	上部结构	2022/04/01	2022/06/30	91	2022/04/01	2022/06/26	87	提前4天
4	机电工程	2022/07/01	2022/10/31	123	2022/07/01	2022/11/02	125	延后2天
5	装修工程	2022/10/01	2022/12/31	92	2022/10/01	2022/12/20	81	提前11天

图 4-42　预警进度冲突

四、进度管理知识

1. 建设工程项目总进度目标

建设工程项目总进度目标是指整个建设工程项目的进度目标，是在项目决策阶段定义项目时确定的。项目管理的主要任务是在项目实施阶段对建设工程项目总进度目标进行控制。控制建设工程项目总进度目标是业主方项目管理的任务（如果采用建设工程项目总承包的模式，协助业主控制建设工程项目总进度目标也是建设工程项目总承包方项目管理的任务）。在控制建设工程项目总进度目标前，首先应分析和论证建设工程项目总进度目标实现的可能性。如果建设工程项目总进度目标不可能实现，则项目管理者应提出调整建设工程项目总进度目标的建议，提请项目决策者审议。

2. 施工进度计划编制方法

业主方进度控制的任务是控制整个项目实施阶段的进度，包括控制设计准备阶段的工作进度、设计工作进度、施工进度、物资采购工作进度及项目动用前准备阶段的工作进度。其中，施工方是工程实践的一个重要参与方。许多工程项目，特别是大型重点建设工程项目，其工期要求十分紧迫，施工方的施工进度压力非常大。数百天连续施工，一天两班制施工，甚至 24 小时连续施工时有发生。盲目赶工难免导致施工质量问题和施工安全问题，并且增加施工成本。施工进度控制不仅关系建设工程项目总进度目标能否实现，还直接关系工程的质量和成本，因此施工方必须编制合理高效的施工进度计划。施工进度计划编制方法可以分为横道图法、双代号网络图法、单代号网络图法。

（1）横道图法。横道图法是一种最简单的并应用最广泛的、传统的施工进度计划编制方法，尽管有许多新的施工进度计划编制方法，横道图法在建设领域中的应用还是非常普遍的。

通常横道图的表头为工作名称及其简要说明，将项目进度表示在 Excel 表格中，如图 4–43 所示。按照所表示工作的详细程度，时间单位可以为小时、天、周、月等。通常时间单位用日历表示，可以表示非工作时间，如停工时间、公众假日、假期等。根据横道图使用者的要求，可以按照时间、责任、项目对象、同类资源等排序工作。

图 4–43　横道图示意图

横道图的另一种形式是将工作简要说明直接标注在横道上，一行可以容纳多项工作，一般应用在重复性的工作上。也可以将最重要的逻辑关系标注在横道上，如果将所有逻辑关系均标注在横道上，将丧失横道图的简洁性。

（2）双代号网络图法。双代号网络图是以箭线及其两端节点的编号表示工作的网络图，如图 4–44 所示。节点是双代号网络图中箭线之间的连接点。在时间上，节点表示指向某节点的工作全部完成后该节点后面的工作才能开始的瞬间，反映前后工作的交接点。节点可以分为起点节点、中间节点、终点节点。

工作泛指一项需要消耗人力、物力和时间的具体活动过程，也称工序、活动、作业。在双代号网络图中，每一条箭线表示一项工作，如图 4–45 所示。箭线的箭尾节点 i 表示该工作开始，箭线的箭头节点 j 表示该工作完成。将工作名称标注在箭线的上方，将完成该工作所需要的持续时间标注在箭线的下方。

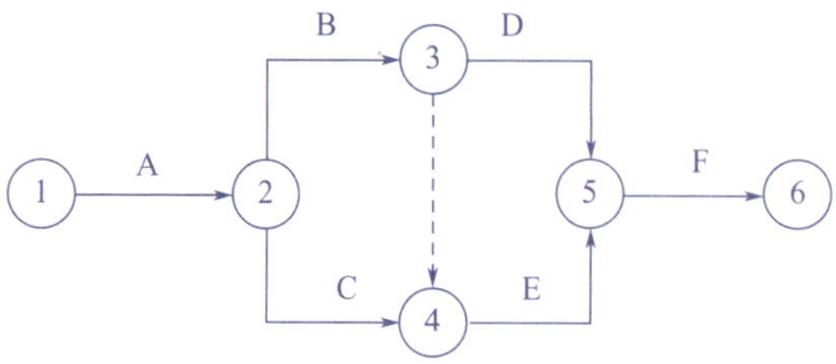

图 4-44　双代号网络图示意图

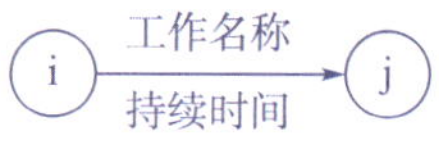

图 4-45　双代号网络图单个工作示意图

在双代号网络图中，为了正确表达工作之间的逻辑关系，往往需要应用虚箭线。虚箭线表示实际工作中并不存在的一项虚工作，它们既不占用时间，也不消耗资源，一般起工作之间联系、区分和断路的作用。

（3）单代号网络图法。单代号网络图是以节点及其编号表示工作，以箭线表示工作之间逻辑关系的网络图，并在节点中加注工作代号、工作名称和持续时间，以形成进度计划，如图 4-46、图 4-47 所示。

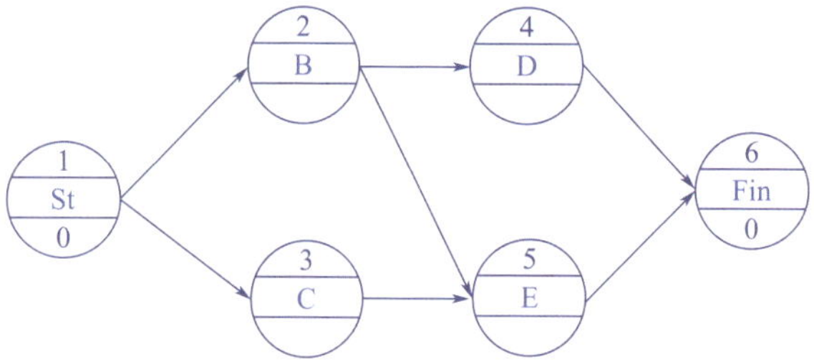

图 4-46　单代号网络图示意图

图 4-47　单代号网络图单个工作示意图

3. 施工进度计划实施方法

（1）制订施工进度计划后，按照施工进度计划的要求，组织人力、物力和财力施工。施工进度计划实施包括以下内容。

1）跟踪检查，收集实际进度数据。

2）对比实际进度与计划进度。

3）分析施工进度计划实施情况。

4）对产生的偏差，采取措施，纠正或调整施工进度计划。

5）检查措施的落实情况。

6）如果变更施工进度计划，必须与有关单位和部门及时沟通。

（2）在实施施工进度计划过程中，需进行检查。施工进度计划检查应按统计周期的规定定期进行，并根据需要进行不定期的检查。施工进度计划检查包括以下内容。

1）检查工程量的完成情况。

2）检查工作时间的执行情况。

3）检查资源使用及施工进度保证的情况。

4）检查前一次施工进度计划检查中发现的问题的整改情况。

（3）检查施工进度计划后，施工进度报告编制包括以下内容。

1）综合描述施工进度计划实施情况。

2）比较实际进度与计划进度。

3）在实施施工进度计划过程中存在的问题及其原因分析。

4）施工进度计划实施情况对施工质量、安全和施工成本的影响。

5）采取的措施。

6）预测施工进度。

（4）施工进度计划调整包括以下内容。

1）调整工程量。

2）调整工作（工序）起止时间。

3）调整工作关系。

4）调整资源提供条件。

5）调整目标。

培训课程 4 成本管理

学习单元 1　将造价信息导入平台方法

培训重点

1. 熟悉成本管理模块的功能。
2. 熟悉造价信息的内容。
3. 掌握将造价信息导入平台的方法。

一、成本管理模块介绍

在平台左侧“成本管理”模块，单击打开其下拉列表，有“概念估算编审”“设计概算编审”“施工图预算编审”“竣工结算”“竣工决算”“投资成本分析”“进度成本”“合同管理”“支付管理”“支付统计”子功能，如图 4-48 所示。本书讲解“进度成本”子功能。

通过 BIM 算量软件计算模型工程量，形成量文件，通过计价软件套用清单定额，形成价文件，如图 4-49 所示。将量、价文件导入平台，与模型构件自动关联，读取模型构件的项目编码、项目名称、项目特征、工程量、综合单价等构件信息。

二、将造价信息导入平台的方法

先下载进度成本模板，根据进度成本模板编制造价信息。下载进度成本模板方法：单击“导入 Excel”，弹出“确认导入 excel”对话框→单击“点击下载”，

图 4-48　成本管理模块

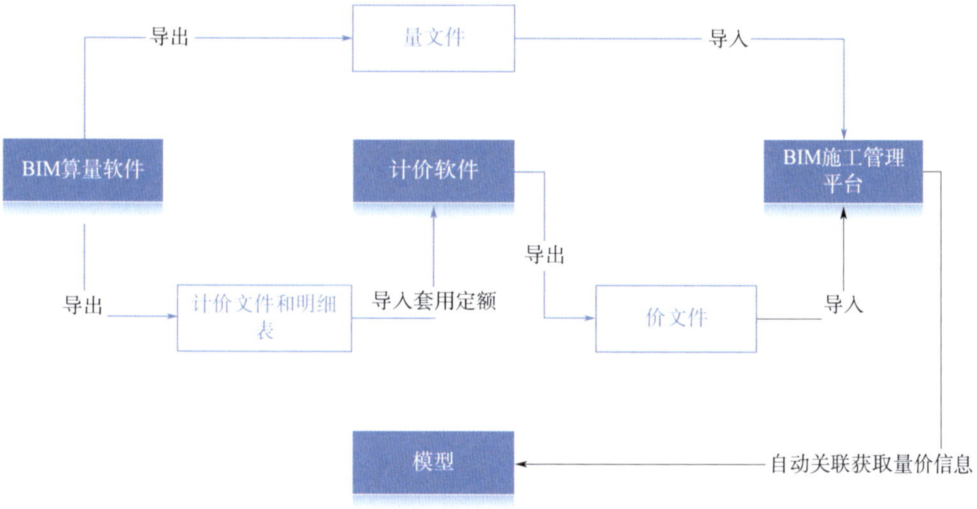

图 4-49　将造价信息导入平台流程

弹出“新建下载任务”对话框→浏览并选择目标文件夹，单击“下载”按钮，如图 4-50 所示。

图 4–50　下载进度成本模板

下载进度成本模板后，根据进度成本模板编制造价信息表。在造价信息表中，项目编号与项目名称为必填项；项目编号不允许重复；项目编号与已存在项目编号重复时，则覆盖原有内容，否则添加新内容；“预算量”“实物量”为数字类型，“综合单价”“实物价”是单位为“元”的数字类型（见图 4–51）。

项目编号	项目名称	项目特征	计量单位	预算量	综合单价（元）	实物量	实物价（元）
10503002001	矩形梁混凝土	1. 混凝土类别：商品混凝土 2. 混凝土等级：C25 3. 满足设计图纸、招标文件技术要求及有关施工验收规范的要求	m^3	2. 86	400	3	350
10502001002	矩形柱混凝土	1. 混凝土类别：商品混凝土 2. 混凝土等级：C30 3. 满足设计图纸、招标文件技术要求及有关施工验收规范的要求	m^3	93. 86	400	95	350
10505003005	楼板混凝土	1. 混凝土类别：商品混凝土 2. 混凝土等级：C30 3. 压型钢板浇捣混凝土人工乘以 1.1系数 4. 满足设计图纸、招标文件技术要求及有关施工验收规范的要求	m^3	1343. 68	400	1350	350

图 4–51　造价信息表

编制造价信息表后，就可以导入平台。单击“导入 Excel”，弹出“确认导入 excel”对话框→单击“导入”按钮，弹出“打开文件”对话框→浏览并选择对应的造价信息文件，单击“打开”按钮，将造价信息导入平台，如图 4-52、图 4-53 所示。

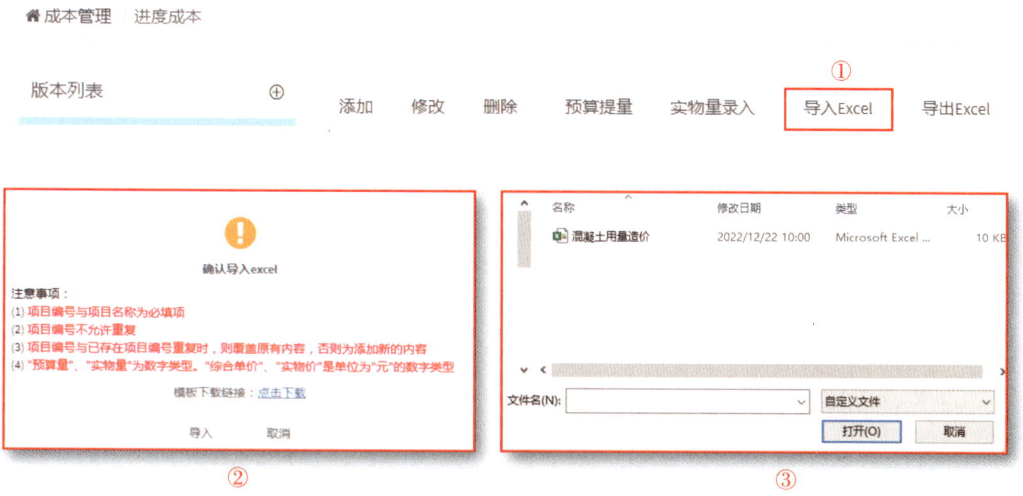

图 4-52　将造价信息导入平台

序号	项目编号	项目名称	计算方式	项目特征	计量单位	模型量	模型合价	预算量	综合单价	合价	实物量	实物价
									合计	¥576,160.00		
1	10503002001	矩形梁混凝土	手动	1.混凝土类别：商品混凝土 2.混凝土等级：C25 3.满足设计图纸、招标文件技术要求及有关施工验收规范的要求	立方米		0.00	2.86	¥400.00	¥1,144.00	3.00	¥350.00
2	10502001002	矩形柱混凝土	手动	1.混凝土类别：商品混凝土 2.混凝土等级：C30 3.满足设计图纸、招标文件技术要求及有关施工验收规范的要求	立方米		0.00	93.86	¥400.00	¥37,544.00	95.00	¥350.00
3	10505003005	楼板混凝土	手动	1.混凝土类别：商品混凝土 2.混凝土等级：C30 3.压型钢板浇筑混凝土人工乘以1.1系数 4.满足设计图纸、招标文件技术要求及有关施工验收规范的要求	立方米		0.00	1,343.68	¥400.00	¥537,472.00	1,350.00	¥350.00

图 4-53　将造价信息导入平台结果

学习单元 2　成本管理模块使用方法、成本管理知识

培训重点

1. 了解成本管理模块。
2. 熟悉成本管理知识。

一、合同管理

合同管理子功能规范化管理合同，集成各类关键信息，易于维护和查询合同，如图 4–54 所示。

图 4–54　管理合同

二、支付管理

支付管理子功能根据合同支付类型，提供多种支付方案，可以配置预警线比例，实现合同支付超标预警，管理项目签约、项目资金支出，实现项目资金流把控，如图 4–55 所示。

图 4-55 管理支付

三、支付统计

支付统计子功能根据合同类型，以柱状图的形式分类统计，实时掌握各类合同的支付情况，如图 4-56 所示。

图 4-56 统计支付

四、投资成本

1. 投资成本编制

投资成本编制包括以下内容，如图 4-57 所示。

图 4–57　编制各阶段投资成本

（1）将项目各阶段的数据汇总，进行直观对比，动态展示各阶段投资额及费用组成，对比各控制节点的调整幅度。

（2）明确投资控制方向，辅助管理层调控投资额，提供决策数据。

（3）各阶段投资成本与合约、合同关联，实现合约与造价的双向关联。

2. 投资成本分析

查看各阶段投资成本，自动对比差异，为投资方提供参考依据，如图 4–58 所示。

图 4–58　分析各阶段投资成本

五、成本管理知识

1. 建筑安装工程费用的组成与计算知识

按照构成要素，建筑安装工程费用由人工费、材料（包含工程设备，下同）费、施工机具使用费、企业管理费、利润、规费和税金组成。其中人工费、材料费、施工机具使用费、企业管理费和利润包含在分部分项工程费、措施项目费、其他项目费中。

（1）人工费

$$人工费=\sum（工日消耗量\times日工资单价）\tag{4.1}$$

$$日工资单价=\frac{生产工人平均工资（计时、计件）+平均月（奖金+津贴补贴+特殊情况下支付的工资）}{年平均每月法定工作日}\tag{4.2}$$

或

$$人工费=\sum（工程工日消耗量\times日工资单价）\tag{4.3}$$

日工资单价是指施工企业平均技术熟练程度的生产工人在每工作日（国家法定工作时间内）按规定从事施工作业应得的日工资总额。

工程造价管理机构确定日工资单价应根据工程项目的技术要求，通过市场调查，参考实物工程量人工单价综合分析确定。最低日工资单价不得低于工程所在地人力资源和社会保障部门所发布的最低工资标准的普工 1.3 倍、一般技工 2 倍、高级技工 3 倍。

工程计价定额不可只列一个综合工日单价，应根据工程项目技术要求和工种差别，适当划分多种日人工单价，确保各分部工程人工费的合理构成。

（2）材料费

1）材料费

$$材料费=\sum（材料消耗量\times材料单价）\tag{4.4}$$

$$材料单价=[（材料原价+运杂费）\times[1+运输损耗率（\%）]\times[1+采购保管费率（\%）]\tag{4.5}$$

2）工程设备费

$$工程设备费=\sum（工程设备量\times工程设备单价）\tag{4.6}$$

$$工程设备单价=（设备原价+运杂费）\times[1+采购保管费率（\%）]\tag{4.7}$$

（3）施工机具使用费

1）施工机械使用费

$$施工机械使用费=\sum（施工机械台班消耗量\times机械台班单价）\tag{4.8}$$

如租赁施工机械，施工机械使用费公式为：

$$施工机械使用费=\sum（施工机械台班消耗量\times机械台班租赁单价）\quad（4.9）$$

$$\begin{aligned}机械台班单价=&台班折旧费+台班大修费+台班经常修理费+\\&台班安拆费及场外运费+台班人工费+\\&台班燃料动力费+台班车船税费\end{aligned}\quad（4.10）$$

台班折旧费计算公式为：

$$台班折旧费=\frac{机械预算价格\times（1-残值率）}{耐用总台班数}\quad（4.11）$$

$$耐用总台班数=折旧年限\times年工作台班\quad（4.12）$$

台班大修费计算公式为：

$$台班大修费=\frac{一次大修费\times大修次数}{耐用总台班数}\quad（4.13）$$

2）施工仪器仪表使用费

$$施工仪器仪表使用费=施工仪器仪表摊销费+维修费\quad（4.14）$$

（4）企业管理费费率

1）以分部分项工程费为计算基础

$$企业管理费费率（\%）=\frac{生产工人年平均管理费}{年有效施工天数\times人工单价}\times人工费占分部分项工程费比例（\%）\quad（4.15）$$

2）以人工费和机械费合计为计算基础

$$企业管理费费率（\%）=\frac{生产工人年平均管理费}{年有效施工天数\times（人工单价+每一工日机械使用费）}\times100\%\quad（4.16）$$

3）以人工费为计算基础

$$企业管理费费率（\%）=\frac{生产工人年平均管理费}{年有效施工天数\times人工单价}\times100\%\quad（4.17）$$

（5）利润

1）施工企业根据企业自身需求并结合建筑市场实际自主确定利润，列入报价。

2）工程造价管理机构在确定计价定额中利润时，应以定额人工费或定额人工费与定额机械费之和作为计算基数，其费率根据历年工程造价积累的资料，并结合建筑市场实际确定，以单位（单项）工程测算，利润在税前建筑安装工程费的比重可以按不低于 5% 且不高于 7% 的费率计算。利润应列入分部分项工程和措施项目。

（6）规费

1）社会保险费和住房公积金

社会保险费和住房公积金应以定额人工费为计算基础，根据工程所在地省、自治区、直辖市或行业建设主管部门规定费率计算。

$$\text{社会保险费和住房公积金}=\sum(\text{工程定额人工费}\times\text{社会保险费率和住房公积金费率}) \tag{4.18}$$

2）工程排污费

工程排污费等其他应列而未列入的规费应按工程所在地环境保护等部门规定的标准缴纳，按实计取列入。

（7）税金

$$\text{税金}=\text{税前造价}\times\text{综合税率}(\%) \tag{4.19}$$

$$\text{综合税率}(\%)=\left[\frac{1}{1-a\times(1+b+c_1+c_2)}-1\right]\times100\% \tag{4.20}$$

式中，a——增值税税率；

b——城市维护建筑税税率（在市区的企业取 7%，在县城、镇的企业取 5%，不在市区、县城、镇的企业取 1%）；

c_1——教育附加费率；

c_2——地方教育附加费率。

2. 工程量清单计价

工程量清单计价是一种主要由市场定价的计价模式。为了满足我国工程投资体制改革和建设管理体制改革的需要，加快我国建筑工程计价模式与国际接轨的步伐，自 2003 年起在全国范围内逐步推广工程量清单计价方法。全部使用国有资金投资或国有资金投资为主的建设工程发承包，必须采用工程量清单计价；非国有资金投资的建设工程，宜采用工程量清单计价。

工程量清单是指建设工程的分部分项工程项目、措施项目、其他项目、规费项目和税金项目的名称和相应数量等的明细清单。工程量清单是工程量清单计价的基础，贯穿建设工程的招投标阶段和施工阶段，是编制招标控制价、投标报价、计算工程量、支付工程款、调整合同价款、办理竣工结算以及工程索赔等的依据。

3. 投标报价编制方法

投标报价是投标人参与工程项目投标时报出的工程造价。投标报价是投标人希望达成工程承包交易的期望价格，但不能高于招标人设定的招标控制价。投标报价编制是指投标人对拟承建工程项目所要发生的各种费用的计算过程。作为投标报价计算的必要条件，应预先确定施工方案和施工进度，此外，投标报价计算还必须与采用的合同形式一致。

投标报价由投标人自主确定，但必须执行《建设工程工程量清单计价规范》（GB 50500）的强制性规定。投标报价应由投标人或受其委托具有相应资质的工程造价咨询人编制。投标报价不得低于工程成本。投标人必须按照招标工程量清单填报价格。投标报价要以招标文件中设定的承发包双方责任划分，作为设定投标报价费用项目和费用计算的基础。应该以施工方案、技术措施等作为投标报价计算的基本条件。投标报价计算方法要科学严谨，简明适用。

投标报价编制的依据：《建设工程工程量清单计价规范》（GB 50500）；国家或省级、行业建设主管部门颁发的计价办法；企业定额，国家或省级、行业建设主管部门颁发的计价定额和计价办法；招标文件、招标工程量清单及其补充通知、答疑纪要；建设工程设计文件及相关资料；施工现场情况、工程特点及投标时拟定的施工组织设计或施工方案；与建设项目相关的标准、规范等技术资料；市场价格信息或工程造价管理机构发布的工程造价信息；其他的相关资料。

在编制投标报价之前，需要先对工程量清单进行复核。投标报价的编制过程：首先根据招标人提供的工程量清单，编制分部分项工程量清单计价表、措施项目清单计价表、其他项目清单计价表、规费和税金项目清单计价表，计算完毕，汇总得到单位工程投标报价汇总表，再层层汇总，分别得出单项工程投标报价汇总表和工程项目投标总价汇总表。

4. 工程计量

工程计量是发包人向承包人支付合同价款的前提和依据。无论采用何种计价方式，工程量必须按照相关工程现行国家计量规范规定的工程量计算规则计算。采用全国统一的工程量计算规则，对于规范工程建设各方的计量计价行为，有效减少计量争议具有重要意义。具体的工程计量周期应在合同中约定，可以选择按月或按工程形象进度分段计量。同时，《建设工程工程量清单计价规范》（GB 50500）规定成本加酬金合同应按单价合同的规定计量。

（1）单价合同计量

1）工程量必须以承包人完成合同工程应予计量的工程量确定。

2）在施工中进行工程计量，当发现招标工程量清单中出现缺项、工程量偏差，或因工程变更引起工程量增减时，应按承包人在履行合同义务中完成的工程量计算。

3）承包人应当按照合同约定的计量周期和时间，向发包人提交当期已完成工程量报告。发包人应在收到报告后 7 天内核实，并将核实计量结果通知承包人。发包人未在约定时间内进行核实的，承包人提交的计量报告中所列的工程量视为承包人实际完成的工程量。

4）发包人认为需要进行现场计量核实时，应在计量前 24 小时通知承包人，承包人应为计量提供便利条件并派人参加。当双方均同意核实结果时，双方应在上述记录上签字确认。承包人收到通知后不派人参加计量，视为认可发包人的计量核实结果。发包人不按照约定时间通知承包人，致使承包人未能派人参加计量，计量核实结果无效。

5）如果承包人认为发包人核实后的计量结果有误，应在收到计量结果通知后 7 天内向发包人提出书面意见，并附上其认为正确的计量结果和详细的计算资料。发包人收到书面意见后，应在 7 天内对承包人的计量结果进行复核后通知承包人。承包人对复核计量结果仍有异议的，按照合同约定的争议解决办法处理。

6）承包人完成已标价工程量清单中每个项目的工程量并经发包人核实无误后，发承包双方应对每个项目的历次计量报表进行汇总，以核实最终结算工程量，并在汇总表上签字确认。

（2）总价合同计量

1）采用工程量清单方式招标形成的总价合同，其工程量应按照单价合同计量的规定计算。

2）采用经审定批准的施工图纸及其预算方式发包形成的总价合同，除了按照工程变更规定的工程量增减，总价合同各项目的工程量应为承包人用于结算的最终工程量。

3）总价合同约定的项目计量应以合同工程经审定批准的施工图纸为依据，发承包双方应在合同中约定工程计量的形象目标或时间节点进行计量。

4）承包人应在合同约定的每个计量周期内对已完成的工程进行计量，并向发包人提交达到工程形象目标完成的工程量和有关计量资料的报告。

5）发包人应在收到报告后 7 天内对承包人提交的上述资料进行复核，以确定实际完成的工程量和工程形象目标。对其有异议的，应通知承包人进行共同复核。

5. 索赔与现场签证

（1）索赔。索赔是指在合同履行过程中，对于非己方的过错而应由对方承担责任的情况造成的损失，向对方提出补偿的要求。建设工程施工中的索赔是发承包双方行使正当权利的行为，承包人可以向发包人索赔，发包人也可以向承包人索赔。

当合同一方向另一方提出索赔时，应有正当的索赔理由和有效证据，并应符合合同的相关约定。

（2）现场签证。现场签证是指发承包双方现场代表（或其委托人）就施工过程中涉及的责任事件所作的签认证明。现场签证的范围一般包括：适用于施工合同范围以外零星工程的确认，在工程施工过程中发生变更后需要现场确认的工程量，非承包人原因导致的人工、设备窝工及有关损失，符合施工合同规定的非承包人原因引起的工程量或费用增减，确认修改施工方案引起的工程量或费用增减，工程变更导致的工程施工措施费增减等。

培训课程 5 质量管理

学习单元 1 质量管理模块使用方法

培训重点

1. 熟悉质量管理基本方法。
2. 熟悉质量管理模块基本功能。
3. 熟悉质量问题与模型构件关联方法。

一、平台质量管理概述

在平台上录入相关构件的质量验收方案，通过模型关联质量管理方案，对现场施工重点部位或分部进行管理，结合现场施工情况，与施工深化模型比对，发现质量问题，避免因质量问题返工，提高质量检查的效率与准确性。将模型进行施工段划分，关联质量问题，提高质量问题的可追溯性。

分部分项施工质量管理关联的模型包括以下要素。

1. 质量控制资料

原材料合格证及进场检验试验报告、材料设备试验报告、隐蔽工程验收记录、施工记录以及试验记录。

2. 功能检验资料

各分项工程功能检验（试验记录）资料等。

3. 观感质量检查记录

各分项工程观感质量检查记录。

4. 质量验收记录

检验批质量验收记录、分项施工质量验收记录、分部（子分部）施工质量验收记录等。

二、质量管理模块介绍

在平台左侧“质量管理”模块，单击打开其下拉列表，有“质量问题”“质量整改通知单”子功能，如图 4–59 所示。

图 4–59 质量管理模块

学习单元 2 将现场发现的质量问题上传至平台方法、质量管理知识

培训重点

1. 掌握将现场发现的质量问题上传至平台方法。
2. 熟悉影响施工质量的主要因素。
3. 熟悉施工质量保证体系。
4. 熟悉施工质量控制的基本环节和一般方法。
5. 熟悉施工质量事故处理。

一、将现场发现的质量问题上传至平台方法

1. 质量检查概述

利用平台信息集成的特点，在平台上录入现场发现的质量问题并关联到相应的模型部位，实现质量问题信息共享，实时更新，提高质量检查效率。

（1）在移动端，描述现场发现的质量问题，上传至平台，形成质量报告，与质量管理模型对应的位置关联。

（2）及时处理质量问题，并依据平台上的质量问题库，进行周期性的汇总归纳，分析质量问题的原因，追踪整改情况，制定防范措施。

（3）整改后，将整改情况以同样的方式上传至平台，并注明相关整改信息，形成有据可查的责任路径（戴明环）。

2. 质量问题上传方法

（1）添加质量问题。单击“添加”按钮，添加标题、类型、安全/质量问题、部位、分部分项、整改要求、问题等级及整改时限（天），并上传附件，如图 4–60 所示。

图 4–60　添加质量问题

平台内置质量问题库集成施工过程中常见的质量问题，并且支持用户根据项目实际情况，自定义、编辑、修改质量问题信息。质量管理模块支持调用质量问题库中的数据，实现快速编辑，提高工作效率，如图 4–61 所示。

图 4–61　平台内置质量问题库

（2）发布质量问题。勾选 1 条质量问题，单击“发布”按钮，在“发布问题”对话框中，设置质量问题的标题、负责人、负责人流程、开始时间和截止时间，如图 4–62 所示。

（3）质量问题跟踪。负责人单击“查看”按钮，反馈质量问题及上传附件。

（4）线上沟通。平台支持线上实时沟通，反馈质量问题的情况。

（5）关联模型。勾选 1 条质量问题，单击“关联模型”按钮，选择关联方式，关联质量问题与模型，如图 4–63 所示。

二、影响施工质量的主要因素

影响施工质量的五大因素：人（man）、材料（material）、机械（machine）、方法（method）和环境（environment），简称 4M1E 因素。

1. 人

施工的决策者、管理者、操作者是生产经营活动的主体，人的素质直接和间接地对规划、决策、勘察、设计和施工的质量产生影响。因此，实行经营资质管理和各类专业从业人员持证上岗是保证人的素质的重要管理措施。

图 4–62 发布质量问题

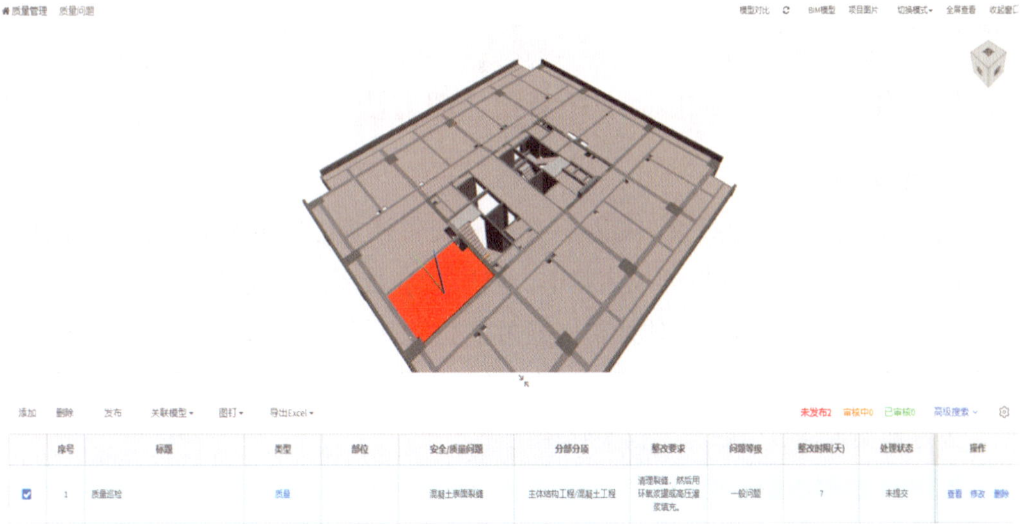

图 4–63 关联质量问题与模型

2. 材料

材料选择、检验、保管、使用等都直接影响施工的结构刚度、强度，工程外表及观感，影响工程的使用功能和施工质量。

3. 机械

机械可以分为两类：一是指组成工程实体及配套的工艺设备和各类机械，它们构成了建筑设备安装工程或工业设备安装工程，具有完整的使用功能。二是指在施工过程中使用的各类施工机械设备，它们是施工生产的手段。两类机械都直接或间接影响工程使用功能和施工质量。

4. 方法

在施工过程中，施工方案、施工工艺和施工操作都对施工质量产生重大的影响。大力推进采用新技术、新工艺、新方法，提高工艺技术水平，是保证施工质量稳定提高的重要因素。

5. 环境

环境是指对施工质量特性起重要作用的环境因素，包括技术环境、作业环境、管理环境、周边环境等。环境往往对施工质量产生特定的影响。

三、施工质量保证体系

施工质量保证体系是指由直接或间接影响施工质量的人力资源、材料物资、施工设备、施工及技术管理、商务合约等机构、岗位及其质量管理职责、办法等构成的体系。

四、施工质量控制的基本环节和一般方法

1. 样板引路

施工现场样板分为四类：展示区样板、交付样板（样板间）、施工工序样板（首件验收制）和 BIM 虚拟样板。其中，应用 BIM 技术进行模型创建与工艺模拟，形成 BIM 虚拟样板，替代实体样板。通过建立全息投影展示室，将建筑信息模型与实物照片相结合，达到良好的技术交底效果；同时，根据项目进度实时更新模型，更好地实现样板引路与工程实际相结合。

2. 施工过程质量控制

在工程施工前，项目总工程师（质量总监）将质量目标、质量保证措施对各工区或作业面工程师进行技术交底或培训。各工区或作业面工程师再对各作业队

进行技术交底或培训，并在施工过程中监督指导各班组对分项工程自检、互检。

3. 特殊过程控制

大体积混凝土施工、焊接、防水、混凝土灌注桩施工等过程为特殊过程。在施工过程中，按质量策划应预先鉴定和连续监控特殊过程。

4. 关键过程控制

模板工程、钢结构工程等是关键过程。应制定专项施工方案，明确作业、管理人员的职责、施工机具及适宜的工作环境、检验标准及人员要求。

5. 过程监视与测量

质量工程师对施工过程进行监视与测量，记录人、机、料、法、环输入是否持续有效。当过程能力发生变化时，应立即整改与纠正。

6. 质量问题或事故处理

当发生质量问题或事故时，质量工程师报告质量总监，通知项目总工程师，组织评审，确认质量问题的影响程度及原因，研究处理方案。

五、施工质量事故处理

1. 施工质量事故分级

根据造成的人员伤亡或者直接经济损失，施工质量事故分为以下 4 个等级。

（1）特别重大事故，是指造成 30 人以上死亡，或者 100 人以上重伤，或者 1 亿元以上直接经济损失的施工质量事故。

（2）重大事故，是指造成 10 人以上 30 人以下死亡，或者 50 人以上 100 人以下重伤，或者 5 000 万元以上 1 亿元以下直接经济损失的施工质量事故。

（3）较大事故，是指造成 3 人以上 10 人以下死亡，或者 10 人以上 50 人以下重伤，或者 1 000 万元以上 5 000 万元以下直接经济损失的施工质量事故。

（4）一般事故，是指造成 3 人以下死亡，或者 10 人以下重伤，或者 1 000 万元以下直接经济损失的施工质量事故。

施工质量事故分级所称的“以上”包括本数，所称的“以下”不包括本数。

2. 施工质量事故处理步骤

施工质量事故处理步骤见表 4–3。

表 4–3　施工质量事故处理步骤

序号	处理事项	要求	时限	主责部门	企业相关部门
1	制定应急预案	各级单位制定各类施工质量事故应急预案	—	项目部	公司质量部
2	报告施工质量事故（分级）	逐级上报（以电话、快报表的形式说明）	项目 1 h 内；分公司 2 h 内	项目经理	同级生产经理、总工程师、质量总监
3	启动应急预案（分级）	判定伤害程度，分级启动	施工质量事故发生 1 h 内	公司 / 分公司	同级生产经理 / 总工程师
4	抢险救援	紧急组织抢险，实施救援	即时	项目经理 / 分公司生产副总经理	同级相关职能部门
5	事故补报	及时补报新的伤亡情况	抢险救援过程中	公司 / 分公司	同级质量总监
6	成立施工质量事故处理机构	根据施工质量事故等级，分级成立	施工质量事故抢险时	各级部门	同级相关职能部门
7	隐患排查	针对施工质量事故，分级排查	施工质量事故发生后 30 d 内	各级部门	同级相关职能部门
8	制定纠正措施	“三定”	隐患排查后 1 d 内	各级部门	同级相关职能部门
9	施工质量事故后再教育	制定针对预防该类施工质量事故的措施、方法	抢险救援结束后 3 d 内	项目工程部	相关职能部门

续表

序号	处理事项	要求	时限	主责部门	企业相关部门
10	现场整改	隐患分类、分级整改	隐患排查后 3 d 内	项目工程部	相关职能部门
11	善后处理	确保和谐稳定	抢险救援后 30 d 内	分公司总经理	生产经理 / 工会主席
12	签订赔偿协议	依照法律和当地规定	抢险救援后 30 d 内	公司合约法务部	社保部门
13	赔付	按赔偿协议及时赔付	赔偿协议约定的时间	资金部门	财务部门
14	复查	严格、逐一复查	整改完成后 1 d 内	各级部门	—
15	复工报告	按主管部门要求	整改完成后 1 d 内	各级部门	项目经理
16	复工	严格按方案施工	上级部门规定时间	项目经理	项目工程部
17	施工质量事故调查	依法依规，分级调查	抢险救援结束后	公司质量部	法务 / 监察部
18	出具施工质量事故调查报告	符合法律要求	调查结束后 15 d 内	公司质量部	—
19	施工质量事故处理	“四不放过”	施工质量事故调查报告公布后 15 d 内	公司质量部	财务 / 商务部
20	归档资料	按档案管理要求	施工质量事故调查报告公布后 15 d 内	公司质量部	—

培训课程 6 安全管理

学习单元 1　安全管理模块使用方法

培训重点

1. 熟悉安全管理基本方法。
2. 熟悉安全管理模块基本功能。
3. 熟悉安全问题与模型构件关联方法。

一、平台安全管理概述

利用平台信息集成的特点，在平台上录入现场发现的安全问题并关联到相应的模型部位，可以改善作业行为，实现安全问题信息共享，实时更新，提高安全管理效率。在施工过程中的安全管理是指基于施工图模型，结合安全管理方案、赋予模型相关安全信息，以安全信息模型为依托，采取安全检查、创建危险源防护设施三维模型、技术交底等手段进行安全管理。以此提升现场工作效率，有效控制危险源，进而达到项目安全可控的管理目标。

二、安全管理模块介绍

在平台左侧“安全管理”模块，单击打开其下拉列表，有“危险源管理”“安全问题”“安全整改通知单”子功能，如图 4–64 所示。

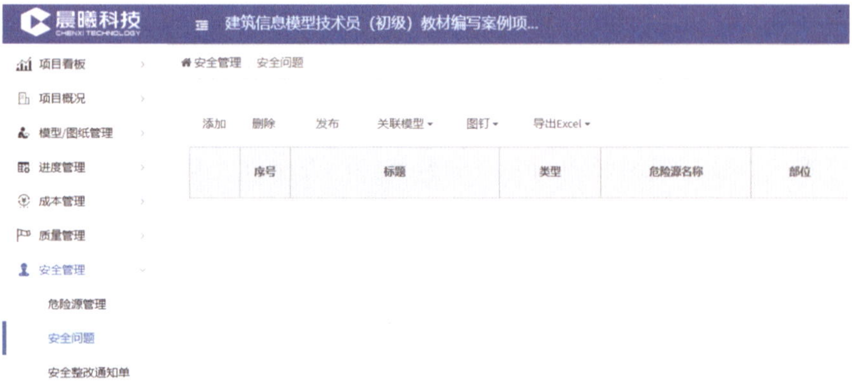

图 4–64 安全管理模块

学习单元 2 将现场发现的安全问题上传至平台方法、安全管理知识

培训重点

1. 掌握将现场发现的安全问题上传至平台方法。
2. 熟悉现场发现的安全问题整改方法。
3. 熟悉安全生产管理制度基本术语。
4. 熟悉危险源辨识与风险管控知识。
5. 熟悉生产安全事故隐患治理知识。
6. 熟悉生产安全事故应急预案和处理知识。

一、将现场发现的安全问题上传至平台方法

安全检查时，可以将现场发现的安全问题关联到相应的模型部位上，清楚展现现场发现的安全问题的数量及部位；建筑信息模型经三维展示及可视化技术交底后，应对照安全技术措施模型，检查现场防护措施及危险源。实时监控现场施工安全情况，在移动端将现场发现的安全问题上传至平台，并关联模型的相关构件。以部位、时间等维度对平台上记录的安全信息和安全问题进行汇总和分析，

为持续改进安全管理提供参考和依据。

应用平台，将安全管理信息模型导入客户端、移动端，现场管理人员利用模型进行现场工作的布置和实体的对比，现场直观快速地发现安全问题，并及时上报，闭环管理，保证现场发现的安全问题处理的及时性，从而加强对施工过程的安全管理。同时部分信息化水平较高的专业子系统（如塔式起重机监控等）可以将相关数据信息导入平台，以便实施统一管理。

对现场发现的安全问题，在建筑信息模型中通过图像、视频、音频等形式关联到相应的构件与设备上，记录现场发现的安全问题的部位或工序，分析原因，进而制定并采取解决措施。同时，收集、记录每次现场发现的安全问题的相关资料，积累对类似安全问题的预判和处理经验，为日后工程项目的事前、事中、事后控制提供依据。

二、现场发现的安全问题整改方法

对现场发现的安全问题，现场发现安全问题的人员可以指定责任人整改；责任人收到通知后可以将整改情况以图像、视频等形式及时反馈；现场发现安全问题的人员可以对反馈的信息进行检验，检验无误后，完成现场发现的安全问题整改闭环，如图 4–65 所示。

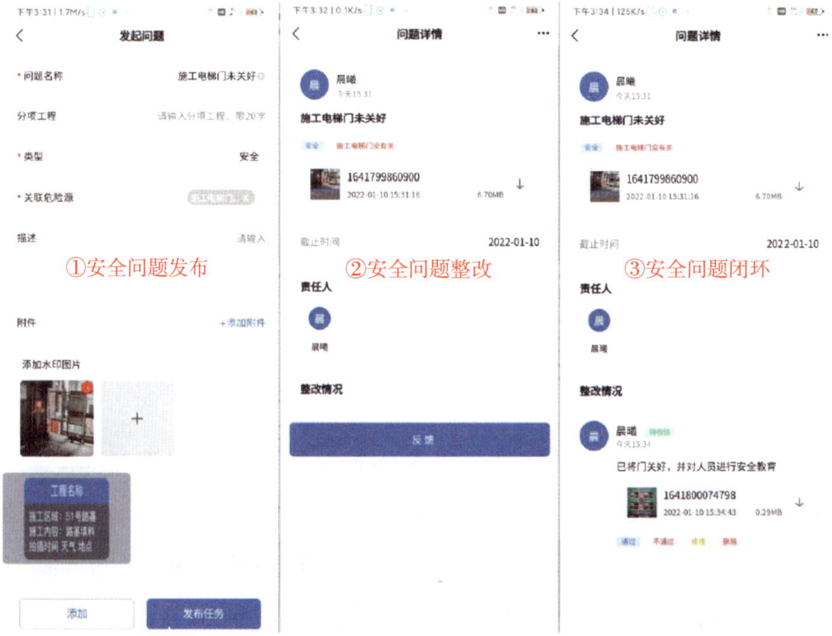

图 4–65　整改现场发现的安全问题

三、安全生产管理制度基本术语

1. 危险源

危险源是指在生产过程中，可能导致人身伤害、健康损害、财产损失、造成不良社会影响的根源或状态。

2. 危险源辨识

危险源辨识是指识别危险源的存在并确定其特性的过程。

3. 安全风险

安全风险是指在管理、生产过程中导致生产安全事故发生的可能性及其可能造成后果的严重性的组合。

4. 风险评价

风险评价是指对危险源导致的风险进行评估，对现有控制措施的充分性加以考虑，以及对风险是否可以被接受予以确定的过程。

5. 风险评估

风险评估是指对危险源发生危险事故的可能性与严重性进行监测、分析与估算，以确定其风险等级的过程。

6. 风险分级

风险分级是指根据风险评估的结果划分风险等级。

7. 风险分级管控

风险分级管控是指按照风险等级、所需管控资源、管控能力、管控措施复杂及难度等因素，确定不同管控层级的风险管控方式。

8. 风险管控措施

风险管控措施是指为将风险降低至可接受程度，针对风险而制定的预防事故发生的安全管理和安全技术措施。

9. 危大工程

危大工程是指建筑工程在施工过程中存在的、可能导致作业人员群死群伤或造成重大不良社会影响的分部分项工程。

四、危险源辨识与风险管控知识

1. 危险源辨识

（1）工程项目在施工前必须进行危险源辨识，当存在多个危险源时，应分别辨识。

（2）危险源辨识应由项目技术负责人负责，带领技术、施工、安全等部门人员进行，必要时可以邀请专家论证。按照施工设计图、施工工艺技术、现场作业条件、周边环境等因素全方位辨识危险源，并根据现场施工条件变化、设计变更等因素，及时调整危险源辨识结果。

（3）对危险源的类别、名称，应按表 4–4 的规定辨识。

（4）应根据分部分项工程的危险特性，对照表 4–4 所规定的危险源界限量值，按以下规定进行危险源等级划分。

1）当分部分项工程的危险特性的量值等于或超过临界量时，应确定为重大危险源。

2）当分部分项工程的危险特性的量值低于临界量但等于或超过亚临界量时，应确定为较大危险源。

3）当分部分项工程的危险特性的量值低于亚临界量时，应确定为一般危险源。

4）当工程项目存在多个能确定危险源等级的危险特性时，应分别确定危险源等级，并取最高危险源等级。

5）危险源辨识后，形成危险源辨识一览表，并将重大危险源在施工现场明显位置进行公示。

2. 危险源存在起止时段的规定

（1）如果是实体工程，危险源存在起止时段以该分部分项工程施工人员、机械设备、临时设施等进场实施为起，全部撤离为止。

（2）如果是临时设施或临时建筑物，危险源存在起止时段以该临时设施或临时建筑物开始搭建为起，拆除至存放地点或转移完成为止。

（3）如果是检查（参观）活动，危险源存在起止时段以该次检查（参观）活动人员进入施工围墙大门为起，离开施工围墙大门为止。

3. 危险源风险评估

（1）危险源风险评估由项目技术负责人负责实施编制，由项目经理审核。

（2）对重大危险源和较大危险源，应进行风险评估；对一般危险源，可以不进行风险评估。

（3）危险源风险评估的时间和频次规定。危险源风险评估应在重大危险源和较大危险源存在的时段进行，每月进行一次；在停工阶段，不超过 3 个月进行一次。

表 4-4 建筑施工危险源的类别、名称及其界限量值

序号		类别	危险源名称	临界量（重大危险源）	亚临界量（较大危险源）
危险性的分部分项工程	1	基坑（槽）工程	无支护基坑（槽）的土方开挖、降水工程	1）开挖深度≥5 m 2）开挖深度虽未达到 5 m，但地质条件、周围环境和地下管线复杂，或影响毗邻建（构）筑物安全	1）开挖深度≥3 m 2）开挖深度虽未达到 3 m，但地质条件、周围环境和地下管线复杂，或影响毗邻建（构）筑物安全
			有支护基坑（槽）的土方开挖、支护、降水工程		
	2	边坡工程	高切坡工程	1）岩石边坡高度≥30 m 2）岩土混合边坡高度≥25 m 且土层厚度≥4 m 3）土质边坡高度≥15 m 4）填方边坡高度≥12 m 5）施工过程中出现过塌滑等险情或发生过生产安全事故的高切坡、高填方 6）地质和环境（自然或人为）条件复杂、稳定性极差的一级边坡 7）边坡塌滑区有重要建（构）筑物、稳定性较差的边坡工程 8）采用新结构、新技术的一、二级边坡	1）岩石边坡高度≥15 m 2）岩土混合边坡高度≥12 m 且土层厚度≥4 m 3）土质边坡高度≥8 m 4）填方边坡高度≥8 m 5）地质灾害危险性评估为危险性较大
			高填方工程		
	3	钢围堰工程		1）钢吊箱 2）钢套箱 3）钢板桩 4）钢管桩	—
	4	沉井工程		1）气压法沉井 2）浮式沉井	一般沉井

续表

序号		类别	危险源名称	临界量（重大危险源）	亚临界量（较大危险源）
危险性的分部分项工程	5	人工挖孔桩工程		开挖深度≥16 m	人工挖孔桩
	6	地下暗挖、顶管、水下作业工程	地下暗挖工程	1）矿山法隧道施工 2）盾构法隧道施工 3）掘进机法隧道施工	—
			顶管工程	1）人工顶管 2）机械顶管	—
			水下作业工程	1）水下焊接 2）水下拆除、爆破 3）潜水作业	—
	7	脚手架工程	落地式钢管脚手架工程	搭设高度≥50 m	搭设高度≥24 m
			附着式整体提升和附着式分片提升脚手架工程	提升高度≥150 m	1）附着式整体提升脚手架 2）附着式分片提升脚手架
			悬挑式脚手架工程	1）架体高度≥20 m 2）作业高度≥100 m	悬挑式脚手架
			其他脚手架工程	—	1）吊篮脚手架 2）新型及异型脚手架 3）自制卸料平台、移动操作平台
	8	作业平台与施工通道工程	作业平台工程	1）搭设高度≥20 m 2）面积≥500 m^2 3）用于承载机械、车辆、材料或构件堆放的作业平台	一般作业平台

续表

序号		类别	危险源名称	临界量（重大危险源）	亚临界量（较大危险源）
危险性的分部分项工程	8	作业平台与施工通道工程	支撑式施工通道工程	1）搭设长度≥18 m 2）搭设高度≥20 m 3）用于行驶汽车、运输货物的栈桥或便桥 4）跨越既有道路、铁路的通道	一般支撑式施工通道
			悬索式施工通道工程	1）搭设长度≥18 m 2）搭设高度≥20 m 3）悬索桥猫道	一般悬索式施工通道
	9	模板工程及支撑体系工程	工具式模板工程	1）滑模 2）爬模 3）飞模 4）悬臂施工挂篮 5）移动模架	一般大模板工程
			混凝土模板支撑工程	1）搭设高度≥8 m 2）搭设跨度≥18 m 3）施工总荷载≥15 kN/m^2 4）集中线荷载≥20 kN/m 5）梁柱式模板支撑架 6）托架式模板支撑架	1）搭设高度≥5 m 2）搭设跨度≥10 m 3）施工总荷载≥10 kN/m^2 4）集中线荷载≥15 kN/m 5）高度大于支撑水平投影宽度且相对独立无联系构件的混凝土模板支撑架
			承重支撑体系工程	用于钢结构安装等满堂支撑体系，承受单点集中荷载≥700 kg	用于钢结构安装等满堂支撑体系
	10	起重吊装及安装拆卸工程	采用非常规起重设备、方法的起重吊装工程	单件起重吊装重量≥100 kN	单件起重吊装重量≥10 kN

续表

序号		类别	危险源名称	临界量（重大危险源）	亚临界量（较大危险源）
危险性的分部分项工程	10	起重吊装及安装拆卸工程	采用常规起重设备、方法的起重吊装工程	1）起重设备起重吊装重量≥300 kN 2）内爬起重设备的拆除高度≥200 m 3）起重吊装高度≥100 m	1）采用起重设备进行安装 2）起重设备自身的安装、拆卸
			采用施工升降机的起重吊装工程	1）施工升降机高度≥100 m 2）施工升降机额定载≥10 人	采用施工升降机安装、拆卸
	11	拆除、爆破工程	拆除工程	1）采用爆破方式的拆除 2）码头、桥梁、高架、烟囱、水塔或拆除中容易引起有毒有害气体（液）体或粉尘扩散，易燃易爆事故发生的特殊建（构）筑物的拆除 3）可能影响行人、交通、电力设施、通信设施或其他建（构）筑物安全的拆除 4）文物保护建筑、优秀历史建筑或历史文化风貌区控制范围的拆除	采用常规方法拆除一般建（构）筑物
			爆破工程	1）土石方爆破 2）爆炸物和爆破器材的储存与使用	—
	12	安装工程	建筑安装工程	1）建筑幕墙安装工程施工高度≥50 m 2）钢结构安装工程跨度≥36 m 3）网架和索膜结构安装工程跨度≥60 m	一般建筑安装
			桥梁拼装工程	1）顶推法拼装 2）吊机悬臂拼装 3）转体法拼装 4）钢管拱、箱拱拼装 5）预制桥梁架桥机拼装	—

续表

序号		类别	危险源名称	临界量（重大危险源）	亚临界量（较大危险源）
危险性的分部分项工程	13	其他工程	预应力工程	—	预应力施工
			四新技术及其他工程	采用新技术、新工艺、新材料、新设备及尚无相关技术标准的危险性较大的分部分项工程	—
	14	临时建筑物		1）楼层数≥3 层 2）楼层数≥2 层，每层额定使用人数≥50 人	1）楼层数≥2 层 2）楼层数≥1 层，每层额定使用人数≥50 人 3）砖砌围墙
	15	检查（参观）活动		1）检查（参观）人数≥30 人 2）重要领导参观、考察 3）庆典活动	检查（参观）人数≥10 人

说明：a. 本表所列为建筑工程施工常见的危险源。在实际施工过程中，应根据施工现场情况辨识危险源，如其他危险性的分部分项工程、危爆品储存场所、锅炉、临时用电、临边高处作业、运输活动等。

b. 如果本表中只规定了临界量，则涉及本项的危险源均为重大危险源；如果本表中只规定了亚临界量，则涉及本项的危险源均为较大危险源。

c. 支撑式施工通道主要指为车辆行走、货物运输和人员行走而设置的支撑类施工通道，包括桥梁施工中岸侧与桥墩之间，墩与墩（或跨与跨）之间的车辆行走、货物运输和人员行走的栈桥或便桥等施工通道。

d. 悬索式施工通道主要指为人员操作、人员行走和货物运输而设置的悬索类（非支撑式）施工通道，包括桥梁施工中悬索桥施工猫道，岸侧与墩之间、墩与墩之间的人员行走和货物运输便道等施工通道。

（4）危险源风险评估的流程及方法。危险源导致事故的可能性评估→危险源导致事故的严重性评估→确定危险源的风险等级及接受准则。

（5）危险源导致事故的可能性评估

1）危险源导致的事故应按表 4–5 的规定辨识；当尚有危险源导致的其他事故时，可以予以增加。

2）危险源导致事故其他可能性评估。按照表 4–6、表 4–7 进行评分，形成“危险源导致事故可能性评估一览表”。将评估因素分为二层：第一层为单项（包括 C1 作业人员、C2 施工机具、C3 临时设施、C4 施工方法、C5 作业环境、C6 安全管理 6 项）；第二层为操作层，分项（包括技能、健康状况、设施规模、相邻环境影响等 50 项）。

五、生产安全事故隐患治理知识

生产安全事故隐患（以下简称“事故隐患”）是指生产经营单位违反安全生产法律、法规、规章、标准、规程和安全生产管理制度的规定，或者其他因素在生产经营活动中存在可能导致事故发生的物的危险状态、人的不安全行为和管理上的缺陷。一般事故隐患是指危害和整改难度较小，发现后能够立即整改排除的隐患。重大事故隐患是指危害和整改难度较大，应当全部或者局部停产停业，并经过一定时间整改治理方能排除的隐患，或者外部因素影响致使生产经营单位自身难以排除的隐患。

事故隐患排查是指生产经营单位依据国家法律法规、标准规范及本单位有关管理制度，组织各级管理人员以各种安全检查的方式，对生产过程中可能存在的事故隐患进行全面检查梳理，并形成排查结果的过程。

应编制年度安全检查计划，并在各类安全检查实施前，进行安全检查策划，形成安全检查方案（或通知）。年度安全检查计划应包括但不限于以下内容：明确安全检查的工作目标和工作重点；确定安全检查的形式，制定安全检查计划周期和频次；确定安全检查总结通报形式和发放范围。

1. 安全检查的形式

安全检查包括不定期安全检查、天周月季安全检查、专项检查、季节性检查、节假日检查和重要活动检查等形式。对各种形式的安全检查，都应留存相关检查记录资料备查。

（1）不定期安全检查，是指项目经理部现场施工管理人员根据对正在实施的

表 4-5 危险源导致的事故辨识一览表

序号	危险源	导致的事故														
		物体打击	车辆伤害	机械伤害	起重伤害	触电	淹溺	火灾	高处坠落	坍塌	冒顶片帮	透水	放炮	火药爆炸	瓦斯爆炸	中毒和窒息
1	基坑（槽）工程	●	●	●	—	—	●	—	●	●	—	—	●	●	—	—
2	边坡工程	●	●	●	—	—	—	—	●	●	—	—	●	●	—	—
3	围堰和沉井工程	—	—	—	—	—	●	—	—	●	—	—	—	—	—	—
4	人工挖孔桩工程	●	●	●	—	●	●	●	●	●	—	—	—	—	—	●
5	地下暗挖、顶管工程	●	●	●	—	—	●	●	●	—	●	●	●	●	●	●
6	水下作业工程	—	—	—	—	—	●	—	—	—	—	—	—	—	—	—
7	脚手架工程	●	—	—	—	—	—	—	●	●	—	—	—	—	—	—
8	作业平台工程	●	—	—	—	—	●	—	●	●	—	—	—	—	—	—
9	支撑式施工通道工程	●	—	—	—	—	●	—	●	●	—	—	—	—	—	—
10	悬索式施工通道工程	●	—	—	—	—	●	—	—	●	—	—	—	—	—	—
11	模板工程及支撑体系工程	●	—	—	—	—	—	—	●	●	—	—	—	—	—	—
12	起重吊装及安装拆卸工程	—	—	—	●	—	—	—	—	—	—	—	—	—	—	—
13	拆除、爆破工程	●	—	●	—	—	—	—	●	●	—	—	●	●	—	—
14	安装工程	●	—	●	—	—	●	—	●	●	—	—	—	—	—	—
15	临时建筑物	●	—	—	—	—	—	●	●	●	—	—	—	—	—	●
16	检查（参观）活动	●	●	—	—	—	—	—	●	—	—	—	—	—	—	—

表 4-6　危险源导致事故可能性评估因素分类及分值

评估因素		评估方法及分值				说明
		1	2	4	6	
作业人员（第一层）	技能（第二层）	中级工达 50% 以上，其中高级工达 10% 以上	中级工达 40% 以上	中级工达 30% 以上	中级工少于 30%	针对除了特种作业的其他作业人员
	健康状况（第二层）	无异常人员	有异常人员但不从事禁忌作业	有异常人员从事禁忌作业	未体检或有受重伤人员作业	针对全体作业人员
	年龄（第二层）	45 岁以下达 80%，且 60 岁以下达 100%	45 岁以下达 70%，且 60 岁以下达 100%	45 岁以下达 60%，且 60 岁以上小于 10%	45 岁以下达 50%，且 60 岁以上大于 10%	针对全体作业人员
	工作经历（第二层）	5 年以上达 100%	5 年以上达 80%	5 年以上达 60%	5 年以上小于 60%	针对全体作业人员
	起重、爆破作业人员岗位证书（第二层）	持证上岗达 100%	持证上岗达 90% 以上	持证上岗达 80% 以上	持证上岗为 80% 以下	针对该危险源直接相关的人员
	其他特种作业人员岗位证书（第二层）	持证上岗达 100%	持证上岗达 80% 以上	持证上岗达 70% 以上	持证上岗为 70% 以下	针对该危险源直接相关的人员
施工机具（第一层）	规格型号及数量配备（第二层）	符合	基本符合	基本不符合	完全不符合	查是否符合安全专项方案的规定
	出厂证件（第二层）	齐全	1 项证件无，但有相关文件证明齐全	多项证件无，但有相关文件证明齐全	无出厂证件	查生产许可证、产品合格证，当为建筑起重设备时，则包括制造监督检验证明
	产权单位自检合格证明（第二层）	合格	主项指标合格，其他 1 项指标不合格	主项指标合格，其他多项指标不合格	无检测报告或主项指标不合格	查入场前产权单位的安全性能检测报告
	安装、使用与拆除（第二层）	符合	基本符合	基本不符合	完全不符合	包括安装方案、过程实施、防护等

续表

评估因素		评估方法及分值				说明
		1	2	4	6	
施工机具（第一层）	使用前验收（第二层）	一次性通过验收	有1项整改后通过验收	有多项整改后通过验收	有诸多限制后通过验收	当为建筑起重设备时，应有产权备案文件、检定单位
	维护保养（第二层）	好	较好	一般	差	查维护周期、内容、记录和结论
临时设施（第一层）	设施规模（第二层）	小于亚临界量	大于亚临界量	大于临界量	大于临界量50%	按表4-4规定执行
	设施用物资出厂证件（第二层）	齐全	1项证件无，但相关文件证明齐全	多项证件无，但相关文件证明齐全	无出厂证件	查产品合格证和送检报告。当为建筑起重设备时，则包括建造监督检验证明
	设施构造（第二层）	合理	基本合理	基本不合理	完全不合理	—
	试验或检定（第二层）	合格	主项指标合格，其他1项指标不合格	主项指标合格，其他多项指标不合格	未试验或检定，或主项指标不合格	指临时设施使用前的功能试验，当为建筑起重设备时，则为检定单位的检验
	设施防护与标志（第二层）	齐全	基本齐全	基本不齐全	无	查临时设施的防护、警示标志的设置
	设施使用前验收（第二层）	一次性通过验收	有1项整改后通过验收	有多项整改后通过验收	有诸多限制后通过验收	指临时设施安装后的使用前验收。当临时设施为建筑起重设备时，则包括产权备案文件、检定单位和检验报告

续表

评估因素		评估方法及分值				说明
		1	2	4	6	
临时设施（第一层）	设施监测监控（第二层）	全部监测项目100%监测，监测记录真实、完整	主要监测项目100%监测，其他监测项目1项未监测，监测记录真实、完整	主要监测项目100%监测，其他监测项目多项未监测，监测记录真实、完整	未监测，或主要监测项目未监测，或监测记录不真实、不完整	必要时查监测分析报告
	维护保养（第二层）	好	较好	一般	差	查维护周期、内容、记录和结论
施工方法（第一层）	专项方案审批（第二层）	已审批，完成所提意见	已审批，未完成所提意见	未审批，完成所提意见	未审批，未完成所提意见	针对内部审批
	专项方案论证（第二层）	已论证，一次性通过	已论证，修改后通过	已论证，不通过	未论证	—
	专项方案相关方审核（第二层）	审核完毕	审核仍提出意见	部分未审核	全部未审核	查专项方案在实施时专家组长、监理、建设单位的审核意见
	熟悉程度（第二层）	有案例，完全熟悉	基本熟悉	部分不熟悉	完全不熟悉	针对类似的危险源
	专项方案内容（第二层）	完整	基本完整	不完整	主要内容缺项	—
	临时设施设计计算（第二层）	计算正确	计算基本正确	部分计算有误	主要计算有误	—
	施工工艺（第二层）	符合实际需求	基本符合实际需求	部分不符合实际需求	完全不符合实际需求	—
	安全技术交底（第二层）	100%人员参与	80%以上人员参与	60%以上人员参与	60%以下人员参与	针对该危险源

续表

评估因素		评估方法及分值				说明
		1	2	4	6	
作业环境（第一层）	相邻环境影响（第二层）	无影响	影响不大	影响较大	影响很大	包括相邻的边坡、建（构）筑物、船舶、设备、车辆、山洪、风口等外部环境因素对该危险源的影响
	水文条件影响（第二层）	无影响	影响不大	影响较大	影响很大	河水对临时设施的影响
	地质条件影响（第二层）	无影响	影响不大	影响较大	影响很大	地质对临时设施的影响
	地形条件（第二层）	平坦	较平坦	不平坦	陡峭	地形对临时设施的影响
	恶劣气候影响（第二层）	无影响	影响不大	影响较大	影响很大	气候对临时设施的影响
	场地狭窄情况（第二层）	宽敞	局部狭窄	大部狭窄	很狭窄	—
	安全出口和通道（第二层）	畅通	基本畅通	不畅通	无出口和通道	—
	温度、湿度和气压（第二层）	适宜	基本适宜	不适宜	极不适宜	—
	光照情况（第二层）	好	较好	一般	差	查临时设施安装、使用和拆除过程中的光照
安全管理（第一层）	总承包单位资质（第二层）	特级	一级	二级	三级	—

续表

评估因素		评估方法及分值				说明
		1	2	4	6	
安全管理（第一层）	分包单位能力与安全管理协议（第二层）	能力符合，安全管理协议约定职责明确	能力符合，安全管理协议约定职责部分不明确	能力符合，安全管理协议约定职责不明确	能力不符合，无安全管理协议	能力包括企业资质和安全生产许可证
	分包单位项目管理机构和人员（第二层）	符合	基本符合	基本不符合	完全不符合	查分包单位项目有关负责人的任命，查安全生产负责人员的确定
	项目管理机构、项目主要人员及安全职责（第二层）	符合	基本符合	基本不符合	完全不符合	查项目经理部成立文件及项目负责人、生产负责人、技术负责人等主要负责人的任命，查项目经理部职能部门和安全职责
	项目专职安全人员配备（第二层）	符合，无兼职	有1人兼职	有2人兼职或专职少1人	专职少2人	按住建部的规定
	项目负责人履责（第二层）	履责	基本履责	基本不履责	完全不履责	查项目负责人在现场的带班记录以及组织召开安全会议的情况
	生产负责人及施工人员履责（第二层）	履责	基本履责	基本不履责	完全不履责	查在安全会议上提出的安全问题或建议，以及施工日志上的安全要求

续表

评估因素		评估方法及分值				说明
		1	2	4	6	
安全管理（第一层）	安全管理制度和操作规程的建立与执行（第二层）	符合	基本符合	基本不符合	不符合	查安全管理制度和操作规程的建立或张贴。查安全管理制度的执行结果，包括考核与奖惩、会议制度、隐患与整改等
	安全教育培训（第二层）	培训人员达 100%	培训人员达 80% 以上	培训人员达 60% 以上	培训人员达 60% 以下	针对所有作业人员
	班组安全活动（第二层）	开展很好	偶然 1 次没有开展	偶然开展 1 次	未开展	针对该危险源相关的班组，查开展安全活动的时间和记录
	日常安全隐患整改（第二层）	整改符合，记录真实	整改基本符合，记录真实	整改基本不符合，记录真实	未整改，或记录不真实	查项目经理部通过安全生产例会、安全检查提出的隐患整改
	相关方评价（第二层）	评价好	评价较好	评价一般	评价不好	通过政府、行业、建设、监理获得的评价结果
	评估现场监测（第二层）	未见明显隐患	有少量一般隐患	有较多一般隐患	有重大隐患	现场监测

注：①评估指数 C1～C6 为第一层单项所对应第二层分项实得分之和除以该单项所属第二层分项应得分之和 ×100%。

②综合评估指数 C 为第二层所有分项实得分之和除以对应的分项应得分之和 ×100%。（如果有第二层分项缺项的情况，只计算第二层不缺项分项的实得分和应得分，如果有第一层单项缺项的情况，就不需计算综合评估指数。）

③判定标准：危险源导致事故可能性等级应根据危险源导致事故可能性综合评估指数 C 和第一层评估指数 C1−C6 的双控指标大小，根据表 4−7 的规定予以判定，并遵循就高原则判定危险源导致事故可能性等级。

表 4-7　危险源导致事故可能性等级

危险源导致事故可能性综合评估指数 C（%）	第二层评估因素评估指数（%）						可能性等级	
	C1	C2	C3	C4	C5	C6	定性等级	定量等级
＜25	＜25						可能性极小	1
≥25	≥25						可能性小	2
≥50	≥50						可能	3
≥80	≥80						很可能	4

关键部位、关键工序、重要及危险作业应进行的日常巡检，及时发现并排除事故隐患。

（2）天周月季安全检查，是指各单位定期实施的安全检查。

（3）专项检查，是指各单位按照年度检查计划，针对危大工程、特种设备、消防安全开展的专项检查。

（4）节假日、重要活动检查，主要针对元旦、春节、劳动节、中秋节、国庆节以及重要活动等前后时段的安全检查；季节性检查主要是指夏季、冬季的安全检查。

2. 安全检查的内容

安全检查应依照国家现行有关法律法规、标准规范、相关规程、规定、规章以及规范性文件，包括但不限于以下内容。

（1）安全生产责任制的建立和落实情况。

（2）安全生产规章制度是否健全、完善。

（3）设备、设施是否处于安全运行状态。

（4）是否超过核定的生产能力、强度或者定员进行生产。

（5）有毒、有害等危险作业场所是否处于安全作业状态。

（6）从业人员是否具备相应的安全知识和操作技能，特种作业人员是否持证上岗。

（7）从业人员在工作中是否严格遵守安全生产规章制度和操作规程。

（8）发放配备的劳动防护用品是否符合国家标准或者行业标准，从业人员是否正确佩戴和熟练使用。

（9）现场生产管理、指挥人员有无违章指挥、强令从业人员冒险作业行为；指挥人员对从业人员的违章违纪行为是否及时发现和制止；对事故预兆或者已发现的事故隐患是否及时采取措施。

（10）危险源的检测监控情况；安全生产应急预案的编制完善、演练情况，对演练后发现的问题是否进行修改完善。

（11）在有较大危险因素的生产经营场所和有关设备、设施上是否设置了明显的安全警示标志。

（12）应急抢险物资储备情况。

（13）消防安全管理情况。

（14）易燃易爆物品安全使用情况等。

3. 安全检查的实施

（1）检查人员可以通过听取汇报、查看现场、查验资料、人员问询等方式实施安全检查，在过程中做好记录；并参照安全检查表及各行业重大事故隐患判定标准，确定一般事故隐患、重大事故隐患。

（2）对能够立即整改的一般事故隐患，检查人员应要求被检查单位立即整改；对难以立即整改的重大事故隐患，检查人员应下达整改通知，要求限期整改；对发现有危及作业人员生命安全、造成重大经济损失的重大事故隐患，检查人员应下达停工通知，要求停工整改。

（3）检查后，检查人员对事故隐患进行分类、分析，形成总结通报，并反馈检查情况，提出防范措施。

（4）建立安全检查档案，并及时将检查资料归档。

4. 事故隐患治理

事故隐患治理是指企业各层级按照职责分工，采取管理手段或技术手段，及时排除排查出的事故隐患，达到控制事故风险并形成长效机制的工作过程。各单位应严格按照安全生产责任制的要求，明确各岗位的责任人、责任范围和考核标准，确保事故隐患治理到位。

各单位应按照事故隐患危害程度和整改难度，将排查出的事故隐患分为一般事故隐患和重大事故隐患。

（1）一般事故隐患治理。针对排查出的一般事故隐患，各单位要建立事故隐患排查治理台账，落实专人限期进行整改，逐项销号，并形成闭环治理资料存档备查。

（2）重大事故隐患治理。针对排查出的重大事故隐患，各单位应当建立健全重大事故隐患排查治理和建档监控等制度，建立事故隐患排查治理台账，并按照整改责任人、措施、资金、时限和应急预案（“五定”原则）落实的要求逐一闭环治理。

对发现的重大事故隐患，各单位应根据现场情况，采取停止施工、停止使用相关设施或者设备的措施；重大事故隐患排除前或者排除过程中无法保证安全的，应立即从危险区域内撤出作业人员或者暂时停止施工。

1）各单位应根据重大事故隐患的严重程度，采用下发黄牌（较为严重）、红牌（特别严重）的方式实施挂牌督办，并形成重大事故隐患报告，包括以下内容。

①事故隐患的现状及其产生原因。

②事故隐患的危害程度和整改难度分析。

③事故隐患的治理方案。

2）重大事故隐患治理必须制定治理方案，并对事故隐患治理全过程实施监控，治理方案应当至少包括以下内容。

①治理的隐患清单。

②治理的标准要求。

③治理的方法和措施。

④经费和物资的落实。

⑤负责治理的机构、人员和工时安排。

⑥治理的时限要求。

⑦安全措施和应急预案。

⑧复查工作要求和安排。

⑨其他需要明确的事项。

3）重大事故隐患治理方案实施前，应当由所属实施单位或项目经理部技术负责人组织相关管理人员、技术人员和具体负责治理人员进行论证，必要时可以聘请专家参加。

4）重大事故隐患治理后，项目经理部应向所属实施单位或检查单位提出复工申请；收到复工申请后，各单位应在 2 天内组织本单位的技术人员、专家或检查单位有关人员，对重大事故隐患治理的情况进行评估。评估通过后，方可恢复施工。

5）对排查出的重大事故隐患，项目经理部要及时将事故隐患排查治理台账、重大事故隐患治理方案向所属实施单位和当地安全站报告，并将相关资料单独建档留存备查。

六、生产安全事故应急预案

1. 生产安全事故应急预案的概念

生产安全事故应急预案是指事先编制的关于生产安全事故发生时进行紧急救援的组织、程序、措施、责任及协调等方面的方案和计划，是对特定的潜在事件和紧急情况发生时所采取措施的计划安排，是应急响应的行动指南。

编制生产安全事故应急预案的目的是避免紧急情况发生时出现混乱，确保按照合理的响应流程，采取适当的救援措施，预防和减少可能随之引发的职业健康安全和环境影响。

2. 生产安全事故应急预案体系的构成

生产安全事故应急预案应构成体系，针对各级各类可能发生的生产安全事故和所有危险源编制专项应急预案和现场处置方案，并明确事前、事中、事后的各个过程中相关部门和有关人员的职责。生产规模小、危险因素少的施工单位可以合并编制综合应急预案和专项应急预案。

（1）综合应急预案。综合应急预案是从总体上阐述生产安全事故的应急方针、政策，应急组织结构及相关应急职责，应急行动、措施和保障等基本要求和程序，是应对各类生产安全事故的综合性文件。

（2）专项应急预案。专项应急预案是针对具体的生产安全事故类别、危险源和应急保障而编制的计划和方案，是综合应急预案的组成部分，应按照综合应急预案的程序和要求组织编制，并作为综合应急预案的附件。专项应急预案应制定明确的救援程序和具体的应急救援措施。

（3）现场处置方案。现场处置方案是针对具体的装置、场所、设施、岗位所编制的应急处置措施。现场处置方案应具体、简单、针对性强。现场处置方案应根据风险评估及危险性控制措施逐一编制，做到生产安全事故相关人员应知应会，熟练掌握，并通过应急演练，做到迅速反应、正确处置。

3. 生产安全事故应急预案编制的原则和主要内容

（1）生产安全事故应急预案编制的原则

1）重点突出、针对性强。应结合本单位的实际情况，分析可能导致生产安全事故的原因，有针对性地编制生产安全事故应急预案。

2）统一指挥、责任明确。生产安全事故应急预案实施的负责人以及施工单位各有关部门和人员如何分工、配合、协调，应在生产安全事故应急预案中加以明确。

3）程序简明、步骤明确。生产安全事故应急预案的程序要简明，步骤要明确，具有较强的可操作性，保证发生生产安全事故时及时启动、有序实施。

（2）生产安全事故应急预案编制的主要内容

1）编制生产安全事故应急预案的目的和适用范围。

2）组织机构及其职责。明确应急组织机构、参加部门、负责人和人员及其职责、作用和联系方式。

3）危险源辨识与风险评价。确定可能发生的生产安全事故的类型、地点、影响范围及可能影响的人数。

4）报警系统和通告程序。确定报警系统及程序、报警方式、联系方式，向公众通告的标准、方式、信号等。

5）应急设备与设施。明确可以用于应急救援的设施和维护保养制度，明确有关部门可以利用的应急设备和危险监测设备。

6）求援程序。明确应急人员向外求援的方式，包括与消防机构、医院、急救中心的联系方式。

7）保护措施程序。保护生产安全事故现场的方式方法，明确可以授权发布疏散作业人员及施工现场周边居民指令的机构及负责人，明确疏散人员的接收中心或避难场所。

8）恢复程序。明确决定终止应急、恢复正常秩序的负责人，宣布应急取消和恢复正常秩序的程序。

9）培训与演练。培训与演练包括定期培训、演练计划及定期检查制度，对应急人员进行培训，并确保合格者上岗。

10）维护生产安全事故应急预案。更新和修订生产安全事故应急预案的方法，根据演练、检测结果，完善生产安全事故应急预案。

七、生产安全事故处理知识

1. 生产安全事故报告和调查处理的原则

根据国家法律法规的要求，在生产安全事故报告和调查处理时，要遵循实事求是、尊重科学的原则，既要及时、准确地查明生产安全事故原因，明确生产安全事故责任，使责任人员受到处理，又要总结经验教训，落实整改和防范措施，防止类似生产安全事故再次发生。因此，施工项目一旦发生生产安全事故，必须遵循“四不放过”的原则。

（1）生产安全事故原因没有查清不放过。

（2）责任人员没有受到处理不放过。

（3）职工群众没有受到教育不放过。

（4）防范措施没有落实不放过。

2. 生产安全事故报告的要求

根据《生产安全事故报告和调查处理条例》等相关规定的要求，生产安全事故报告应当及时、准确、完整，任何单位和个人对生产安全事故不得迟报、漏报、谎报或者瞒报。

3. 生产安全事故调查

根据《生产安全事故报告和调查处理条例》等相关规定的要求，生产安全事故调查处理应当坚持实事求是、尊重科学的原则，及时、准确地查清生产安全事故经过、生产安全事故原因和生产安全事故损失，查明生产安全事故性质，认定生产安全事故责任，总结生产安全事故教训，提出整改措施，并对生产安全事故责任人员依法追究责任。

4. 生产安全事故处理

（1）施工单位的生产安全事故处理

1）生产安全事故现场处理。生产安全事故处理是落实“四不放过”原则的核心环节。当生产安全事故发生后，生产安全事故发生单位应当妥善保护生产安全事故现场，做好标识，排除险情，采取有效措施抢救伤员和财产，防止生产安全事故扩大。

生产安全事故现场是追溯判断发生生产安全事故原因和生产安全事故责任人员责任的客观物质基础。抢救人员、疏导交通等原因，需要移动现场物件时，应当做出标志，绘制现场简图，并做书面记录，妥善保存现场重要痕迹、物证，有条件的可以拍照或录像。

2）生产安全事故登记。施工现场要建立生产安全事故登记表，作为生产安全事故档案，对发生生产安全事故人员的姓名、性别、年龄、工种等级，负伤时间、伤害程度、负伤部门及情况、简要经过及原因记录归档。

3）生产安全事故分析记录。施工现场要有生产安全事故分析记录，对发生轻伤、重伤、死亡、重大设备事故及未遂事故必须遵循“四不放过”的原则组织分析，查出主要原因，分清责任，提出防范措施，应吸取的教训要记录清楚。

4）坚持生产安全事故月报制度，如果当月无生产安全事故也要报空表。

（2）建设主管部门的生产安全事故处理

1）建设主管部门应当依据有关人民政府对生产安全事故的批复和有关法律法规的规定，对生产安全事故相关责任人员实施行政处罚。处罚权限不属于本级建设主管部门的，应当在收到生产安全事故调查报告批复后 15 个工作日内，将生产安全事故调查报告（附具有关证据材料）、结案批复、本级建设主管部门对有关责任人员的处理建议等转送有权限的建设主管部门。

2）建设主管部门应当依据有关法律法规的规定，对因降低安全生产条件导致生产安全事故的施工单位，给予暂扣或吊销安全生产许可证的处罚；对生产安全事故负有责任的相关单位，给予罚款、停业整顿、降低资质等级或吊销资质证书的处罚。

3）建设主管部门应当依据有关法律法规的规定，对生产安全事故发生负有责任的注册执业资格人员给予罚款、停止执业或吊销其注册执业资格证书的处罚。

5. 法律责任

（1）生产安全事故报告和调查处理的违法行为。根据《生产安全事故报告和调查处理条例》规定，对生产安全事故报告和调查处理中的违法行为，任何单位和个人有权向安全生产监督管理部门、监察机关或者其他有关部门举报，接到举报的部门应当依法及时处理。

生产安全事故报告和调查处理中的违法行为包括生产安全事故发生单位及其有关人员的违法行为，还包括政府、有关部门及有关人员的违法行为，主要有以下几种。

1）不立即组织生产安全事故抢救。

2）在生产安全事故调查处理期间擅离职守。

3）迟报或者漏报生产安全事故。

4）谎报或者瞒报生产安全事故。

5）伪造或者故意破坏生产安全事故现场。

6）转移、隐匿资金、财产，或者销毁有关证据、资料。

7）拒绝接受调查或者拒绝提供有关情况和资料。

8）在生产安全事故调查中作伪证或者指使他人作伪证。

9）生产安全事故发生后逃匿。

10）阻碍、干涉生产安全事故调查。

11）对生产安全事故调查不负责任，致使生产安全事故调查有重大疏漏。

12）包庇、袒护负有生产安全事故责任的人员或者借机打击报复。

13）故意拖延或者拒绝落实经批复的对生产安全事故责任人员的处理意见。

（2）责任人员和责任单位的法律责任

1）生产安全事故发生单位主要负责人有上述1）~3）违法行为之一的，处上一年年收入40%~80%的罚款；属于国家工作人员的，并依法给予处分；构成犯罪的，依法追究刑事责任。

2）生产安全事故发生单位及其有关工作人员有上述4）~9）违法行为之一的，对生产安全事故发生单位处100万元以上500万元以下的罚款；对主要负责人、直接负责的主管人员和其他直接责任人员处上一年收入60%~100%的罚款；属于国家工作人员的，并依法给予处分；构成违反治安管理行为的，由公安机关依法给予治安管理处罚；构成犯罪的，依法追究刑事责任。

3）有关地方人民政府、安全生产监督管理部门和负有安全生产监督管理职责的有关部门有上述1）、3）、4）、8）、10）违法行为之一的，对直接负责的主管人员和其他直接责任人员依法给予处分；构成犯罪的，依法追究刑事责任。

4）参与生产安全事故调查的人员在生产安全事故调查中有上述11）、12）违法行为之一的，依法给予处分；构成犯罪的，依法追究刑事责任。

5）有关地方人民政府或者有关部门有13）违法行为的，由监察机关对有关责任人员依法给予处分。

职业模块 五
成果输出

培训课程 1 模型保存

学习单元 1 模型保存方法

培训重点

1. 熟悉模型保存方法。
2. 熟悉模型快速保存方法。

一、模型保存方法

创建和编辑模型后，选择“文件”→“保存”，弹出“另存为”对话框，如图 5-1 所示。选择保存路径，确认文件名及文件类型（RVT 文件格式），单击“保存”按钮，保存模型。

第一次保存后，再次选择“文件”→“保存”，不再弹出“另存为”对话框，而是根据设定的保存路径，覆盖原来的文件。如果需要改变保存路径，选择“文件”→“另存为”，重新选择保存路径，确认文件名及文件类型，单击“保存”按钮即可。

二、模型快速保存方法

1. 通过快速访问栏保存

创建和编辑模型后，单击快速访问栏中的“保存”图标 ，弹出“另存为”对话框。选择保存路径，确认文件名及文件类型，单击“保存”按钮，保存模型。

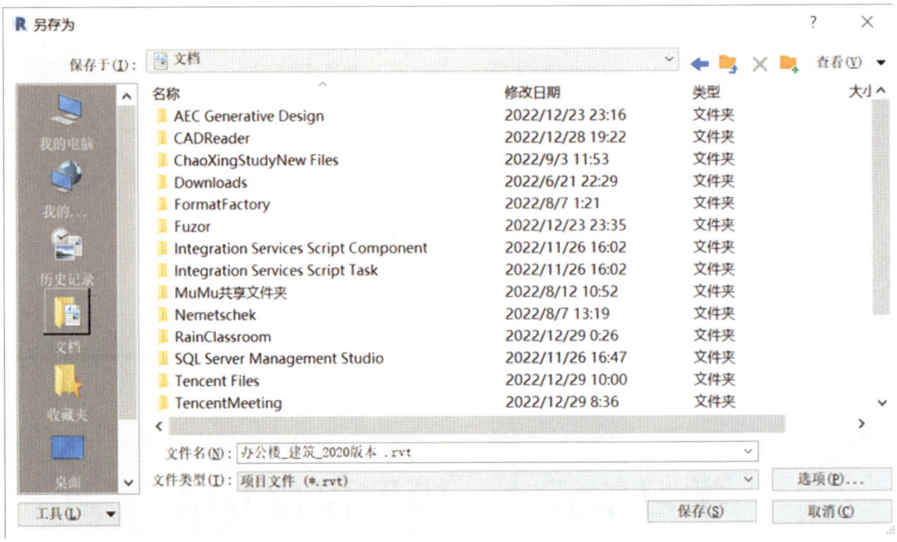

图 5-1　保存模型

2. 通过快捷键保存

创建和编辑模型后，同时按住 Ctrl+S，弹出“另存为”对话框。选择保存路径，确认文件名及文件类型，单击“保存”按钮，保存模型。

学习单元 2　模型输出为不同文件格式方法

培训重点

1. 了解模型输出的常见文件格式。
2. 了解模型输出为常见文件格式方法。

一、模型保存为 RVT 文件格式方法

1. RVT 文件格式介绍

RVT 文件格式是基于 Revit 平台的建筑信息模型文件格式，包含了整个项目结构的所有设计信息，主要内容包括型、注释、视图、图纸等信息。

2. RVT 文件格式保存方法

选择“文件”→“另存为”→“项目”，如图 5-2 所示。弹出“另存为”对话框，选择保存路径，确认文件名，单击“保存”按钮即可。

二、模型保存为 RTE 文件格式方法

1. RTE 文件格式介绍

为了规范设计标准并避免多次重复常见的通用需求，Revit 提供了一个自定义文件格式建模，称为项目样板。项目样板包含项目单位、注释样式、文本样式、行宽、输入输出文件格式等内容。在项目开始之前，可以建立符合项目要求的设计标准，并将其保存为项目样板，从而在设计其他类似项目时节省大量的时间。在 Revit 中，系统附带了一个示例文件——Structural Analysis-default-chnchs.rte，符合国产化设计标准。这个示例文件设置了一些基本内容，在此基础上定制符合自身要求的项目样板文件，给设计工作带来极大的便利，缩短项目的设计周期。

2. RTE 文件格式保存方法

选择“文件”→“另存为”→“样板”，如图 5-3 所示。弹出“另存为”对话框，选择保存路径，确认文件名，单击“保存”按钮即可。

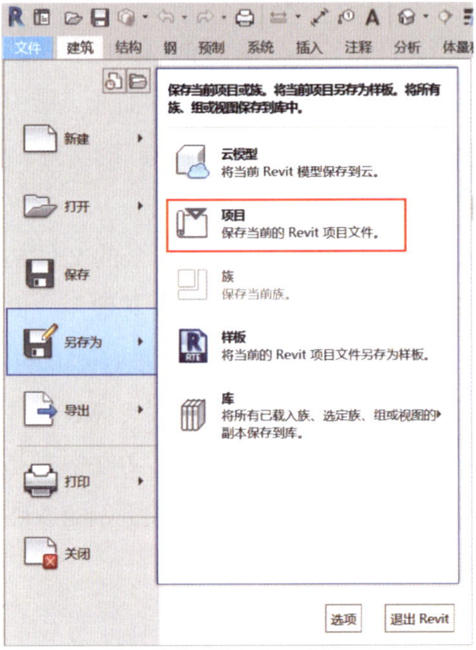

图 5-2 RVT 文件格式保存方法

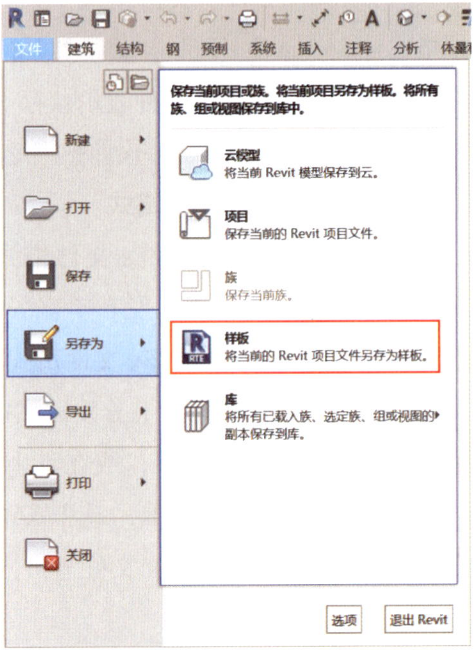

图 5-3 RTE 文件格式保存方法

三、模型可以输出的其他文件格式

1. CAD 文件格式

Revit 能够输出为 AutoCAD 软件相关文件格式，从而实现 CAD 和建筑信息模型高效转换。

Revit 能够输出为的 CAD 文件格式包括 4 种，分别是 DWG 文件格式、DXF 文件格式、DGN 文件格式和 ACIS（SAT）文件格式。

（1）DWG 文件格式。DWG 文件格式是 AutoCAD 创立的一种图纸保存文件格式，已成为二维 CAD 的标准文件格式，很多其他 CAD 软件为了兼容 AutoCAD，也将 DWG 文件格式作为默认文件格式。

（2）DXF 文件格式。DXF 文件格式实际上是一种标准的文本文件格式，常用于交换交流 CAD 设计，也被 CAD 行业的专业人士用于读写 DWG 文件。

（3）DGN 文件格式。DGN 文件格式是 Bentley 软件公司的 MicroStation 和 Intergraph 公司的 Interactive Graphics Design System（IGDS）CAD 程序支持的文件格式。尽管 DGN 文件格式不如 DWG 文件格式使用广泛，但在如建筑、高速路、桥梁、工厂设计、船舶制造等大型工程上，它肩负着重要的使命。

（4）ACIS（SAT）文件格式。SAT 文件格式是 ACIS 的数据文件格式，ACIS 文件格式是 Spatial Technology 公司的几何造型引擎文件格式。它集线框、曲面和实体造型于一体，并允许这 3 种表示共存于统一的数据结构中，作为成熟的商业三维引擎，ACIS 文件格式在 CAx 软件中广泛使用，所以 SAT 文件格式同样被广泛支持。

2. DWF/DWFx 文件格式

DWF 文件格式和 DWFx 文件格式是 Autodesk 公司开发的一种安全的文件格式，让用户既可以合并和发布丰富的二维和三维设计数据，又可以与其他用户共享。DWF 文件格式和 DWFx 文件格式均为高压缩比的文件格式，因此它们比 DWG 文件格式更适合在互联网上分发以供审阅。可以将单个图形输出到单个 DWF 文件格式或 DWFx 文件格式中，或在其中发布多个图形和图纸集。DWFx 文件格式是 DWF 文件格式的最新版本，基于 XML 图纸规格（XPS），可以使用 Microsoft XPS 查看器查看和打印。DWFx 文件通常比相应的 DWF 文件大。

3. FBX 文件格式

FBX 文件格式是一种流行的三维数据交换格式，用于三维编辑器和游戏引擎之间。它最初是作为 Kaydara 公司的 FilmBox 动作捕捉工具的原生文件格式创建的。FBX 文件格式的名称和文件扩展名源自该应用程序的名称 FilmBox。

FBX 文件格式支持三维模型、场景层次、材质照明、动画、骨骼、蒙皮和混合形状。FBX 文件格式使用二进制格式，当将数据存储为二进制时，写入和读取的速度更快，因此 FBX 文件格式是一种既快速又高效的文件格式。

4. gbXML 文件格式

gbXML 文件格式被用以实现转化存储在 CAD 建筑信息模型中的信息，使建筑设计时的模型可以在众多的工程分析工具中互用，实现整合的互用性。以 Revit 为代表的 BIM 软件可以将其模型数据输出为各种工程分析工具专用的 gbXML 文件格式。gbXML 文件格式已经成为行业内认可度最高的数据文件格式。Graphisoft 公司的 ArchiCAD、Bentley 软件公司的 Bentley Architecture 以及 Autodesk 公司的 Revit 系列产品，均可以将建筑信息模型输出为 gbXML 文件格式，为在工程分析工具中进行计算提供了非常便利的途径。

5. IFC 文件格式

IFC（industry foundation class）文件格式产生于 1994 年，是由 Autodesk 公司发起的、用于定义建筑信息可扩展的统一数据文件格式，以便在建筑、工程和施工软件应用程序之间进行交互。在工程项目中，当需要多个软件协同完成任务时，不同软件之间就会出现数据交换和共享的需求。这时，工程人员希望将工作成果（工程数据）从一个软件完整地输入另一个软件，这个过程可能反复出现。如果涉及的软件很多，将是一个很复杂的技术问题。如果有一种标准的、公开的数据表示和存储文件格式，每个软件都能输入、输出这种文件格式的工程数据，将大大简化问题，IFC 文件格式就是这种文件格式。

6. ODBC 数据库

ODBC（Open Database Connectivity，开放数据库互联）是微软公司开放服务结构（WOSA，Windows Open Services Architecture）中有关数据库的一个组成部分。它建立了一组规范，并提供了一组对数据库访问的标准 API（应用程序接口）。这些 API 利用 SQL 完成大部分任务。ODBC 也支持 SQL 语言，可以使用 ODBC 驱动程序访问数据的位置。

7. 其他文件格式

除了上述各种文件格式，Revit 还可以输出为图像（JPEG/PNG 等）、动画（AVI 等）、报告（XSL/DOC）等文件格式。

四、模型输出为其他文件格式方法

1. 输出为 CAD 文件格式

选择“文件”→“导出”→“CAD 格式”。根据实际需要，在下拉菜单中选择 DWG、DXF、DGN 或者 ACIS（SAT）文件格式，如图 5–4 所示。单击后，弹出对话框。

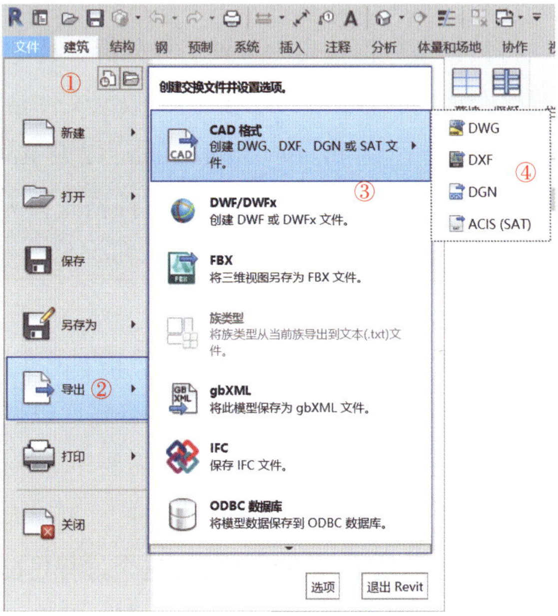

图 5–4　输出 CAD 文件格式

以输出为 DWG 文件格式为例，在“DWG 导出”对话框的“导出”选项中，选择“< 任务中的视图 / 图纸集 >”，在“按列表显示”右侧的下拉菜单中，选择“模型中的视图”，在选择框中出现创建的各个图纸（见图 5–5）。

选择需要输出的图纸后，单击“下一步”按钮，进入“导出 CAD 格式”对话框。在对话框中，设置文件类型、文件名和保存路径后，单击“确定”按钮，即可输出为 DWG 文件格式（见图 5–6）。

输出为 DXF、DGN 和 ACIS（SAT）文件格式的方法与输出为 DWG 文件格式的方法相同，在此不再赘述。

2. 输出为 DWF/DWFx 文件格式

选择“文件”→“导出”→“DWF/DWFx”，弹出“导出设置”对话框。

“导出设置”对话框共包含 3 个选项卡。

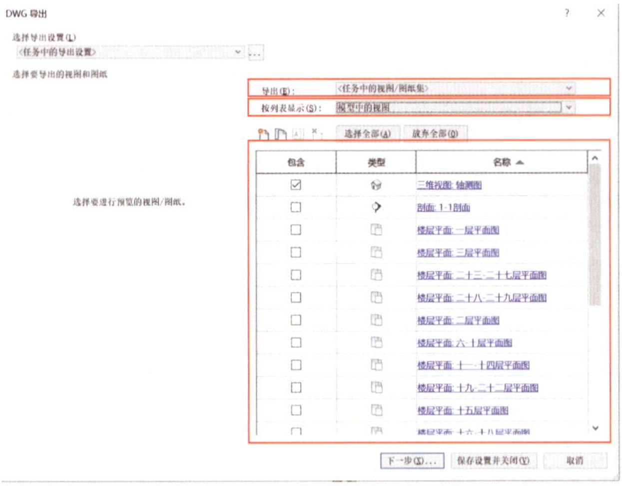

图 5-5 选择需要输出的图纸

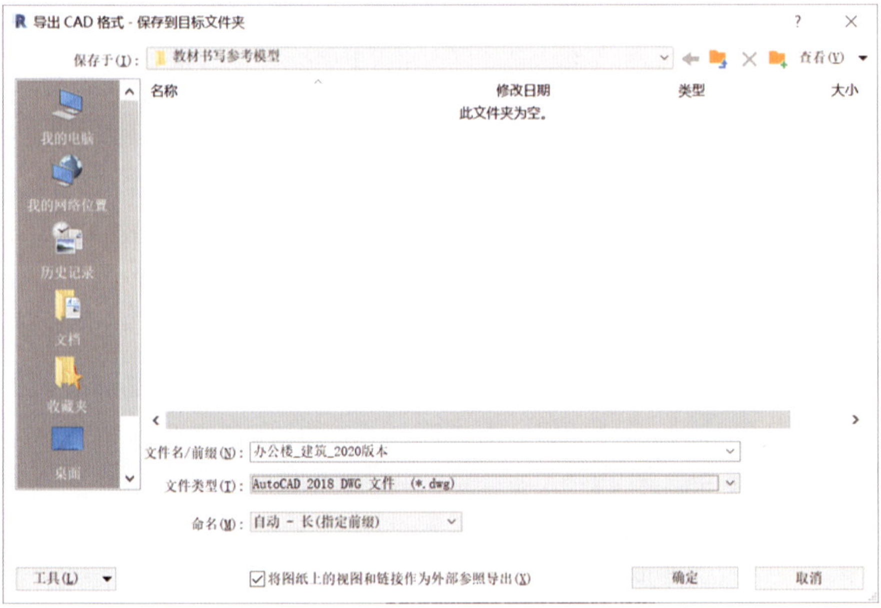

图 5-6 “导出 CAD 格式”对话框

（1）视图 / 图纸。视图 / 图纸用于设置需要输出的图纸内容。

（2）DWF 属性。DWF 属性用于设置输出对象的数据信息、打印格式等。

（3）项目信息。项目信息用于编辑输出图纸的工程名称、工程地址等基本信息。

通常来说，仅需要设置“视图 / 图纸”选项卡，其余 2 项根据实际需要进行编辑设置。如果无特殊需要，无须设置，保持默认内容即可。

在“视图 / 图纸”选项卡的“导出”选项中选择“< 任务中的视图 / 图纸集 >”，

在“按列表显示”右侧的下拉菜单中选择“模型中的视图”，在选择框中出现创建的各个图纸。

选择需要输出的图纸后，单击“下一步”按钮，进入“导出 DWF”对话框。在对话框中，设置文件类型、文件名和保存路径后，单击“确定”按钮，即可输出为 DWF/DWFx 文件格式。

3. 输出为 FBX 文件格式

选择“文件”→“导出”→“FBX”，弹出“导出 FBX”对话框。在对话框中，设置文件类型、文件名和保存路径后，单击“确定”按钮，即可输出为 FBX 文件格式。

4. 输出为 gbXML 文件格式

（1）Revit 模型处理

1）务必包含基本的墙、楼板、屋顶、门窗、幕墙等边界图元，尽可能删除或隐藏其他图元。

2）重点处理主要的空间，可以简化次要的、对分析影响不大的空间，也可以合并小空间。

3）放置房间，并调整房间的空间高度，要正确输出为 gbXML 文件，必须计算房间的体积。

（2）进入“三维模型”视图，选择“文件”→“导出”→“gbXML”，弹出“导出 gbXML”对话框。

（3）在“导出 gbXML”对话框中，选择“使用房间/空间体积”，单击“确定”按钮，如图 5–7 所示。

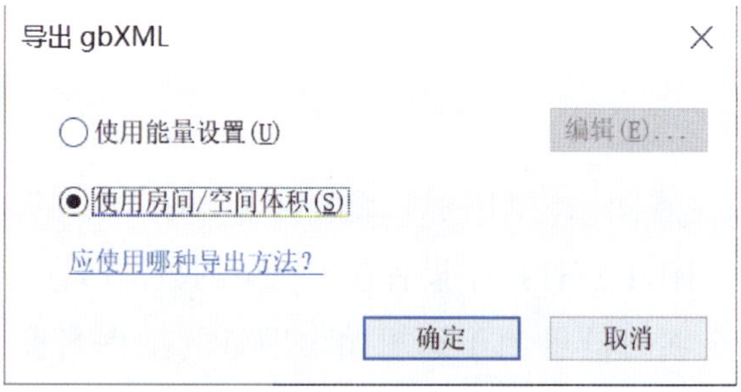

图 5–7 “导出 gbXML”对话框

（4）在“详细信息”列表中，确定所有房间均没有报错符号 ⚠，选择需要分析的房间后，单击“下一步”按钮，如图 5–8 所示。

图 5-8　确认所有房间均未报错

（5）在对话框中，设置文件类型、文件名和保存路径后，单击“确定”按钮，即可输出为 gbXML 文件格式。

5. 输出为 IFC 文件格式

选择“文件”→“导出”→“IFC”，弹出“导出 IFC”对话框，如图 5-9 所示。单击右侧的“修改设置”，进入“修改设置”对话框，如图 5-10 所示。对话框包括“常规”“其他内容”“属性集”“详细程度”“高级”等内容，可以对 IFC 文件的图元类型、项目参数、基准数量等内容进行设置。根据实际情况设置完成后，单击“确定”按钮。在“导出 IFC”对话框，设置文件名和保存路径后，单击“导出”按钮，即可输出为 IFC 文件格式。

6. 输出到 ODBC 数据库

（1）选择“文件”→“导出”→“ODBC 数据库”。

（2）在“选择数据源”对话框中，单击“新建”按钮，创建新的数据源名称（DSN）。

（3）在“创建新数据源”对话框中操作

1）选择一个驱动程序，单击“下一步”按钮。此驱动程序与输出到的软件程序（如 Microsoft Access、dBase 或 Paradox）关联。

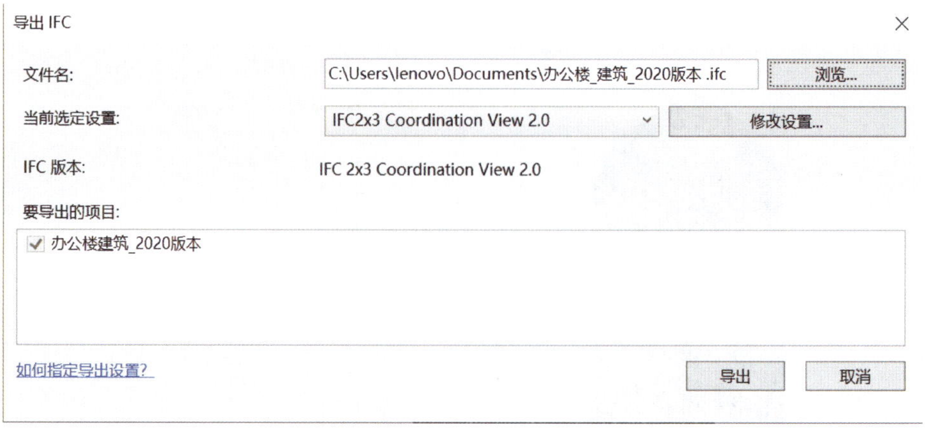

图 5-9 “导出 IFC”对话框

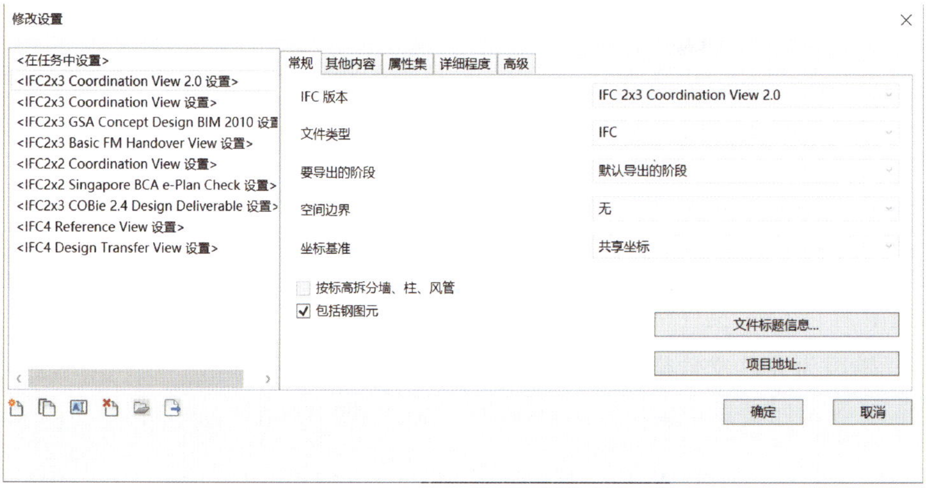

图 5-10 “修改设置”对话框

2）输入 DSN 名称，或定位到目标文件夹并指定文件名，单击“下一步”按钮。

3）弹出确认对话框。如果信息错误，单击“上一步”按钮，进行修改。

4）单击“完成”按钮。

（4）创建数据库文件。根据选择的驱动程序，弹出相应的对话框。可以指定要使用的数据库，或创建一个新的数据库。

例如，对于 Microsoft Access，可以单击“选择”按钮，选择一个现有的数据库，或单击“创建”按钮，创建一个新的空数据库，以便导出数据。对于 Microsoft Excel，可以使用 Excel 创建一个新的、具有所需名称的空工作簿，然后在对话框中单击“选择工作簿”，并定位到新工作簿。

（5）在“选择数据源”对话框中，单击“确定”按钮。

（6）在“ODBC 设置”对话框中，单击“确定”按钮，输出到 ODBC 数据库。

7. 输出为图像文件格式

输出为图像文件格式时，Revit 将每个视图直接打印到光栅图像文件中，可以将此图像用于在线显示或打印素材。

（1）选择“文件”→“导出”→“动画和图像”→“图像”。

（2）在“导出图像”对话框中，单击“修改”按钮，根据需要修改图像的默认保存路径和文件名。

（3）在“导出范围”下，指定要输出的图像，如当前窗口、当前窗口可见部分或所选视图 / 图纸。

（4）在“图像尺寸”下，指定图像显示属性。指定图像的输出尺寸和方向，选择“将视图 / 图纸缩放以适合”，并输入像素值，选择“水平”或“垂直”作为“方向”，在水平或垂直方向将图像缩放到指定数目的像素。放大或缩小图像，选择“将视图 / 图纸缩放为实际尺寸的”，并输入百分比，按指定的缩放比例输出图像。

（5）在“选项”下，选择所需的输出选项。在默认情况下，输出图像中的链接以黑色显示。要显示蓝色链接，选择“用蓝色表示视图链接”。要在输出的视图中隐藏不必要的图形部分，选择“隐藏参照 / 工作平面”“隐藏范围框”“隐藏裁剪边界”“隐藏未参照视图的标记”。

（6）在“格式”下，选择着色视图和非着色视图的输出格式。如果指定了“图像尺寸”下“将视图 / 图纸缩放为实际尺寸的”百分比，需要为“光栅图像质量”选择 DPI（每英寸点数）。

（7）单击“确定”按钮，输出为图像文件格式。

培训课程 2 图纸创建

学习单元 1 查看图纸

培训重点

1. 了解用建模软件创建图纸方法。
2. 熟悉用建模软件查看图纸方法。
3. 熟悉保存、输出图纸方法
4. 熟悉编辑图纸名称、备注信息方法。

在完成 Revit 三维模型，将各平面、立面、剖面等视图创建完成并标注尺寸、文字等各类信息后，可以将一个或多个视图添加到图纸中形成最终的图纸。对创建完成的图纸，可以随时查看、输出。

一、创建图纸方法

在“视图”选项卡“图纸组合”面板中，单击“图纸”，弹出“新建图纸”对话框，如图 5-11 所示。在“选择标题栏”列表框下，可以选择带有标题栏的图幅大小。根据需要，载入图幅模板，如 A0 公制、A1 公制等各种图幅。如果没有所需尺寸的标题栏，也可以根据需要创建个性化的标题栏族载入当前项目。在窗口列表中，显示载入的公制标题栏类型，供选择。

当选择“无”时，创建不带标题栏的图纸。单击“确定”按钮，跳转到“新建图纸视图”中。在项目浏览器中图纸目录下，出现名称为“01- 未命名”的新图纸视图。

二、在图纸中添加视图方法

1. 添加视图

切换视图至“01- 未命名”，在“视图”选项卡“图纸组合”面板中，单击“视图”，弹出“视图”对话框。在列表中，显示当前项目中所有可用的视图，如图 5-12 所示。选择“楼层平面：一层平面图”，单击“在图纸中添加视图”按钮。在绘图区域中，出现一层平面图视图的视口，移动光标，使视口位于合适的位置，单击放置该视图。

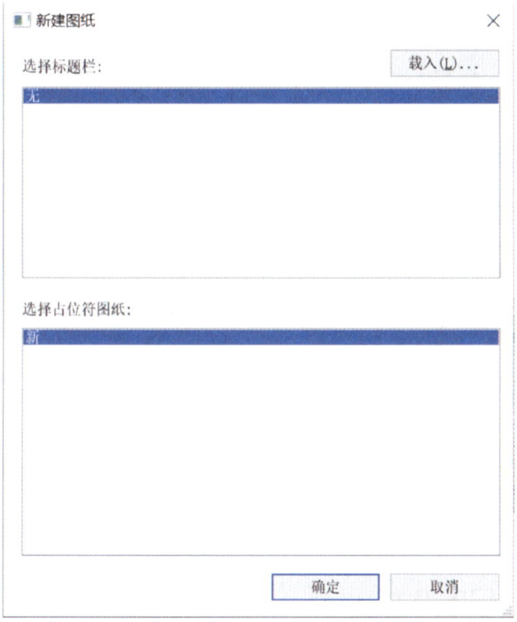

图 5-11 “新建图纸”对话框

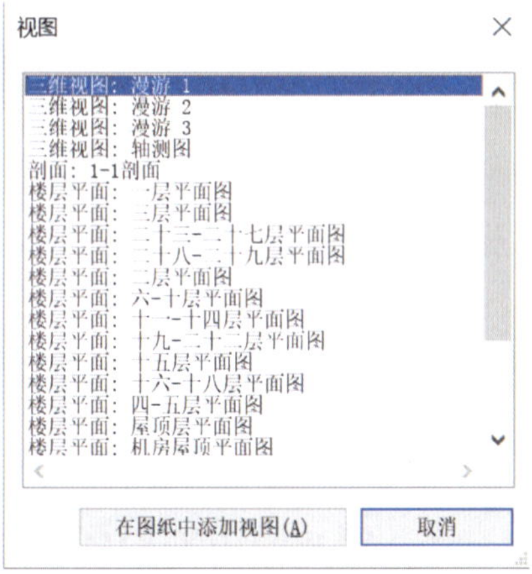

图 5-12 选择并添加视图

2. 修改视口大小

单击视口，在“属性”选项板中，勾选“裁剪视图”“裁剪区域可见”，单击“应用”按钮，可见视口大小与裁剪区域大小相关联。在“楼层平面：一层平面图”中，调整裁剪区域至合适大小。

三、查看创建好的图纸方法

在创建多个图纸后，在项目浏览器中，双击要查看的图纸名称，即可查看相应的图纸。

学习单元 2　保存查看的图纸

培训重点

1. 了解输出为 CAD 文件格式设置方法。
2. 熟悉保存图纸和输出图纸方法。

一、输出为 CAD 文件格式设置方法

在 Revit 中完成所有的图纸设置后，可以将所生成的文件输出为 DWG 文件格式、DXF 文件格式等 CAD 文件格式，以供其他专业设计人员使用。虽然 Revit 不支持图层的概念，但可以设置各构件对象输出为 DWG 文件格式时对应的图层，以方便在 CAD 中运用。下面以最常用的 DWG 文件格式为例，介绍如何将 Revit 图纸数据转换并输出为 DWG 文件格式数据。

在输出为 DWG 文件格式前，需要设置 Revit 和 DWG 文件格式之间的映射格式。Revit 采用构件类别管理图形，CAD 采用图层方式管理图形，因此需要设置 Revit 构件类别和 CAD 图层映射。

二、修改输出为 DWG 文件格式设置方法

选择“文件”→“导出”→“CAD 模式”→“DWG”，弹出“DWG 导出”对话框。单击“选择导出设置”选项下的 ... 图标，弹出“修改 DWG/DXF 导出设置”对话框，如图 5–13 所示。

在“层”选项卡列表中，指定各类对象类别及其子类别的投影和截面图形在输出为 DWG/DXF 文件格式时对应的图层名称、线、颜色 ID。进行图层设置的方法有 2 种：根据要求，逐个手动修改图层名称、线、颜色等；通过加载图层映射标准进行批量修改。

Revit 提供了 4 种国际图层映射标准，以及从外部加载图层映射标准的方式。选择“从以下文件加载设置”，在弹出的对话框中，选择 TXT 文件格式的配

图 5-13 “修改 DWG/DXF 导出设置”对话框

置文件。

定义图层后，单击对话框左下角“新建导出设置”按钮，将设置好的图层映射关系保存为独立的配置文本文件，在“选择导出设置”列表中显示“设置 1”，方便后期选择调用。

三、设置填充图案

切换至“填充图案”选项卡，打开填充图案映射列表。在默认情况下，Revit 中的填充图案在输出为 DWG 文件格式时，选择“自动生成填充图案”，即保留 Revit 中的填充图案不变。如混凝土、钢筋混凝土等填充图案在输出为 DWG 文件格式后，会出现无法被 AutoCAD 识别为内部填充图案，从而无法对图案进行编辑的情况。要避免这种情况，可以单击填充图案对应的下拉列表，选择合适的 AutoCAD 内部填充图案即可，如图 5-14 所示。

此外，可以根据需要，继续在“修改 DWG/DXF 导出设置”对话框中，对需要导出的线、颜色、字体等进行映射设置，设置方法和填充图案类似，在此不再赘述。

四、输出为 DWG 文件格式

1. 选择“文件”→“导出”→“CAD 模式”→“DWG”，弹出“DWG 导出”对话框，如图 5-15 所示。在对话框左侧顶部的“选择导出设置”中，确认为“< 任

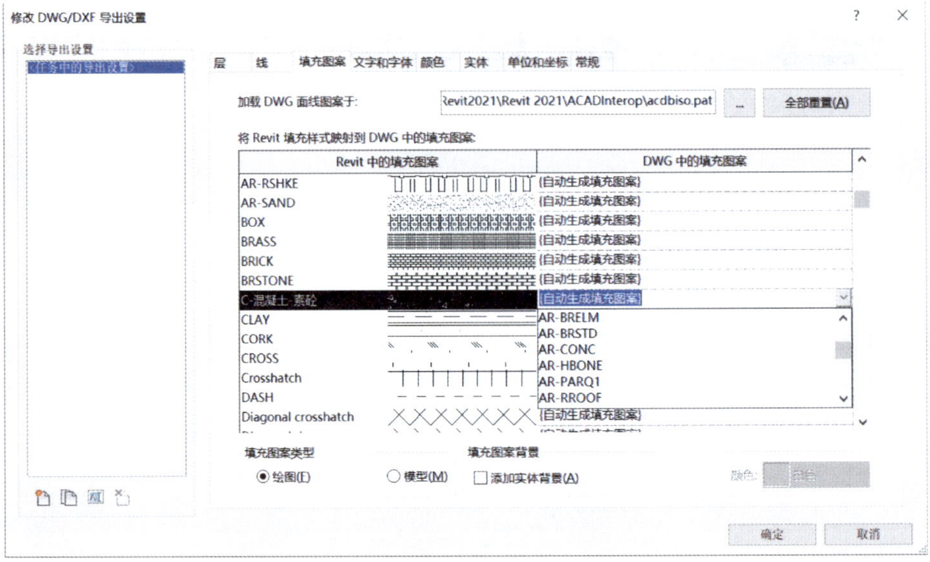

图 5-14　设置“填充图案”

务中的导出设置 >”，即前几个步骤进行的设置，在对话框右侧“导出”中，选择“< 任务中的视图 / 图纸集 >”，在“按列表显示”中，选择“模型中的图纸”，即显示当前项目中的所有图纸，在列表中勾选要输出的图纸即可。

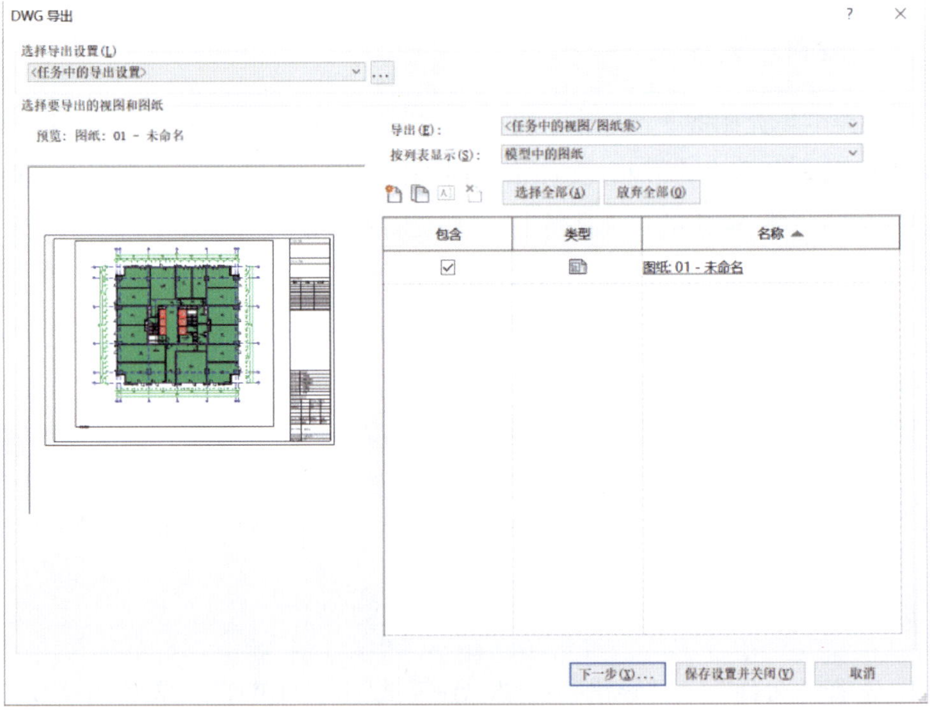

图 5-15　“DWG 导出”对话框

2. 完成后，单击“下一步”按钮，弹出“导出 CAD 格式”对话框，如图 5–16 所示。指定文件保存路径，输入文件名，选择文件类型为 DWG 格式，确定命名规则，单击“确定”按钮，即可将所选择的图纸输出为 DWG 文件格式。如果希望输出的文件采用 AutoCAD 外部参照模式，则需勾选对话框中的“将图纸上的视图和链接作为外部参照导出”。

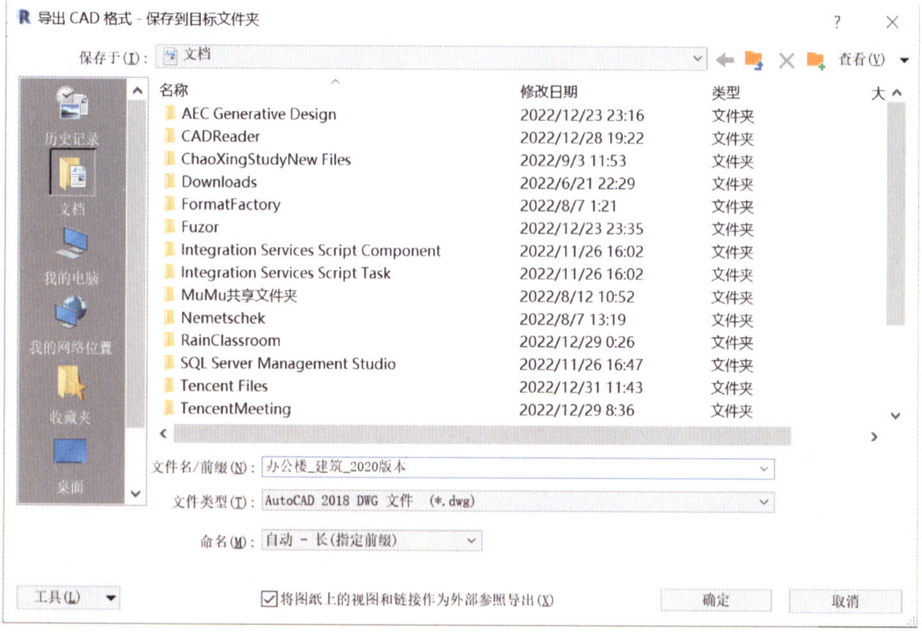

图 5–16 “导出 CAD 格式”对话框

3. 如果使用“外部参照”方式输出后，Revit 除了将每个图纸视图输出为独立的与图纸视图同名的 DWG 文件，还将单独输出与图纸视图相关的视口为独立的 DWG 文件，并以外部参照的方式链接至与图纸视图同名的 DWG 文件中。要查看 DWG 文件，仅需打开与图纸视图同名的 DWG 文件即可。输出图纸时，还会生成一个与所选择图纸、视图同名的 PCP 文件。该文件用于记录输出为 DWG 文件格式图纸的状态和图层转换情况，使用记事本可以打开该文件。

除了输出为 CAD 文件格式，Revit 还可以将图纸输出为 DWF 文件格式，即 Web 图形文件格式，方法与输出为 DWG 文件格式类似，在此不再赘述。

学习单元 3　图纸标题和备注信息修改方法

培训重点

1. 了解图纸标题修改方法。
2. 了解备注信息的具体内容。
3. 掌握备注信息修改方法。

一、图纸标题修改方法

1. 重命名图纸标题

图纸的规范命名有助于日后对图纸的管理和出图工作，在 Revit 中可以便捷实现修改图纸标题。

在“01- 未命名”图纸标题上单击鼠标右键，在弹出的菜单中选择“重命名”选项（见图 5–17），弹出“图纸标题”对话框。修改名称为“一层平面图”（见图 5–18），单击“确定”按钮，即可修改图纸标题。

2. 修改图纸标题

在图纸中放置的视图称为视口。Revit 自动在视口下方添加了视口标题“一层平面图”，如图 5–19 所示。Revit 默认所添加视图的名称为该视口标题。单击选中视口标题，在“属性”选项板“标识数据”中，选中“视图名称”编辑栏，修改视图名称，单击“应用”按钮，即可修改图纸标题。

二、备注信息修改方法

在 Revit 文件中，备注信息可以在“属性”选项板中修改。备注信息主要包括“图形”“文字”“图层”“标识数据”等，如图 5–20 所示。

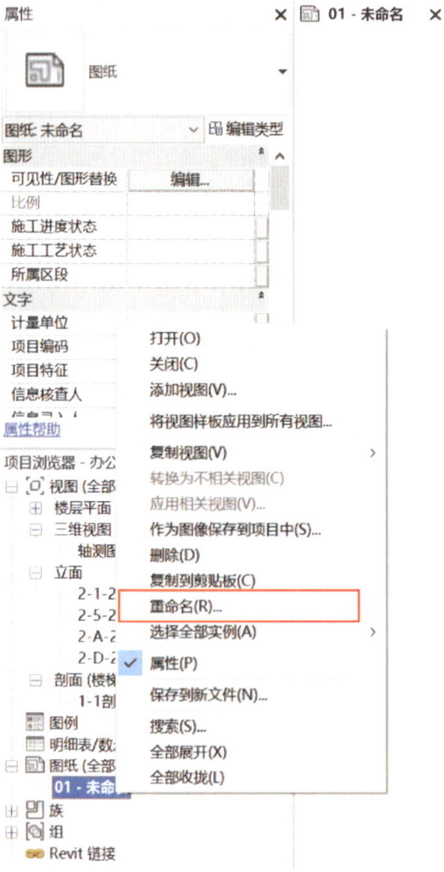

图 5-17 重命名图纸标题

图 5-18 “图纸标题”对话框

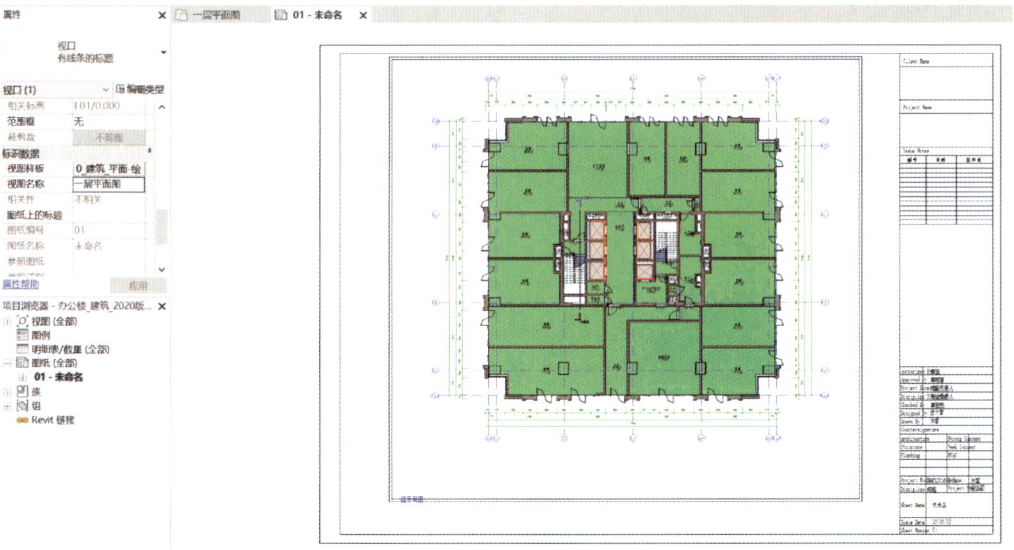

图 5-19 修改图纸标题

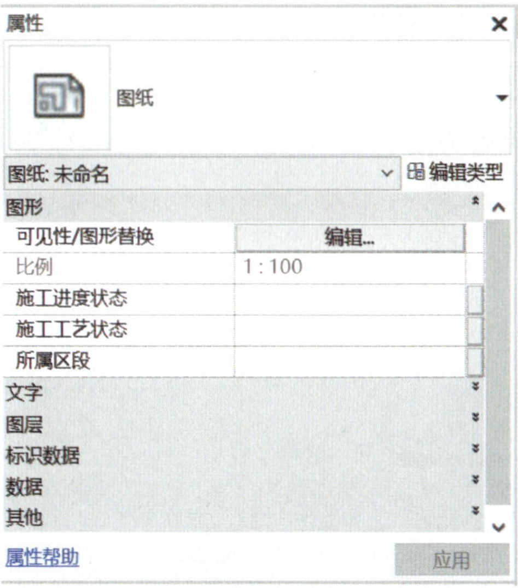

图 5-20 图纸的“属性”选项板

1. 在“图形”信息中，可以备注项目的“施工进度状态”“施工工艺状态”及施工过程中的“所属区段”信息，此外，也可以设置图纸的可见性等内容。

2. 在“文字”信息中，主要备注图纸的相关信息，包括项目特征、项目编码、计量单位、图纸总面积等整体信息，也包括信息录入人、项目负责人、设计总监、审定人、工程主持人等人员信息，还包括页次、图幅、序号、总页数等图纸相关信息。

3. 在“图层”信息中，主要备注图层的具体内容描述、修改情况等信息。

4. 在“标识数据”信息中，主要标注图纸的审核修订情况，包括审核人、设计者、修订时间、发布日期和具体的修订情况等内容。

通过编辑上述相关属性信息，可以修改备注信息，从而提高图纸的完成度和人员之间的信息交流效率。

培训课程 3 效果展现

学习单元 1 渲染图和漫游动画查看编辑方法

培训重点

1. 了解渲染图编辑保存方法。
2. 掌握渲染图查看方法。
3. 掌握漫游动画查看方法。
4. 了解漫游动画编辑方法。

一、渲染图查看方法

创建模型后，可以快速创建渲染图，并随时查看渲染图。

切换至一层平面视图，单击“视图”选项卡“创建”面板“三维视图”下拉列表中的“相机”按钮，进入相机创建模式，如图 5-21 所示。

确认勾选选项栏“透视图”选项，设置偏移量为“1750.0”，即相机的高度为 1 750 mm，移动光标至绘图区域中，在建筑的东南方向放置相机视点，向右上方移动光标至目标点位置，单击鼠标左键，生成三维相机视图，如图 5-22 所示。

调整三维视图，移动光标至视图边缘位置，单击选中视图边框，拖拽视图边界控制点，调整其范围，以满足视图的表达要求。

可以在“项目浏览器”中的“三维视图”栏下查看完成后的视图。双击想要查看的视图名称，即可查看，如图 5-23 所示。

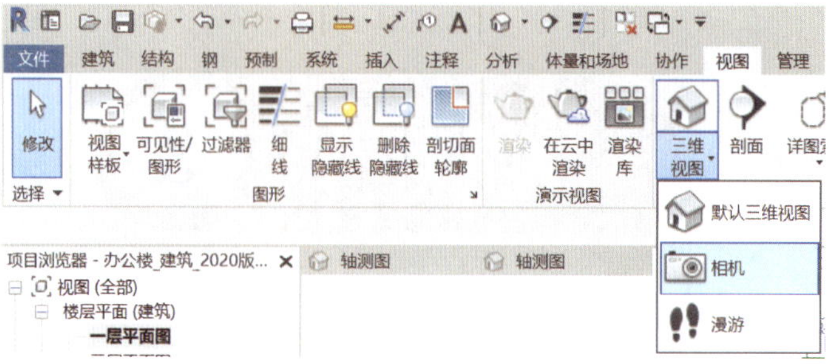

图 5–21　启用“相机”工具

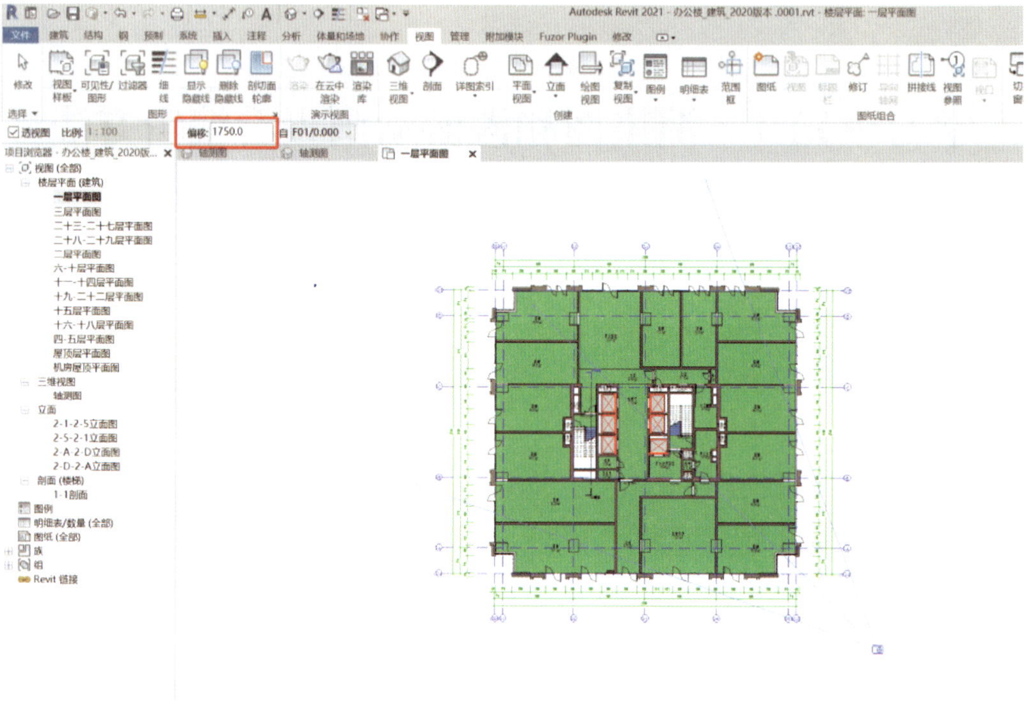

图 5–22　放置相机

二、渲染图属性编辑方法

指定材质渲染外观，隐藏不必要的模型图元，将视图的详细程度设为中等，可以缩短渲染时间。

单击“视图”选项卡“图形”面板中的“渲染”按钮，弹出“渲染”对话框，如图 5–24 所示。设置渲染“质量”为“绘图”，“输出设置”分辨率的定义方式为“打印机”，打印机精度为“300 DPI”；照明“方案”为“室外：仅日光”，即使用太阳光作为光源进行渲染；单击“日光设置”后浏览按钮，弹出“日光设置”对话框，在对话框中选择日光的方式为“在任务中，静止”，在“预设”列表中选择

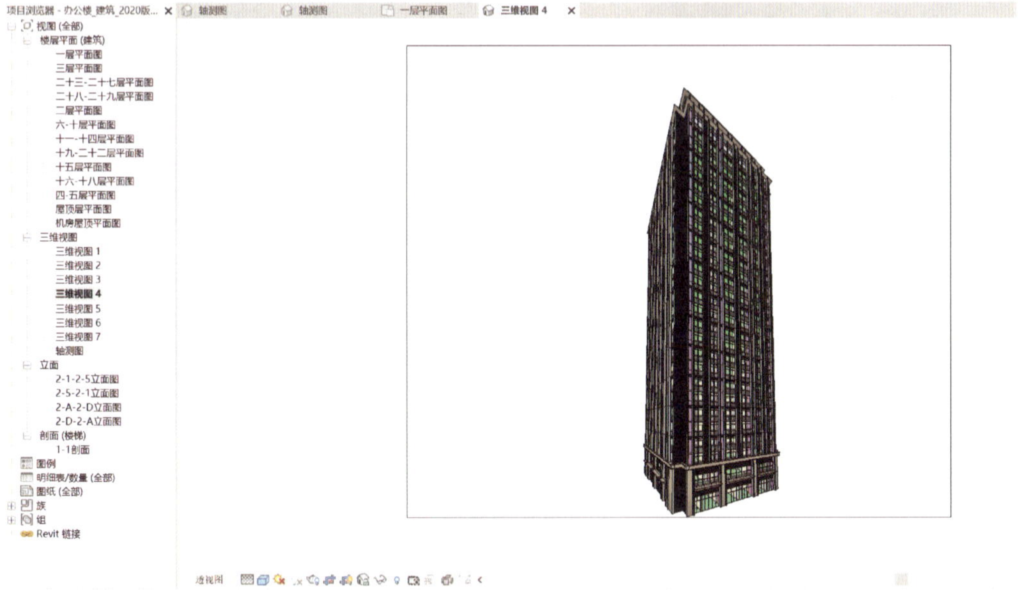

图 5-23　查看渲染图

“来自右上角的日光”；设置“背景”样式为“天空：少云”。设置完成后，单击“渲染”按钮，进入渲染模式。弹出“渲染进度”对话框，显示渲染进度和时间，等待完成渲染。

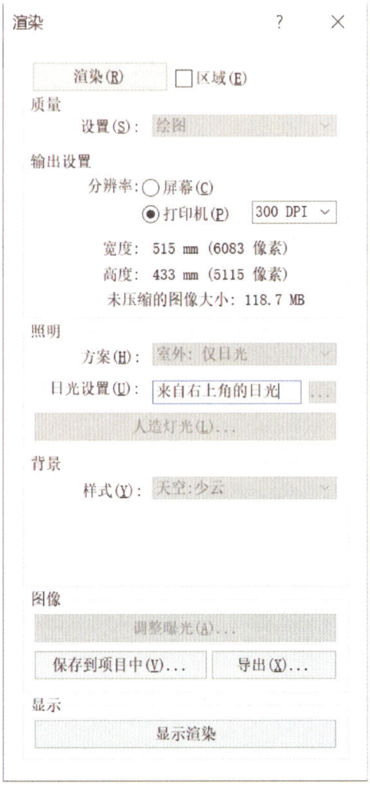

图 5-24　设置渲染

三、漫游动画查看方法

创建模型后，可以快速创建漫游动画，并随时查看。

1. 创建漫游动画

（1）打开一层平面视图，选择漫游工具，单击“视图”选项卡“创建”面板“三维视图”下拉列表中的“漫游”按钮，进入漫游路径绘制状态，如图 5-25 所示。

（2）在“修改 | 漫游”选项栏中，勾选“透视图”选项，设置偏移量，即相机视点高度为“50000.0”，设置基准标高为“F01/0.000”，表示相机视角距离一层地面高度为 50 m，如图 5-26 所示。可以根据建筑层数等调整此部分视点高度。

（3）移动光标至绘图区域中，依次沿建筑室

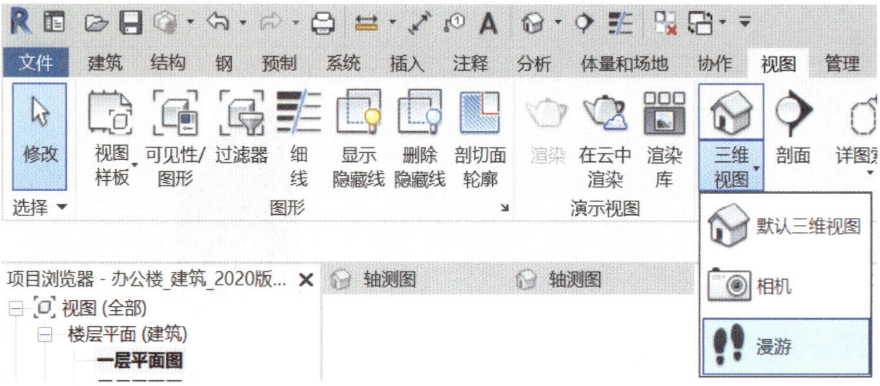

图 5-25　启用“漫游”工具

图 5-26　设置偏移量

外场地位置单击，绘制形成环绕建筑的漫游路径，然后单击“完成漫游”按钮，绘制漫游路径，如图 5-27 所示。

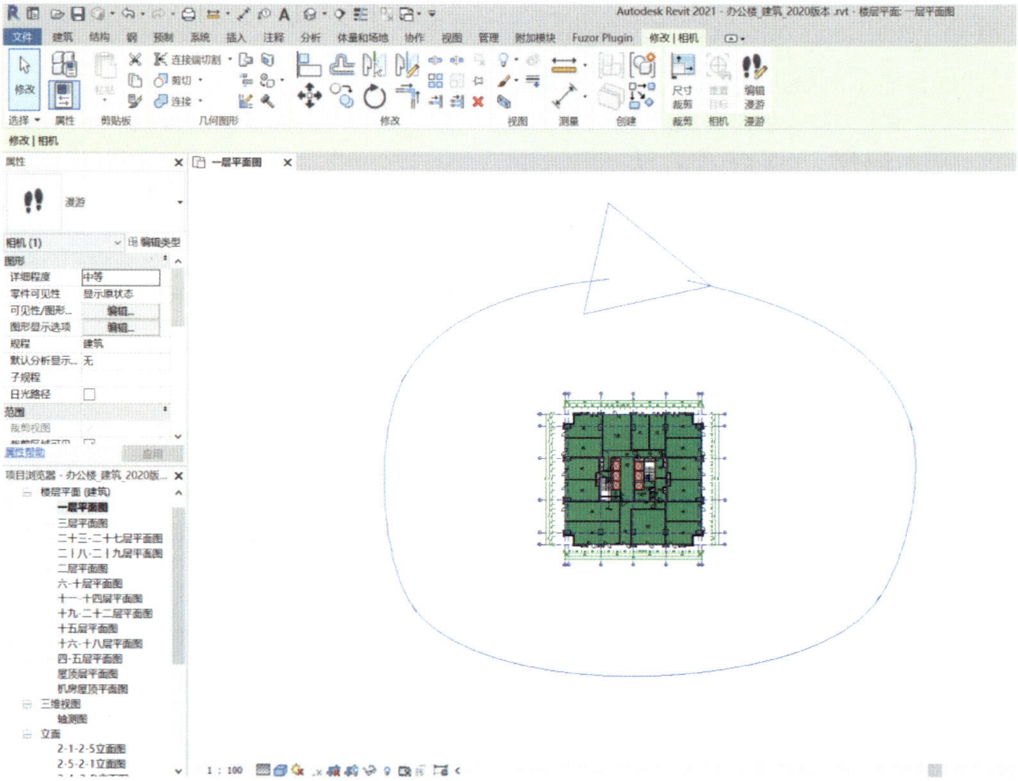

图 5-27　绘制漫游路径效果

2. 查看漫游动画

切换至漫游视图，单击漫游视图边框，单击“编辑漫游”按钮，进入编辑漫游模式，修改选项栏“帧”值为“1”。单击“漫游”面板中的“播放”按钮，可以查看漫游动画。存在多个漫游动画时，可以双击漫游动画实时查看。

四、漫游动画属性编辑方法

1. 设置关键帧

在平面中选择漫游路径，切换至“修改 | 漫游”上下文选项卡，单击“漫游”面板中的“编辑漫游”按钮，切换到编辑漫游界面。选项栏中共有 4 种方式，用于修改漫游路径，分别是控制“活动相机”“路径”“添加关键帧”“删除关键帧”，如图 5-28 所示。

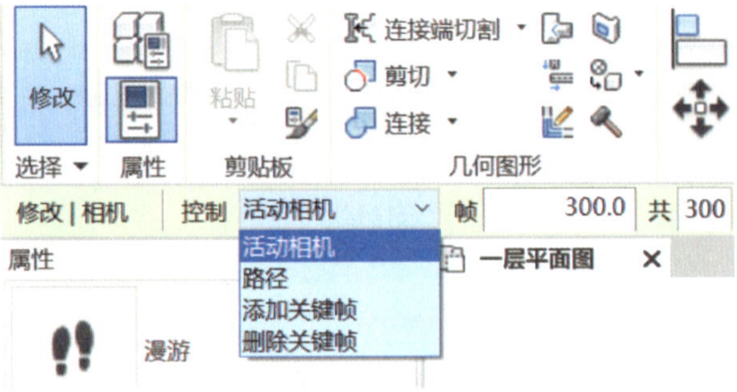

图 5-28　设置关键帧

2. 设置相机

设置选项栏中的“控制”方式为“活动相机”，在路径上会出现红色圆点，表示关键帧呈现相机位置及可视三角范围。配合“漫游”面板中“上一关键帧”“下一关键帧”工具，将相机移动到各关键帧位置。使用鼠标拖动相机的目标位置，在每一关键帧位置使相机均朝向宿舍楼方向，还可以通过拖动空心圆点调整视图深度，如图 5-29 所示。

3. 修改漫游路径

设置选项栏中的“控制”方式为“路径”，进入路径编辑状态。此时在路径上会以蓝色圆点表示关键帧。在平面图中，拖动关键帧，调整路径在平面上的布局。切换到立面视图中，按住并拖动关键帧夹点调整关键帧的高度，即视点的高度。使用类似的方法，根据项目的需要，可以为路径添加或者减少关键帧。

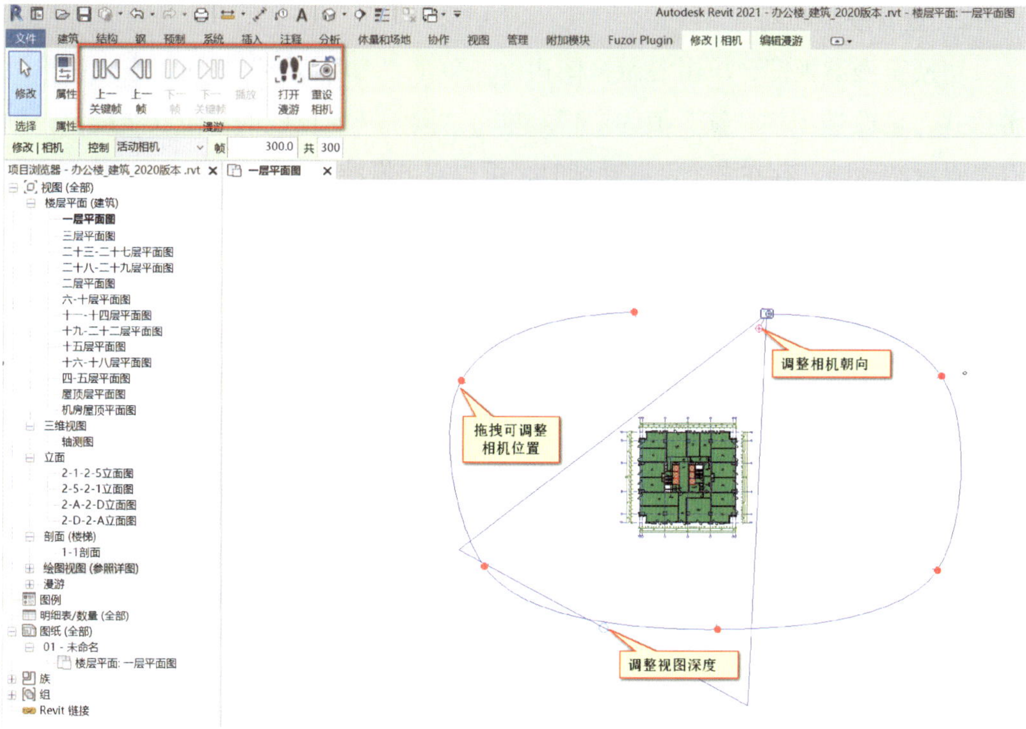

图 5-29　设置相机

学习单元 2　渲染图和漫游动画输出方法

培训重点

1. 熟悉渲染图输出方法。
2. 了解不同渲染图文件格式及其特征。
3. 熟悉漫游动画输出方法。
4. 了解不同动画文件格式及其特征。

一、渲染图输出方法

渲染后，将在当前窗口中显示渲染结果，单击“保存渲染到项目中”按钮，可以将渲染图保存在项目中，并在项目浏览器中创建新的“渲染”视图类别。也可以将渲染图保存为独立的渲染图像文件，单击“渲染”对话框中的“导出”按钮，可以将渲染图保存在指定位置，输出渲染图。输出的渲染效果如图 5-30 所示。

图 5-30　渲染效果

将渲染图保存在 Revit 项目中后，通过项目浏览器中的渲染视图，可以查看渲染图。单击鼠标左键选中渲染图名称，选择“文件”→“导出”→“图像和视频”→“图像”，可以将渲染图输出到指定文件夹。

二、渲染图输出文件格式

在输出渲染图的过程中，Revit 提供了多种文件格式，主要包括 BMP 文件格式、JPEG 文件格式、PNG 文件格式、TIFF 文件格式等。

1. BMP 文件格式

BMP（Bitmap-File）文件格式是 Windows 采用的图像文件格式，在 Windows 环境下运行的所有图像处理软件都支持 BMP 文件格式。Windows 系统内部各图像绘制操作都是以 BMP 文件格式为基础的。Windows 3.0 以前的 BMP 文件格式与显示设备有关，称为设备相关位图 DDB（device-dependent bitmap）文件格式。Windows 3.0 以后的 BMP 文件格式与显示设备无关，称为设备无关位图 DIB（device-independent bitmap）文件格式（注：Windows 3.0 以后，在系统中仍然存在 DDB 位图，如 BitBlt 函数就是基于 DDB 位图的，如果要将图像以 BMP 文件格式保存到磁盘文件中，微软推荐以 DIB 文件格式保存），目的是让 Windows 能够在任何类型的显示设备上显示所存储的图像。BMP 文件格式默认的文件扩展名是 BMP（有时也会以 DIB 或 RLE 作为文件扩展名）。

2. JPEG 文件格式

JPEG（joint photographic experts group）即联合图像专家组，是用于连续色调静态图像压缩的一种标准。JPEG 文件格式的文件扩展名为 JPG 或 JPEG，是最常用的图像文件格式。JPEG 文件格式主要采用预测编码（DPCM）、离散余弦变换（DCT）以及熵编码的联合编码方式，以去除冗余的图像和彩色数据，属于有损压缩文件格式。它能够将图像压缩在很小的储存空间中，在一定程度上会造成图像数据损伤。尤其是使用过高的压缩比，使解压缩后恢复的图像质量降低。如果追求高品质图像，则不宜采用过高的压缩比。

JPEG 文件格式是一种很灵活的文件格式，具有调节图像质量的功能，允许用不同的压缩比对文件进行压缩，支持多种压缩比。压缩比通常为 10∶1～40∶1，压缩比越大，图像品质越低，压缩比越小，图像品质越高。对同一幅图像，JPEG 文件格式的文件是其他文件格式的 1/20～1/10，通常只有几十 KB，质量损失较小，基本无法看出。JPEG 文件格式压缩的主要是高频信息，较好地保留色彩信息，适合应用于互联网。它可以缩短图像的传输时间，支持 24 位真彩色，也普遍应用于需要连续色调的图像中。

JPEG 文件格式分为标准 JPEG、渐进式 JPEG 及 JPEG2000 3 种文件格式。

（1）标准 JPEG 文件格式。此文件格式在网页下载时，只能由上而下依序显示图像，直到图像资料全部下载完毕，才能看到图像全貌。

（2）渐进式 JPEG 文件格式。此文件格式在网页下载时，先粗略呈现图像，再慢慢地呈现完整的内容。渐进式 JPEG 文件格式的文件比标准 JPEG 文件格式的文件小，如果要在网页上使用图像，可以多用此文件格式。

（3）JPEG2000 文件格式。它是新一代的影像压缩法，压缩品质更高，并可以改善在无线传输时由于信号不稳造成的马赛克现象及位置错乱的情况，改善传输的品质。

3. PNG 文件格式

PNG（portable network graphics）文件格式即可移植的网络图像文件格式，是一种采用无损压缩算法的位图文件格式，文件扩展名为 PNG，支持索引、灰度、RGB 3 种颜色方案以及 Alpha 通道等特性。其设计目的是替代 GIF 和 TIFF 文件格式，同时增加一些GIF文件格式不具备的特性。PNG文件格式使用从LZ77派生的无损数据压缩算法，一般应用于JAVA程序、网页或S60程序中，压缩比高，生成文件体积小。

4. TIFF文件格式

TIFF（tag image file format）文件格式是图形图像处理中常用的文件格式，TIFF文件格式很复杂。由于它存放图像信息灵活多变，可以支持很多色彩系统，而且独立于操作系统，因此得到了广泛应用。在各种地理信息系统、摄影测量与遥感等应用中，要求图像具有地理编码信息，如图像所在的坐标系、比例尺、图像上点的坐标、经纬度、长度单位及角度单位等。它最初由Aldus公司与微软公司为PostScript打印开发。

TIFF文件格式最初的设计目的是桌面扫描仪厂商达成一个公用的、统一的扫描图像文件格式，而不是每个厂商使用自己专有的文件格式。在刚开始的时候，TIFF文件格式只是一个二值图像文件格式，因为当时的桌面扫描仪只能处理这种文件格式。随着扫描仪的功能越来越强大，并且计算机的磁盘空间越来越大，TIFF文件格式逐渐支持灰阶图像和彩色图像。

5. TGA文件格式

TGA（tagged graphics）文件格式是应用最广泛的计算机图像文件格式，兼具BMP文件格式的图像质量优势和JPEG文件格式的体积优势，并且还有自身的特点：通道效果、方向性。在CG领域，因为兼具体积小和效果清晰的特点，TGA文件格式常作为影视动画的序列输出文件格式。TGA文件格式是Truevision公司为其显示卡开发的一种图像文件格式，文件扩展名为TGA，已被国际上的图形、图像工业所接受。

三、渲染图输出设置方法

1. 通过渲染界面输出渲染图

渲染后，单击“渲染”对话框中的“导出”按钮，可以弹出“保存图像”对话框。在对话框下方的“文件类型”下拉菜单中，选择保存文件格式为“位图文件（*.bmp）”“JPEG文件（*.jpg，jpeg）”“便携网络图形（*.png）”“TIFF文件（*.tif）”，可以输出不同文件格式渲染图，如图5-31所示。

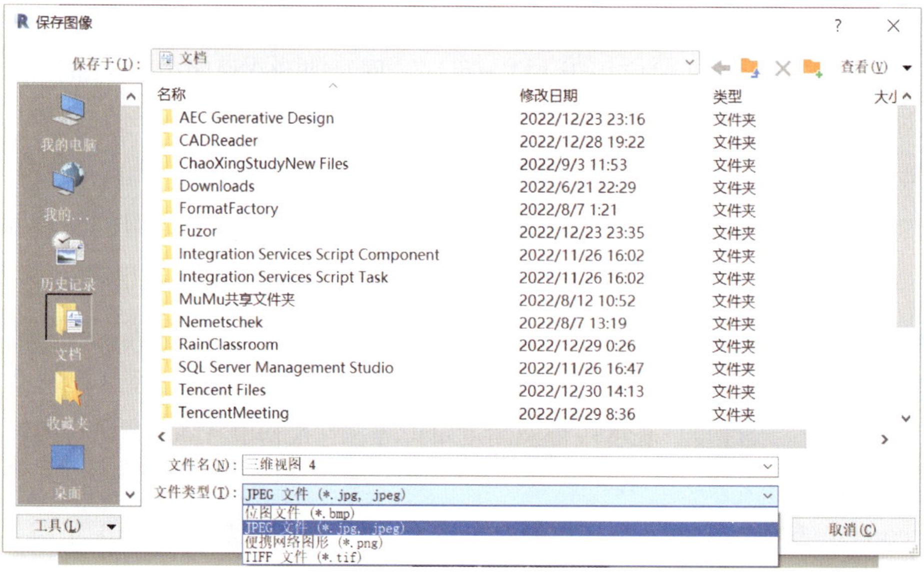

图 5–31　输出不同文件格式渲染图

2. 通过项目浏览器输出渲染图

将渲染图保存至Revit后，单击鼠标左键选中渲染图名称，选择“文件”→“导出”→“图像和视频”→“图像”，弹出“导出图像”对话框。在对话框的右下角可以选择输出文件格式，单击“着色视图”的下拉菜单，可以选择文件格式为“BMP”“JPEG”“PNG”“TARGA”“TIFF”，分别输出相应文件格式的渲染图，如图 5–32 所示。选择 JPEG 文件格式，可以输出 3 种尺寸的图片，从“无失真”到“最小”，图片质量依次降低。

四、漫游动画输出方法

选择“文件”→“导出”→“图像和动画”→“漫游”，弹出“长度 / 格式”对话框，如图 5–33 所示。设置后，单击“确定”按钮。弹出“导出漫游”对话框，输入文件名，选择文件保存路径，单击“保存”按钮。弹出“视频压缩”对话框，默认为“全帧（非压缩的）”，输出的文件非常大。建议在下拉列表中选择压缩模式为“Microsoft Video 1”，单击“确定”按钮，即可输出漫游动画。

五、漫游动画输出文件格式

选择“文件”→“导出”→“图像和动画”→“漫游”，在弹出的“导出漫游”对话框，单击“确定”按钮。

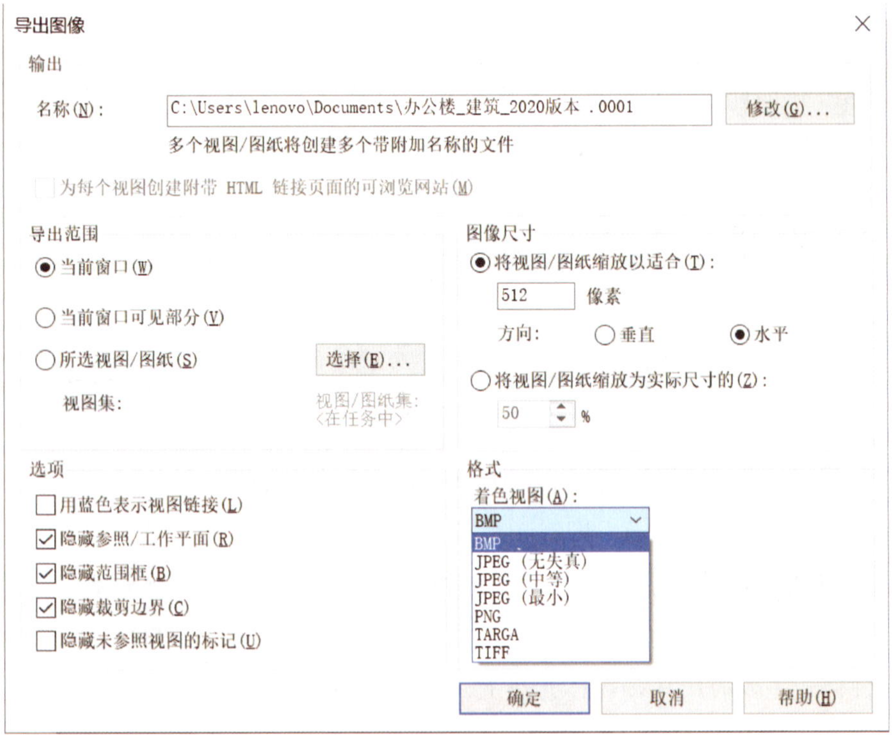

图 5-32 “导出图像”对话框

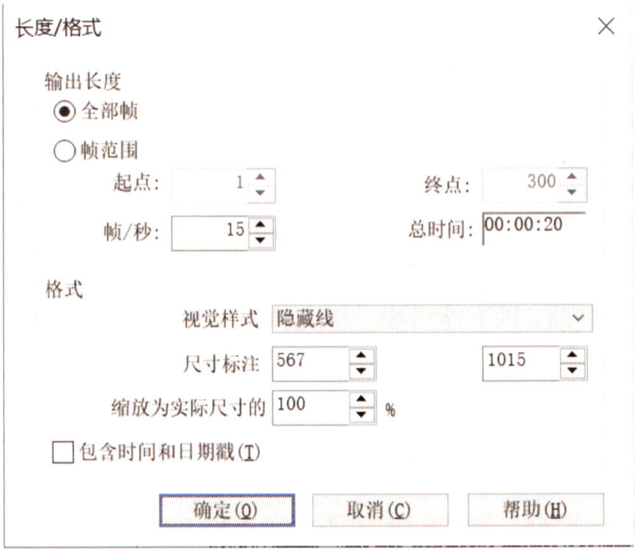

图 5-33 “长度 / 格式”对话框

在 Revit 中，可以输出多种漫游动画文件格式，包括 AVI 文件格式、JPEG 文件格式、TIFF 文件格式、BMP 文件格式、GIF 文件格式、PNG 文件格式等，如图 5–34 所示。其中，JPEG 文件格式、TIFF 文件格式、BMP 文件格式、PNG 文件格式等已经在前面介绍过，此类文件格式均以图像文件格式为主，在输出漫游动画时生成一系列图像文件，因此不是常用的漫游动画文件格式，在此不再赘述。

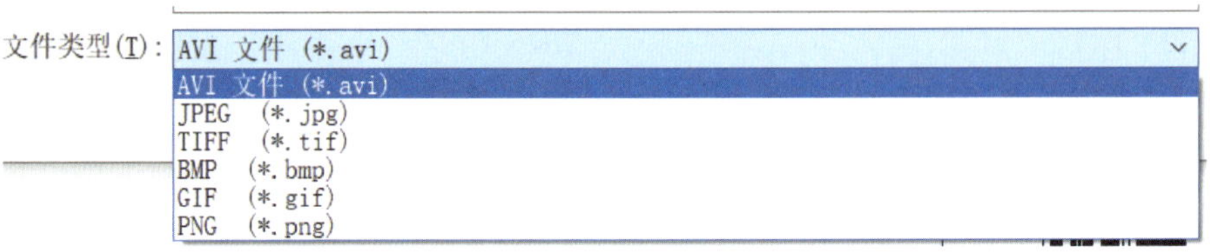

图 5–34　漫游动画输出文件格式

输出漫游动画常用的文件格式为 AVI 文件格式。AVI 文件格式的英文全称为 audio video interleaved format，即音频视频交错格式，是将语音和影像同步组合在一起的文件格式。它对视频文件采用了一种有损压缩方式，压缩比较高，尽管画面质量不太好，但其应用范围仍然非常广泛。AVI 文件格式支持 256 色和 RLE 压缩。AVI 文件格式主要应用在多媒体光盘上，用来保存电视、电影等各种影像信息。

六、漫游动画输出设置方法

选择“文件”→“导出”→“图像和动画”→“漫游”，弹出“长度 / 格式”对话框。在“长度 / 格式”对话框中，可以对漫游动画的输出长度、格式等进行设置。

1. 设置输出长度

通过修改总帧数和帧 / 秒，调整漫游动画的输出长度（播放时间）。

漫游动画的播放时间 = 总帧数 ÷ 帧率（帧 / 秒）

在通常情况下，帧 / 秒不能过小，以免输出的漫游动画卡顿。设置完成后，可以在“总时间”栏看到输出动画的总时间。

2. 设置格式

在“格式”选项区域，“视觉样式”下拉菜单中，可以选择输出漫游动画的视觉样式，包括“线框”“隐藏线”“着色”“带边框着色”“一致的颜色”“真实”“带边框的真实感”“渲染”，如图 5–35 所示。

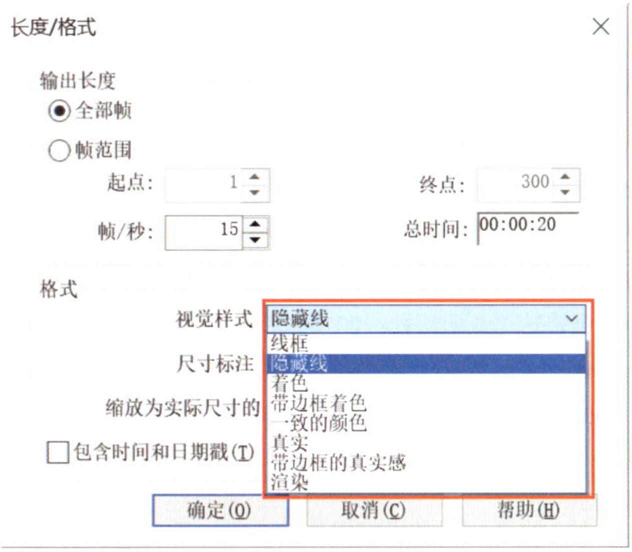

图 5-35　漫游动画的视觉样式

（1）隐藏线。显示图像时，除了被表面遮盖住的边和线，将所有其他边和线都绘制出来。

（2）着色。显示图像时，将所有表面根据其材质设置和投影灯光位置进行着色。

（3）真实。在实时渲染视图（可编辑视图中的照片级真实感渲染）中，显示图像。

（4）渲染。使用定义的渲染设置为日光研究中的每个帧创建照片级真实感图像。

在通常情况下，对漫游动画外观，选择"渲染"视觉样式，这类视觉样式呈现的视觉效果最佳，输出时间最长。可以根据实际需要选择合适的视觉样式。

输入尺寸标注（以像素为单位），或输入缩放百分比，以指定帧在输出文件中的大小。如果输入一个尺寸标注，Revit 会计算并显示另一个尺寸标注，以保持帧的比例不变，并且显示相应的缩放百分比。同样，如果修改了缩放百分比，Revit 会计算并显示相应的尺寸标注。

在设置后，可以按照本学习单元的方式输出所需文件格式的漫游动画。

参考文献

［1］中国建筑标准设计研究院有限公司．建筑信息模型设计交付标准：GB/T 51301—2018［S］．北京：中国建筑工业出版社，2018.

［2］赵彬，王君峰．建筑信息模型（BIM）概论［M］．北京：高等教育出版社，2020.

［3］周佶，王静．建筑信息模型（BIM）建模技术［M］．北京：高等教育出版社，2020.

［4］卫芃宇，刘群．建筑 BIM 技术应用基础［M］．重庆：重庆大学出版社，2018.

［5］叶雯．建筑信息模型［M］．北京：高等教育出版社，2018.

［6］朱倩怡，王蕊．建筑设计 BIM 技术应用［M］．重庆：重庆大学出版社，2021.

［7］刘新月，张宁．BIM 建筑设计与应用［M］．重庆：重庆大学出版社，2017.

［8］成丽媛．建筑工程 BIM 技术应用教程［M］．北京：北京大学出版社，2020.

［9］丁士昭，王学军，王清训，等．建设工程施工管理［M］．北京：中国建筑工业出版社，2017.